U0332927

承载乡愁的设计

——中华传统水利机械之美

The Design with Nostalgia:
The Aesthetics of Traditional Chinese Water Machinery

周　丰　许焕敏　著

科 学 出 版 社
北　京

内 容 简 介

本书以追寻“乡愁”的视点，就中华大地上曾出现过的20多种传统水利机械，对其运动原理、历史渊源、形制、生态美学特点进行系统梳理。并设计制作了中华传统水利机械交互装置；进行了3D复原、虚拟仿真及APP制作；提出建设水车之乡的地方创生生态设计构想，对建设“美丽乡村”具有一定的启示。

本书是以中华传统水利机械为研究对象，通过知识科学的方法，融合了生态美学、设计学、科技史等知识展开的专题研究。可供设计、美学、机械、科技史、社会、生态等多学科专业的读者及广大水利院校师生阅读参考。

图书在版编目（CIP）数据

承载乡愁的设计：中华传统水利机械之美/周丰，许焕敏著. —北京：科学出版社, 2018.5

ISBN 978-7-03-057188-5

Ⅰ. ①承… Ⅱ. ①周… ②许… Ⅲ. ①水力机械–介绍–中国–古代 Ⅳ. ①TK73

中国版本图书馆CIP数据核字（2018）第083117号

责任编辑：惠 雪 曾佳佳/责任校对：樊雅琼

责任印制：张克忠/封面设计：周 丰

科学出版社出版

北京东黄城根北街16号

邮政编码: 100717

http://www.sciencep.com

中国科学院印刷厂印刷

科学出版社发行 各地新华书店经销

*

2018年5月第 一 版 开本：787 × 1092 1/16

2018年5月第一次印刷 印张：20

字数：277 000

定价：129.00元

（如有印装质量问题，我社负责调换）

序

当收到《承载乡愁的设计——中华传统水利机械之美》（以下简称《中华传统水利机械之美》）书稿时，和以往不同，我的内心是一阵阵激动，（完全忘记了通常写序的苦恼）陶醉在一行行文字和一幅幅图片中。由于我出生于20世纪60年代，从小在皖南最大的河流——率水旁，摆弄和看着传统木制水利机械长大的，儿时就见过率水大河中千帆竞渡的宏伟场面，一种迫切的心情，想把全部传统水利机械再重温个够。既是对美好童年乡村景象的回忆，同时，也想帮助作者检验一下，该著作所叙述的各种传统水利机械里，有没有漏掉我见过的、用过的传统水利机械。

对于中华传统水利机械，我有一定的发言权，因为我外公家是开水碓的。值得自豪的是，对于水碓，我有着同龄人无法相比的熟悉[①]。我从记事起到初中毕业，都在月潭水碓旁管理水碓的房子里（外公家）居住。水碓是我童年、少年玩耍的主要场所，对水碓，我真是太熟悉了。

故乡徽州的月潭水碓是我见过的最大的水碓，气势雄伟。划坝长度超过500米，拥有1个石磨和12个臼窠。水里的木头部件均由松木制作——“水底千年松”，松木在水里是不容易腐烂的，车轴也是松木的。碓搭、车轴滚子、碓挺（杵杆）都是柞木的，因为柞木更硬，更耐磨。

① 所谓水碓，就是水动能的碾米、磨粉作坊，是水利机械比较宏大的一个种类。水碓的组成为：划坝门、划坝、水碓港、拦栅、单元水闸、车毂港、车毂、车毂板、斗芯板、水成板、十字档、车轴、车轴硬（滚）子（木制轴承，包括散热的水槽）、车枕、机笼宕、碓搭、碓挺、碓耳朵、碓平、臼嘴（石杵）、臼、碓头箢、石磨（老水碓还有黄泥砻）、米隔、风车、筛子（大小孔）、挖斗、竹木簸箕……水碓是一个集水坝、水能机械、后加工为一体的大型综合水动力机械，也是中华传统水利机械的重要代表。

1972年，正好遇上月潭水碓大修，由于那时候的孩子不需要过多课堂学习，也没有家庭作业，我就随我外公一起张罗起水碓大修的事情。

月潭水碓应该是率水上最大的水碓之一，车毂的直径达三丈（约10米），有12个花岗岩石臼。那次大修除了臼窠、臼嘴（石杵）、车毂港、机笼宕没有动以外，所有的木制部件都是新的。先是我外公带着丈尺到颜公山余脉中岩溪山上，选五丈长且匀称的挺拔松树，以做车轴用，要求最细处出料后达到二尺半（约83厘米）见方的规格。记得做那根车轴单是砍树就花了整整两天，在山上初加工、运下山用了5天，运到月潭水碓又用了5天。整个运输过程，是50个青壮年劳动力轮流扎小杆抬的。松木车轴抬起前行时，就像是蜈蚣在爬行。

那次月潭水碓的大修，不如说是重造。休宁县第一碓匠师傅，吾田村的碓匠愚，带着包括女婿长松在内的4个徒弟，足足干了半年才完成这项宏大的工程，这还不包括划坝和水碓港的清理、车毂港的局部加固等。

而大修期间我就基本没有好好上学，完全像个小童工，跟着工匠们后面转。说是帮忙，其实就是围观和玩耍。

大修完毕，月潭水碓焕然一新，硕大的车毂、木制轴承在运转时发出吱吱声，貌似在告诉别人：新，且结实！

花这么多笔墨回忆月潭水碓的大修再造，是因为我想表述：中国传统水利机械从形式到内容的美。

对于中华传统水利机械，我有发言权的另一个原因，是我研究艺术哲学多年，每年都要招收艺术哲学的博士生。期间也涉及了艺术创作的本身，探索美的来源。

因为对中华传统水利机械，特别是水碓十分熟悉，再加上对艺术哲学领域有着较系统的研究，所以，我很高兴能为周丰所著的《中华传统水利机械之美》写上一篇序言。

说起传统机械，其显著特点就是每一个环节、每一个部件都无法遮（掩）盖，完全暴露在眼前。无论是坐落在世界各地工业展览馆的各类庞大的蒸汽机，还是庞大又精致的布拉格水动力天文钟（也属于水利机械），所有的部件及动力传导细节尽收眼底，原理直观得一目了然。爱好机械的人因为这些机械部件的裸露、细节尽显，而看得入迷——既能看到笨拙，也能看到灵气，更多的是巧夺天工所留下的智慧。

与国外那些 100 年前就停止使用的各类水利机械不同，中华传统的水利机械，40 年前还运行在我们的劳动与生活里。

细读《中华传统水利机械之美》，我们就能看到这些在 40 年前陆续“退役”的水利机械的样式，还能看到运行的原理。

记得有位哲学家说过：劳动是美丽的。我始终认同这个审美观点。《中华传统水利机械之美》告诉我们，劳动的美丽不仅是一个傣族姑娘打糍粑的美，也不仅是一个黑人农妇在夕阳下采摘菠萝剪影的美，还有一类充满设计的智慧、灵巧飘逸之美。中华水利机械的美就是这种美的类型。

今天，每当我们回忆、想象这些曾经坐落、安置在那些乡村里的传统水利机械，是一种暖心的回忆——中华传统水利机械从制作到运行，是那时乡村里不可或缺的组成部分，更是一道风景，是心中无法抹去的一段回忆，也是中华民族历史上劳动创造美丽的华彩乐章。

我们阅读《中华传统水利机械之美》时，书中的每一幅图画、每一段描述、每一节剖析，就像一幕幕歌剧的宣叙调和咏叹调，用美丽的形式展现在你的眼前，你的心底也会被共鸣出一曲中国乡村往日动听的歌谣。

中华传统水利机械的设计、制作与运行，承载着我们的祖辈对自然的感应共鸣以及理解的透彻深邃，讲述了人与自然相处的合为一体、声息相通。

《中华传统水利机械之美》是中国手艺人的智慧与自然的对话，是美丽的乡村歌吟，是难以再现的精湛与灵动……更是始于看得见摸得着，却又仿佛无影无踪的如梦般的乡愁。

毫不夸张地说，《承载乡愁的设计——中华传统水利机械之美》一书，作为从形式到内容美的一种典型，真正达到了“形式是内容的张扬，内容是形式的主题”的完美境界。

聂圣哲

同济大学教授、博士生导师，“工匠精神”的首提者

2018 年 2 月 28 日于姑苏城外改华堂

前　言

21世纪的今天，当工业文明取得长足进步的同时，自然环境正遭受前所未有的破坏，人类社会需要实现可持续发展。然而，由于大规模的过度开发所带来的物种灭绝、$PM_{2.5}$及温室气体排放、污染横行、水资源枯竭等问题频频出现，世世代代赖以生存的田园牧歌般的乡村风景正从我们的视野里迅速消失，取而代之的是高大的钢筋混凝土建筑矗立于今天的地平，人类社会面临着自然、环境、生态美的危机。越来越多的人厌倦了都市的浮华与喧嚣，向往牧歌田园、篱笆葱葱、炊烟袅袅、聆听翻转的水车和水碓房的和谐宁静，寻求着乡愁的“原风景”。

中华民族有着上下四千年（易中天认为从二里头文化算起3700年）的悠久历史和文化，古人很早就懂得运用水利机械解决灌溉、饮水、生产、搬运、计时等问题。在长期的生产生活中，中华民族的先民凭借着对地域的水文、水资源的了解，积累了丰富的本土水利知识和水利经验，形成了独特的地域知识技能。在传统农耕文明发展进程中，由先民所发明的传统水利机械，曾养育过众多人口，是体现中华先民创造力的最精彩内容与最突出亮点。

中华传统水利机械所蕴含的经验知识与智慧，是先民几千年来屡遭灾难而生存下来的依据。然而，伴随着现代工业化的发展，人们千百年中在固定地域、社会、生态环境下形成的传统知识和技能正迅速丧失，许多技能及详细的运用方法，则要到博物馆或古文献中才能见到和查阅。倘若任这些优秀遗产消失，将是人类和历史的遗憾。

今天，世界的发展越发依赖于现代科技文明所带来的便利，例如，以电力、石油为能源的现代农田水利机械对于“化石能源”有绝对的依赖；横行于食品领域的转基因，暴露了今天人们为摆脱困境所采取的单一的、解决问题的途径和方法。然而，任何单一的解决问题的途径和方法，都会在未来的某个时间点有着不可预知的风险，多元化的解决策略才是人类应对未来所应有的态度和素养。因此，包括对中华水利机械在内的传统知识与技能的挖掘、保护、保存和再创造，对于人类的未来有更为深远的含义。

过去，科技史对中华传统水利机械的研究多局限于各式静止的农具，其目的是对古机械的使用原理作记录与保存，并没有从传统水利机械与生态环境互动的视角展开考察。本书借此机会不仅从机械原理的角度完善对中华传统水利机械的理解，同时更希望侧重于挖掘传统水利机械的“形制/设计及生态美”。长期以来，中国设计史崇尚华丽的设计，所讨论的对象是以古代王侯将相墓葬的考古挖掘的陪葬品或精美的宫廷器具为主的，忽视了素朴的民具——中华传统水利机械与农村田园风景融合的儒释道的生态设计美学。本书以中华传统水利机械为专题切入，思考未来的创新、环境、生态、匠心等一系列问题。

今天，反思我们祖先曾经掌握的技术，中华民族却是一个“早熟的民族”（马克思语），中华民族在实用理性上的早熟体现了其思维方式具有鲜明的实用理性的特点。曾在农耕文明时代一路领先的中华民族，虽然有四大发明率先创造出来，但“四大发明”全都是实用技术，中华先民的发明创造都是经验科学的范畴，没有发展成为现代科技的系统科学。传统水利机械所运用的杠杆定律、浮力定律、合力原理等，至今没有一笔与我们的祖先相关，这一点，后人需要做哲学意义上的反思。

因此，本书希望通过严肃、客观的探讨，从中华传统水利机械的经验知识中汲取一些经得起现代科学实证的、有用的东西，并从过去中华民族的造物轨迹探索对于我国今后走科技创新的道路有借鉴意义的价值。

从21世纪工学设计（engineering design）的发展来看，“可持续设计”“服务设计”已经成为工学设计重要的发展方向。为此，本书以中华传统水利机械为抓手，倡导可持续发展的环境教育（education for sustainable development，ESD），以传统水车制作为题材对学生展开环境教育的实践活动。同时，以皖南山区的源芳乡、涧泉村为基地，提出水车之乡——地方创生的生态设计构想，这些探索是工学设计与现实的生态、乡村等问题的融合，有一定的实践意义。

本书基于技术史、机械学、设计美学、知识科学、社会学和技术考古等知识，对中国几千年来出现过的主要类型的传统水利机械进行系统、全方位研究和梳理，并结合现代信息技术对某些传统水利机械进行保存和3D展示，进而展现中华传统水利机械蕴涵的朴素智慧和工匠精神。历史发展到今天，对传统水利机械进行研究，启迪我们要充分利用大自然等环保能源，进而改进、创新设计，同时这也是一门今天亟须开拓并不断完善的学问。本书只是这方面研究的一个启动与开始。

本书绪章介绍了“乡愁”“原风景”“民具”“民艺”“知识科学”等概念与传统水利机械的关系。本书的目的是挖掘和利用先人智慧与经验知识，并尝试做改良或创新的探索。这种探索并非是简单的怀旧或复古情怀，也并非认为古老的东西皆有价值，本书的观点是，在传统文化、知识或技能中，只有那些具有能够向未来所延展的某种特质的传统，才配得上真正“传统”的名号。

第1章介绍“水利”及传统机械的分类、历史。

第2~9章，就中华史上曾经出现的水利机械，如桔槔、水车、翻车等20多种传统水利机械，并按杠杆原理、曲柄连杆和链传动等机械进行分类，做了逐一介绍，同时分析各个机构的机械运动原理、历史渊源、形制及生态美。

第10章，留住乡愁——中华传统水利机械的复原与展示，介绍了传统水利机械（龙骨水车、水碓、筒车等）的交互装置设计与制作；水运仪象台的3D复原与宋式设计美学的展示；以乡村风景为原型的虚拟仿真及APP制作；水车之乡——地方创生的生态设计构想。

最后，本书从民艺、民具、生态的视角对“中华传统水利机械之美”作了归纳与总结；通过对中华传统水利机械的研究认识到回归经验知识重要的同时，需要仰望星空、知行合一的精神；今天的地方创生可以通过改良中华传统水利机械，为地域的饮食文化继续发挥作用，唤起人们内心潜藏的乡愁的情感。

本书从“乡愁”的视角对中华传统水利机械之美进行探索，为进一步把握中华传统文化的根本，促进水资源合理利用、和谐的开发、建设美丽的中国乡村，具有一定的启示。今天，对于传统知识与技能的挖掘与保护，同样需要像梁思成、林徽因等一批建筑学家构建起东方建筑学大厦的那种执着、求真务实的精神。传统水利机械反映出中华先民能充分利用木材的特性，进行非常巧妙设计的智慧，是令人感叹的，这些学问不能等到他国学者展开研究之后我们再扼腕叹息。

本书作为江苏省教育厅高校哲学社会科学研究项目“生态文明建设背景下的中华传统水利机械之美的研究”（项目编号：2016SJD760001）的成果，得到中央高校基本科研业务费专项资金项目“构建和发展以知识科学为基础的感性工程学设计理论体系的研究”（项目编号：2012B05614）等的资助。

Preface

The twenty-first century is witnessing the unprecedented destruction of the nature whereas the industry has been making great progress. We human beings need sustainable development. Many problems have kept emerging and threatening, such as extinction of species, $PM_{2.5}$, greenhouse effect, pollution, water depletion, etc. Pastoral idyllic landscape is disappearing in our horizon at a great speed, instead, the skyscrapers of concrete construction are standing before our eyes. We human beings are facing a crisis of losing ecological scenery. Today's human beings are tired of the bustle life of urban flash and noise and are hunger for the harmonious and quiet life of pastoral idyll, green fences, curling smoke, for the flip waterwheel sound and the leisure around the water pestle hut, seeking the original atmosphere of nostalgia.

The Chinese nation has a long cultural history of more than 4000 years (according to Yi Zhongtian). The ancient Chinese could make use of water machinery to solve the problems of irrigation, drinking water, production, transportation, handling, timing and other issues. In the long productive activities, the Chinese nation accumulated abundant knowledge and experiences related to the use of water and formed rich knowledge of geographical information and skills based on their knowing local meteorology and water resources. In the developing process of traditional agricultural civilization, the traditional water machinery invented by the ancestors raised thousands upon thousands of people, reflecting the most exciting contents and most prominent features of Chinese ancestors.

The experiences, knowledge and wisdom contained in traditional Chinese water machinery in our ancestors water conservancy is the evidence of our nation's survival after thousands of years' sufferings and disasters. However, with the modern industrial development, people's traditional knowledge and skills forged in certain areas, societies, ecology are disappearing rapidly, and many of them, for example, the detailed applicable methods, have to be found in the museums and ancient literature works. If we let it go as that, we will be guilty to human and history.

In today's world, the development is depending more and more on the convenience brought about by modern science and technology, such as modern farmland water conservancy machinery using electricity, petroleum depending wholly on fossil energy; omnipresent genetically modified food. This reveals that people have to adopt the only solution and method to solve the problems in order to get rid of the dilemma. Any single solution and method to solve the problems will surely lead to the unpredictable risk in the future. Diversified solutions are the options people have to make for the problems and the attitude people have to adopt. Therefore, to explore, to protect, to preserve and to recreate the traditional knowledge and skills including Chinese water machinery will give human beings diversified solutions and methods with far-reaching effects.

In the past, the research of technological history of traditional water machinery focused on all kinds of stationary agricultural tools, aiming at the recording and conservation of ancient mechanical system, without exploring the interaction between traditional water machinery and environment. The book hopes to perfect the understanding of traditional water machinery from the mechanical system's perspective, and gives a preference to probe the development, design as well as ecology contents of traditional water machinery. For a long time, the Chinese design history advocated gorgeous design, paid attention to the funeral goods discovered from archeological excavation of ancient nobles and the subjects and beautiful court equipment. It ignored the simple civilian tools—traditional Chinese water machinery, and ecological design aesthetics of Confucianism, Buddhism and Taoism fusing with rural countryside landscape. This book starts with traditional water machinery and provokes a series of thinking in innovation, environment, ingenuity, etc.

Today, we are reflecting on the technical skills our ancestors had mastered and found that the Chinese nation is a "premature nation" according to Marx's saying. The Chinese nation's premature in practical reasoning and thinking embodied that its way of thinking showed typical characteristics in practical reasoning and thinking. The Chinese nation, used to take the lead in agricultural civilization and had the four great inventions, but they belong to practical techniques, and the inventions of the Chinese ancestors were limited to the area of empirical science, without developing to the systematic science of modern science and technology. Leverage law, buoyancy law, synergistic principle, etc., have nothing to do with our ancestors. We descendants have to rethink of the phenomenon from the philosophical perspective.

Therefore, the book hopes to get something referential for our future scientific and technological development from our past knowledge and experiences through serious and objective exploration, especially from human technical history, such as the knowledge and experiences of Chinese traditional water machinery, and they will be useful and withstand modern scientific evidence.

The “sustainable design” and “service design” have been the important direction of development for engineering design in the 21st century’s engineering design. So the book, starting with traditional water machinery, advocates education for sustainable development and launches referential educational topics practices for students by traditional waterwheel making. At the same time, an ecological design concept of combining waterwheel hometown with placemaking is put forward, Yuanfang Township and Jianquan Village in Southern mountainous Anhui as the experimental bases. The experiments are of advanced and original benefits, and have certain practical meaning in the future engineering design.

Based on technical history, mechanics, design aesthetics, knowledge science, sociology as well as technical archeology, the book conducts systematic and comprehensive research and combing of typical traditional water machinery in the thousands of years appeared in China, and shows the simple wisdom and craftsman spirit contained by traditional Chinese water machinery. History has developed to today, the research in traditional water machinery might inspire us to make full use of green energy, such as water conservancy offered by the great nature and thus improve and create designs. This is a subject needed to open up urgently and improve continuously. This book is only a start and probe in this respect.

The Introduction of the book gives an introduction to the concept of “nostalgia” “the original landscape” “civilian tools” “folk art” “knowledge science”, and their relationship with traditional water machinery. The book aims at probing and utilizing our ancestors’ wisdom and knowledge experiences and tries to make some explorations of reform and creativity. The main idea of the book is: the very tradition in traditional culture, knowledge and technique, which could be spread and extended to the future, can be worthy of the title of “tradition”.

The first chapter introduces water power and the classification and history of traditional water machinery.

From Chapter 2 to Chapter 9, on the water machinery appeared in the history of China, for example, well-sweep, water wheel, dump truck and other 20-odd traditional water machinery, the book makes a classification of them according to principle of leverage, principle of crank connection rod, as well as principle of chain transmission and other principles, and makes a one-by-one introduction. The book explains the principle of mechanical movement, historical origins, forms as well as ecological beauty of the mechanism.

Chapter 10, dwells on retaining nostalgia—restoration and display of traditional Chinese water machinery. This chapter presents the design and making of the interaction device of traditional water machinery(keel waterwheel, otter, cart, etc); the display of 3D restoration of waterborne horoscope and the design aesthetics of Song-dynasty style; virtual reality and APP making with the prototype of rural landscape; homeland of waterwheel—ecological design concept with local creation.

Finally, this book summarizes the aesthetics of traditional Chinese water machinery from the perspective of folk arts, folk implements and ecology. Through the study of traditional Chinese water machinery, the importance of returning experience and knowledge is emphasized, and we need the spirit of the looking up at the starry sky and the unity of knowing and doing. Today's local creation can continue to play a role in the regional diet culture by improving the traditional Chinese water machinery and arousing the feelings of homesickness that are hidden in the hearts of people.

This book explores the aesthetics of traditional Chinese water machinery from the perspective of “nostalgia”, which has some inspiration to further grasp the root of Chinese traditional culture, promote the rational use of water resources, develop harmonious and build a beautiful country in China. Today, for the excavation and protection of traditional knowledge and skills, it is also necessary for the spirit of persistent and pragmatic like Liang Sicheng and Lin Huiyin and the other scholars to construct the oriental architecture. It is amazing that the traditional water machinery reflects the wisdom of the very ingenious design of the Chinese ancestors to make full use of the characteristics of wood, so we can not wait and regret after the research of scholars from other contries.

The research is funded by a grant from the Philosophy and Social Sciences Foundation of the Jiangsu Higher Education Institutions of China "The Research of Traditional Chinese Water Machinery Beauty under the Background of Ecological Civilization Construction" (Grant No.2016SJD760001), and also funded by a grant from the Fundamental Research Funds for the Central Universities of Ministry of Education of China "Building and Developing the Research of Perceptual Engineering Design Theory System on the Basis of Knowledge Science (Grant No.2012B05614).

目　　录

绪章
呼唤“乡愁”的传统水利机械

20 世纪 40 年代，社会学家费孝通等通过对中国乡村进行社会调查，著有《乡土中国》和《乡土重建》。但其关注点主要包含在具体的中国基层传统社会里支配着社会生活各个方面的一种特殊的体系——乡村经济、农民温饱与农村土地改革等问题[①]。对于充满返璞归真气息的中国传统乡村风景和理想的建设蓝图，似乎没有更多涉及。

然而，由于今天全球经济高速发展，人们厌倦了都市的喧嚣和浮华，向往聆听田园牧歌的慢生活，绿色的篱笆、袅袅炊烟的和谐，还有翻转水车的宁静，“背包客”们四处寻求着乡愁的“原风景”，心中充满诗意的“远方”。近年来涌现出大量民宿产业正是这种情形的反映。作为承载今天中华民族“乡愁”情感的民具——中华传统水利机械（如龙骨水车、水碓、筒车、辘轳等），蕴含了对自然与田园回忆的设计之美，是中华民族“乡愁”记忆中的文化符号。

中华民族的先民自古以农耕为主，由于农田生产对自然条件有着很强的依赖性，涝灾和旱灾都会严重减少农作物的收成，因此，先民极为重视防范水旱灾害和兴修沟渠的农田水利事业。在频繁地使用中华传统水利机械进行农田水利作业中，也形成了传统乡村常见的风景。

① 费孝通. 2016. 乡土重建. 北京：北京大学出版社.

0.1 “原风景”的符号——水车

今天，由“城乡二元结构”构筑的中国大地上有两道风景线：一面是由鳞次栉比的高楼大厦构成繁华都市的地平；远离都市的另一面却有许多空寂留守的乡村[①]。然而，古往今来，东亚的广阔大地上散布着一簇簇独特的传统聚落，它们是中华民族的先民经过世世代代艰苦奋斗而构筑的自然-社会-人相互关联的广泛而复杂的系统工程——乡村的“原风景”。用辘轳或桔槔提水、水轮吱嘎吱嘎转动的水车小屋……这些都是过去乡村常见的景象。传统的水利机械（如水车、水碓、水磨等）不仅是中华民族乡愁记忆中的文化符号，今天仍然可以通过改良和创新发挥其实用价值和文化价值。

在全球化和城市化高速发展的今天，像“周庄”“乌镇”这样努力地保留了乡村原风景的场所，已成为为数不多的旅游景点。然而，绝大多数的乡村风景正面临着包含生态、文化、人性化在内的重重危机，亟须树立时代地域景观观念和生态美的意识。尤其深刻的问题是，许许多多的乡村正迅速地失去传统乡村的味道（乡土气息），失去了乡村的文化、文脉和集体记忆等乡村的人文情愫，对上了年纪的老年人来说，失去了记忆里“水车”这种过去极为常见的物件，这些物件是体现乡土气息的十分重要的乡村文化符号。

“原风景”（landscape in the original state）[②]是指人们内心保留的最初原的风景。这种风景时常包含着人们怀旧的情感，与现实的风景相比更接近于心象的风景。原风景是定居者对其以往的生活风景的经验总结，包含个人对气候、风俗、社交、方言、习惯等各方面的印象，个人的原风景极大地影响着其对风景的审美观和价值观。由于中华民族历史上基本以农耕为主，并重视农田水利的维护，吱嘎吱嘎的撩车（筒车）送水，翻转的水轮与小屋，还有足踏的龙骨水车，就是传统乡村原风景中的重要组成内容。由于同一民族或相同社会环境中的人具有共通的深层意识，因此不同个体的原风景也会存在一定的共性，从

① 张鸿雁. 2016. 论重构中国乡村的文化根柢. 中国名城, (3): 4-13.

② 木岡伸夫. 2007. 風景の理論-沈黙から語りへ. 東京：世界思想社.

而产生与民族和风土等有关的共通的原风景，即“国民的原风景”。然而，今天只有极少的年轻人知道曾经有“水车”的存在，水车小屋的原风景却定格于（60岁以上年纪）父辈对故园的记忆中，化为一种思念、一缕乡愁。

摇着辘轳光滑的木柄，悠闲翻转的水轮与水碓房、水磨坊……这些过去普遍存在的传统水利机械，与过去的乡村自然风景完全融合在一起，构成一幅幅生态美的乡村水墨画。今天，在一些水资源丰沛的少数民族地区（如西江千户苗寨、贵州花溪、广西三江）依然可以看到人们利用传统水利机械以五谷来磨面、碾米；用古老的木制面罗分离出面粉与麸皮等工作（图 0-1）。

图 0-1　广西农村的水车（冯建章拍摄）

原风景与人类居住的风土、可持续发展都有密切关联，是我们能够表达的风景，是值得我们记忆的特殊空间。因此，建设有真正的传统乡愁和人文集体记忆的原风景的村落，传统水利机械是不可或缺的文化符号。本书（第 10 章）设计提案的“水车之乡的生态设计构想”就是希望设计一个能引起今天人们内心产生共鸣的，感觉惬意舒适的原风景地方创生（placemaking）的模板。

近年来，由于旅游业的兴起，国内一些游乐设施景点也纷纷引入了传统的水车项目。例如，兰州水车博览园的黄河大水车传递着古老的中华水车文化；玉龙雪山下的涓涓流水展现了纳西族日常生活风情的丽江水车…… 这些水车是按照原来地域上水车的样式进行的复原，给人们带来传统乡村的回忆。然而，也有一些水车，如太湖大水车、贵州省黔东南苗族侗族自治州丹寨万达旅游小镇东湖水车（直径为 26.08 米）、山东滕州木石镇墨子湖水车…… 这些水车的建造师相互竞逐浮夸的吉尼斯世界纪录，由钢铁建成的“巨无霸”彰显了人类征服自然的力量，并没有让游客们感受到故乡的原风景。建造这些巨大的水车均是从商业目的出发，希望通过轰动效应吸引更多的游客，没有把握住传统文化中“乡愁”的根本，也没有体现生态美学中的“人工自然生态美”的设计原则。

0.2 承载乡愁的民具——中华传统水利机械

0.2.1 被忽视的民具

在中华古老大地上，一直承担着解决一代代人具体生存问题（吃饭及生产生活用水）的民具——中华传统水利机械，其设计思想及设计之美却被设计研究者所忽视。“设计史”或“美术史”中鲜有中华传统水利机械的介绍，缺失了作为民具的中华传统水利机械的设计美学研究的内容。

翻开中国设计史、工艺美术史，所讨论的对象往往限于古代王侯将相墓葬考古挖掘出的陪葬品、宫廷器具中帝王日常把玩的最精美绝伦的物品，崇尚华丽的古代“官具”设计。官具在一定程度上代表了当时最高的技艺水准，但是官具不是传统造物发展的动力，不能够影响中国传统造物的发展趋势。

学者王琥认为：“我们能够看到的中国设计史、工艺美术史，基本陈列于古代官办器具史，而且越接近‘御用’，评价越高。”“我们一方面空洞地歌颂‘古代劳动人民的聪明智慧’，另一方面却对真正代表我们民族的造物——设计传统的民间手工艺，从心底里鄙视轻蔑。”①然而，作为民具的中华传统水利机械，正是由于它素朴的实用价值、非常广泛的适用人群和长久的使用时间，成为中国传统造物的主流，影响着中国传统造物的发展，虽然民具在历史上没有有利的社会物质资源。

中华传统水利机械与自然的亲和与互动，犹如西南的元阳梯田、古徽州西递宏村古老的水利系统……与自然的亲密交融，体现了生态美的设计原则，让人忘记了这是“人工物”的存在。中华传统水利机械的原理虽然直观，但若仅限于在象牙塔中进行理论空谈，不实际地展开中华传统水利机械的复原，不了

① 王琥. 2010. 设计史鉴：中国传统设计审美研究(审美篇). 南京：凤凰出版传媒集团，江苏美术出版社：163.

解其制作原理及机械运动原理，不了解古老的失传的工匠技艺，则很难真正地走近它们的“内心”。

此外，设计学者吴卫从“古代升水器”的视角，对中华传统水利机械的设计思想做了广泛的考察，挖掘了古代从“出水车样”到“造水车”的记载，探索出设计样机这一程序是由专职官员完成的，其目的是便于进行批量生产，为国家省材、省工、省费。另据《隋书·何稠传》所载：“大业时（公元 605—618 年），有黄亘者，不知何许人也，及其弟衮，俱巧思绝人。炀帝每令其兄弟直少府将作。于时改创多务，亘、衮每参与其事。凡有所为，何稠先令亘、衮立样，当时工人皆称其善，莫能有所损益。”可见“立样”，即勾画设计草图这一当代设计构思出图阶段在隋唐时期已经存在，从而成为当时造物生产前的一个重要步骤。“凡有所为，先立样”的出现，说明隋代先民对升水器械设计规范的初步形成。从现代工业设计的角度审视，中华民族在 1400 多年前已经自发地、有目的地采用现代设计方法和步骤程序了[①]。虽有大量古文献考察的内容调研，但由于其研究缺乏制作体验的介绍，难以从根本上把握中华传统水利机械的形制与设计美。

邹其昌从《考工典》与中华工匠文化体系建构的视角对民具做了相关研究[②]（后述）。然而，邹氏的研究只限于和中华工匠文化制度形成有关内容的广泛考察，对中华传统水利机械的专题研究并未涉及。近代的机械学者们所关注的焦点是传统水利机械其运用机械学原理的了解；科学史学者是考证古代发明的年代以及该发明在古代文明进程中的价值和意义……然而，真正地去反思这些发明的形制/设计的美感对于中华民族未来的创新有何深刻的启示，却文字寥寥，鲜有研究。

综上所述，本节提及的与民具相关的研究对于探究中华民族的传统造物思想、发现中华传统水利机械的木作之美有重要的启发作用。在科学技术史领域

① 吴卫. 2004. 器以象制 象以圜生——明末中国传统升水器械设计思想研究. 北京：清华大学.

② 邹其昌. 2016.《考工典》与中华工匠文化体系建构——中华工匠文化体系研究系列之二. 创意与设计，(4): 23-27.

不断完善对中华传统水利机械的力学及机械原理深入了解的同时，从设计学或美学的视角对中华传统水利机械“形制/设计及生态之美”的理解还亟须开垦和完备，本书正是基于此展开了传统水利机械之美的设计学研究。

0.2.2 乡愁的设计美学

今天，“乡愁”的概念已由最初的“思乡病”（homesick）演化到人文意义的“乡愁”（nostalgia，怀旧），乡愁缺失的问题在城镇化迅速发展进程中日益凸显出来。这种涉及当今人类共通情感问题的凸显也包含了人们对城镇化、工业化发展的反思以及对传统乡村家园的眷顾。

乡愁依托生态环境而生，乡愁的记忆与特定场所，如水井、水碓房、踏水车等诸多真实场所、老物件有着千丝万缕的联系，乡愁的记忆包含了场所中发生过的生活场景和故事。采用各种天然素材（竹、木、石）制作的民具就是一件件承载乡愁的道具，中华水利机械作为传统乡村极为普遍的道具（物件）是承载着“乡愁”的文化符号，兼备生态设计美的特质。唐诗宋词中有大量描绘水车之乡脍炙人口的诗句，唐代诗人郑谷在咸通至广明间（860—881年）在长安应试，寓居于宣义里，写下了“幽居不称在长安，沟浅浮春岸雪残。板屋渐移方带野，水车新入夜添寒”的诗；宋代学者陈与义曾有“江边终日水车鸣，我自平生爱此声。风月一时都属客，杖藜聊复寄诗情”的诗句；《北国之春》歌词：棣棠丛丛、朝雾蒙蒙、水车小屋（宁）静……勾起了人们对生态故园的回忆和对春的期盼。

然而，自改革开放之后，由于我们对中华传统水利机械的抛弃比较彻底，因此，也丧失了对传统水利机械基础上的技术保存、技术改良以及结合传统水利机械进行创新的能力。中华传统水利机械往往与优质的自然环境（青山绿水）有密切的关系，今天对传统村落文化的强保护和精准保护，传统乡村的文化重构，主要是寻找那些优秀的村落空间、优秀的地点和精神，寻找那些值得传承的、向上的优秀集体记忆来进行重构[①]，中华传统水利机械是难以忽视的内容。

① 张鸿雁. 2016. 论重构中国乡村的文化根柢. 中国名城, (3): 4-13.

因此，寻找“乡愁记忆”，首先，要寻找一个能够承载乡愁的“空间场所”，与中华传统水利机械有关的水车、水碓、水磨坊具备了诸多承载乡愁的场所基质；其次，需要结合中华传统水利机械进行技术改良和生态技术创新，既保留传统水利机械的景观设计，又以利民、惠民、便民的方式发挥新的作用。保留值得记忆的中华文化根底和乡愁，需要呼唤承载乡愁的传统水利机械。

0.3　民艺与匠心的设计

0.3.1　作为民艺的设计

传统水利机械是过去乡村风景中随处可见的道具，与过去的农村日常生活中常使用的，如同农村赶集上出现的锅碗瓢盆、扁担、粪桶、牛鼻栓、长条凳……一般被叫作“杂器”“杂具”“粗货”“不值钱的”等，是不登大雅之堂的东西。因为这些东西都是民众在日常生活中司空见惯的物品，是不断使用的物品，是任何人都离不开的日用品，与每天的日常生活不可分割的物品，又是大量制作的、到处可见的、能够便宜买到的、任何地方都有的民艺品（即民众工艺）。

在柳宗悦的“民艺”出现以前，这些“民众的工艺——传统水利机械”是过去的乡村风景中随处可见的道具。柳宗悦在早期与朋友们推广“民艺运动”的实践过程中，进行了大规模的田野调查，考察了众多的乡间作坊和工匠，收集了大量手工制作的民艺品。通过观察、比对、分析、思考、研究和写作，柳宗悦逐渐建立起独特的民艺品评价体系和美学思想，由此创立了民艺学[①]。

柳宗悦通过民艺运动的实践，促进了日本社会对民众的工艺及民间日常生活的重视和关注，形成了具有东方特色的以“用之美”为核心的“美之思想”和生活美学理念。根据民艺学的观点，中华传统水利机械是作为日常用品而制作的东西，是不受任何美之理论影响的无心之作，是在贫穷的农家和乡村工厂

① 徐艺乙. 2017. 柳宗悦的思想及其他. 南京艺术学院学报(美术与设计), (1): 29-35.

中生产出来的。简言之，是真正的地方的、乡土的、民间的东西，是自然中涌现的、不做作的产品，其中的真正的美之法则是值得注意的。

柳宗悦提出 ："美即是生活"，如此实用的民艺是唯一的。只有如此有特色的民艺，才有如实表现民族独立性的力量。民艺品之美来源于自然的恩惠和传统的力量，来自于人们的审美体验。柳宗悦认为，美的本质是可以直接接触到的，这样的美的"直觉"是人类天生具有的本能的力量，是不受固有的知识和成见所约束的，是以自由的心、眼和手去体验的。柳宗理（柳宗悦之子，民艺学者）认为:"真正的美是在器物上自然产生的，不是制作出来的。设计是意识的活动。"这些观点是过去从事传统水利机械制作的工匠师傅们绝对未曾意识到的。

柳宗悦在创建民艺理论的过程中，通过对西方最新艺术运动进程以及"美与用""型与形"这两组概念的深入研究，找到了构建东方美学的可能性。柳宗悦在与"大自然"的"融合"中揭开了"个性"和"自我"的面纱。在柳宗悦看来，真正的"个性"或"人格"绝不是以近代以来的主客观对立为前提的。今天的日本人民对于民艺品有很深的情结，全国各地大大小小的民俗馆里陈列着古代的民艺器具，这些展示深化和发展了民艺理论，也体现了与中华文明深厚的历史渊源。由于民艺学多关注以陶艺器皿为代表的各种器具，对于传统水利机械（除了日式扬水车之外）尚没有专门的研究。

受日本民艺学的影响，潘鲁生等艺术家也创建了民艺馆，对中华传统的民艺（如剪纸、泥塑、面塑、刺绣、年画、版画、皮影、戏曲等）进行了继承与发扬。但是，他们对中华传统水利机械涉及不多，除了零星的收藏，缺少全面、系统的研究。

由于民艺品逐渐受到国人的喜爱，（杭州的）中国美院于 2011 年在象山校区的中心地带落成了"民艺博物馆"。此馆由日本著名建筑设计师隈研吾设计，在流水环绕的象山半山腰上依山而建，隈研吾将他的"负建筑"理念融入了他所打造的这座建筑中，新建的民艺馆自然地消融于原有的山水之中（图 0-2）。

民艺，就地取材，不浪费地球资源，具有生态美学的意义，体现了劳动人民的生活智慧；同时，民艺之美素朴无华，具有人们追寻乡愁的情感元素。柳宗悦曾说：“人类智慧的异常的进展，促进了机械的发明，显示了人的智慧的种种胜利。”①中华传统水利机械及其工艺技术的产生和发展是符合柳氏所说的“人类智慧的异常发展”的具体实例。中华传统水利机械的发展是由人完成的，作为特定时代的匠人，他们的发明创造体现了其特定时代的思想，有着时代的印记。作为民艺的中华传统水利机械，其设计制作与千年的师徒承传和“工匠文化”有密切的关系。

图 0-2　中国美院民艺博物馆

图片来源：http://art.china.cn/products/2015-10/13/content_8291090.htm

0.3.2　传统水利机械与中华“工匠文化”

传统水利机械多采用亚热带季风气候的自然环境中容易获取的木材、竹材或石材等的天然素材，由过去的传统匠人（皖南古徽州称碓匠）制作而成。据《歙县志》记载，1960 年前后，歙县的龙骨水车就有三千多架。如此大量的木制水利机械的制作，与中华民族传统的“工匠文化”有密切的关系。在漫长的中华农耕文明进程中，是无数具有“匠心”品质的匠人们（即古代技术人员），以令人信赖的技艺完成了一件件传统水利机械的制作，推动了中华造物技艺的传承与发展。如果没有严格的“工匠精神”的素养，例如，龙骨水车的刮水板的尺寸稍有偏差，就会极大地影响提水效率，这在中华民族传统的乡村社会是天大的事情。

在整个中华工匠文化体系建构中，“工匠”是其核心概念和主题，并且“工

① 柳宗悦. 1991. 工艺文化. 徐艺乙，译. 北京：中国轻工业出版社：61.

匠”既是一个职业共同体，也是一种身份和生存方式。“工匠精神”是“工匠文化”的核心价值观，是“工匠文化”具有独特存在价值的根源所在，“工匠精神”作为一种信仰、一种生活态度、一种生存方式，已经超越“工匠”“工匠文化”，是人类社会健康发展的巨大精神驱动力，中华传统水利机械这些伟大创新就是工匠们在实践中创造出来的。

根据邹其昌的研究，中华工匠文化体系建构主要有三种典型的建构范式：《考工记》范式、《营造法式》范式和《天工开物》范式。这三种范式各具特色，具有一定的历史性和代表性[①]。其中，《天工开物》有大量关于中华传统水利机械的记载。

明代的《天工开物》范式，是学者宋应星从学术体系的建构方面探索和思考传统工匠文化体系的问题，并突出强调了中华传统农业社会典型的生活图景——以男耕女织生活画卷展开工匠文化体系的建构，以“贵五谷而贱金玉”为指导思想对工匠制度文化、民俗文化、伦理文化、技术文化、评价体系等展开系统的思考，是中华工匠文化体系转型期的重要范本，也是传统工匠文化体系走向完善的重要特征或指向[①]。

对比古希腊的阿基米德发明了螺旋式水车，希罗设计了双缸活塞式压力泵，18 世纪 60 年代英国织布工詹姆士·哈格里夫斯发明了珍妮纺纱机等有名有姓的记载，中华传统工匠一般不著书立说，看中的是功夫都在手上；中华传统水利机械的发明人（古代工匠们）的辉煌成就的记载以传说等方式呈现，大多数根本就没有记载，这与中华传统文化中负面的价值观有必然的关系。

当代“工匠精神”的倡导者聂圣哲先生在其文章中指出：工匠精神存在于中华民族造物史上曲折的发展历程中…… 在几千年的中华文明史上，古来赞美帝王将相，赞美明君清官，赞美侠客和孙悟空，赞美才子佳人，赞美立地成佛的强盗，赞美残民以逞的枭雄，赞美为谋求权力榨尽苍生血泪的所谓智者，赞美明哲保身的滑头，就是不赞美工匠和工匠精神。我们崇拜秦始皇，对于他陵

① 邹其昌. 2016.《考工典》与中华工匠文化体系建构——中华工匠文化体系研究系列之二. 创意与设计，(4)：23-27.

墓里出土的兵器上刻着的匠人名字，不会给予一些关注，虽然我们也赞美那些兵器的精良。若探寻这些问题的原因，其源头可以追溯到西汉董仲舒开始的“独尊儒术”。在此之前，积极探索自然原理、倡导工匠精神的墨子（墨家）是与孔子（儒家）齐名的思想家。

可以说，春秋战国时期，兼具朴素的自然科学探索和工匠精神的墨子是东方的亚里士多德式的人物，在他的著作《墨辩》中记载了如：光学、轮轴等探索自然科学原理的内容；同时墨子也是一位著名的“工匠”。据历史记载，公输班为楚国造云梯之械，墨子在与公输班的辩论中，凭借他的造物发明“九拒之”，以其“非攻”智慧制止了战争的发生。

聂圣哲又指出，在漫长的古代专制社会的历史上，匠人=贱人，这个公式不仅烙在贵族心里，也烙在匠人心里，然后一代代遗传下来，当然在很长时间里，连匠人的身份也是由官家强制而世袭的。既然万般皆下品，唯有读书高，那么除了中举做官以外的任何道路都是低贱的。匠人们的自卑和被鄙视，最终的结果是他们不以自己的职业为骄傲。由于匠人的地位低下，中华传统水利机械的众多发明和改良并不受到重视。中华古老的匠人精神的脉脉相传，在传统水利机械领域，在1500年之前，中华民族一直居于世界领先地位。

今天，古代的能工巧匠们对于中华传统水利机械的贡献已无法考证了。本书在调研地方志的过程中发现，地方志对于农田水利方面的记载多限于渠、塘之类的官办工程，没有发现有当地杰出的中华传统水利机械的制作匠人的生平记载。由于过去主持地方志编纂的文人，多为熟读儒家典籍、持有博取功名利禄价值观的士绅阶层，因此，地方志对传统水利机械的使用及制作情况记载，最多不过是寥寥数语，难以重视。然而，工匠和工匠精神对于中华传统水利机械的承传、改良其作用是不可估量的，传统水利机械的制作通过师徒承传，日积月累的磨炼形成古代工匠心领神会的“默会知识”（tacit knowledge），将传统的水利机械的制作技艺传承下来，一直持续到20世纪80年代。

0.4 中华传统水利机械的研究

历史是了解过去、展望未来的钥匙。对中华传统水利机械的深入挖掘和探索，可以详细地了解传统水利机械在中华文明史上产生及演变的真实过程，也可以从中探寻出人类造物及创新的思维脉络和客观规律，进而便于推测中华传统水利机械的未来发展趋势及当代的应用价值。

15 世纪以前的古中国在机械工程技术领域有着相当大的成就，一直处于世界领先地位。虽然，中华民族有不少机械方面的重要发明、自主创新和文献记载；但是，资料的不完整、成果的不外扬，以及技术的不流传，使得中华民族的诸多机械创作不但被外人所知有限，国人也不甚了解。有些重要的独创性成果（如龙骨水车、筒车、水轮三事……），由于其已融入生活，过于平常而未能被后人所重视，甚至认为有的创新是西洋人的发明（如船舵）。本书希望通过对中华传统水利机械的研究，挖掘其生态的、设计美学价值，借此以发扬中华民族在历史上的优秀机械文化成果，鉴古证今，旧为今用，温故知新，期待今天能产生具有深远意义的创新机械科技。同时，本书也展开科学技术的哲学反思，探索本民族在未来的创新思路。

长期以来，中华传统水利机械是科技史及机械史学者竞相研究的课题。近代的机械学者（如刘仙洲、王振铎、陆敬严、张柏春等学者）研究了中华古器具的机械学原理，并从农业机械的视角对中华传统水利机械出现的历史、形制、使用范围等做了大量深入的挖掘与整理；戴念祖从物理学的视角对古代器具的力学原理做了较为全面的梳理①。无论是机械、技术，还是力学史学家，其关注的重点是一些结构复杂、古籍中记载含糊晦涩的古代机械，如木牛流马、指南车、水运仪象台等，其关注的焦点是古代器具的力学或机械原理等，以及该项发明在中华文明进程中的意义，关于传统水利机械，则是以各式静止农具形式做了记录与保存的研究，尚未从人与环境互动的视角进行传统水利机械的形制及设计美的分析，也没有展开生态视角的传统水利机械设计美学研究。

① 戴念祖. 1988. 中国力学史. 石家庄：河北教育出版社.

英国的科技史学家李约瑟对中华传统技术发明做了深入的调研，为世界了解智慧的中华传统科技打开了一扇神奇的大门。李约瑟对中华传统水利机械这些充满独创性的技术成就予以了高度评价。美国人 Rudolf P. Hommel 在 20 世纪初，花费 8 年时间在中国内地考察了各种民具，回国又潜心整理了 10 年，完成了 *China at Work*（手艺中国:中国手工业调查图录（1921—1930 年））一书，书中记载了大量的中华传统工具，其中包含了如水碓、水车、桔槔等中华传统水利机械实物的珍贵图片资料。美国人富兰克林 · H. 金（F. H. King）于 1909 年春携家人远涉重洋游历了中国、日本和朝鲜，考察了东亚三国古老的农耕体系①，对中华传统水利机械有照片资料和对机械功能的简要文字描述。

日本高校对传统水利机械的研究甚为关注（如西日本工业大学），已逐步构建跨越文理的综合研究方向。日本人对包括中华传统水利机械在内的民艺有很深的情结，他们曾花费 8 年时间，耗资 6 亿日元，于 1997 年首次成功复原了宋代的“水运仪象台”。日本山区的一些小镇利用当地丰富的水资源，保留了古老水车的景观。改良后的水车，通过运转可用于磨面、发电等工作，为当地商店提供荞麦面食，水车小镇是日本民众非常珍爱的乡村风景和回忆中的温馨之地。日本各地都建有民俗馆，陈列着古代的民具机械，其中，大阪国立民族学博物馆的展出体现了与中华文明的深厚历史渊源。

荷兰人没有舍弃传统的风水车，今天，“风水车”“郁金香”已发展成为著名的荷兰旅游名片。国际风水车学会（The International Molinological Society, TIMS）是对世界的传统风力及水力机械的专门学术研究机构，研究对象多限于欧洲中世纪的水力古机械。由于“水利”是中国人的固有概念，因此，对中华传统水利机械的研究，需要在中华农耕文明及木作文化的土壤上进行，才能理解其背后的生态设计之美。

① 富兰克林 · H. 金. 2016. 四千年农夫. 程存旺，石嫣，译. 北京：东方出版社.

0.5 中华传统水利机械与知识科学

0.5.1 知识科学的研究

本书以古老的东亚大地上被中华先民曾经使用了 2000 多年的“民具”，即以承载着中华民族浓浓“乡愁”的传统水利机械为研究对象，以知识科学（knowledge science）思路与方法为基础，在整合现有的（科学技术史、机械）知识构造的前提下，研究中华传统水利机械背后所包含的个人的知识、自然生态的知识、社会的知识、组织的知识（图 0-3）。

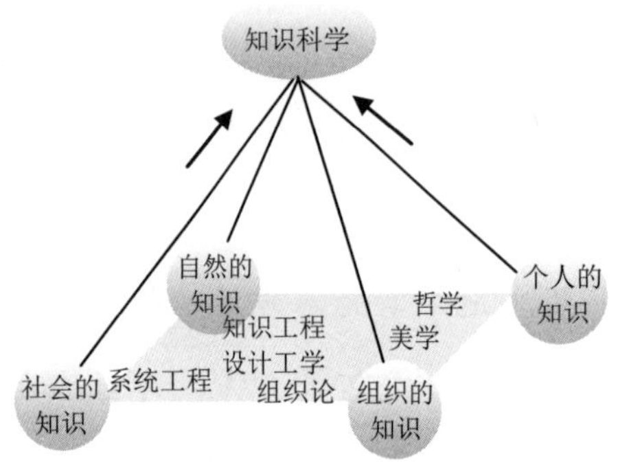

图 0-3　21 世纪的知识科学模式

21 世纪是“信息社会”向“知识社会”变迁的时代。今天，代表科学技术的各门学科逐步细分化的同时，近代科学的局限性也从这种细分中反映出来。面对环境生态等新出现问题的解决，需要崭新的更为广阔的视角，有真正的统领全局的“科学”，“知识科学”当之无愧地将成为今后时代的主角。20 世纪 80 年代末，以“知识创造”与“技术革新”为主线的新思路研究在国际上迅速展开，其特点是如何合理地解释并说明如内隐的知识、人类的感性、本能、直观等人类精神中看似非合理的侧面所带来的创造力。传统水利机械的研究触及中华民族乡愁的情感、水与自然环境的生态、技术与匠心的内隐知识…… 需要运用知识科学的方法全局地展开挖掘和研究。本书采用知识科学的方法的理由体现在以下几个方面。

1. 承载乡愁的设计美学

传统水利机械的结构设计一切服务于功能，体现了“器完不饰，素朴质真”的农事器具审美文化，具有独特的生态美学价值。传统水利机械与自然融为一体而不觉违和，水车转动的嘎吱声与水流声交错，治愈着人们的心灵，承载着人们“乡愁”的情感寄托。

本书对各种传统水利机械的具体设计美学分析包含机械美学、木艺美学、生活美学……对于今天提倡的生态美学设计有一定的借鉴作用。

2. 回归经验知识的时代

传统水利机械是人们千百年中在固定的地域、社会、生态的环境下形成的传统知识和技能，在中华文明发展进程中，先民几千年来屡遭灾难而生存下来的手段和方法。

中华民族的先民很早就懂得运用水利机械解决灌溉、饮水、生产、搬运、计时等问题。在长期的生产生活中，中华各民族凭借对地域的气象、水资源的了解，积累了丰富的与水利相关的本土知识和经验，形成了丰富的地域知识技能。

地域的传统知识技能即本土知识（indigenous knowledge）是古人千百年来形成的固有的地域知识（local knowledge），是在与自然、社会的和谐相处中形成的合理的生产生活方式。作为本土知识的传统水利机械包含的技术知识是在地域生态文化中自然而然产生的，其实践比现代的科学知识更广泛、更长久地被使用过。

我国的诺贝尔生理学或医学奖（2015 年）获得者屠呦呦就是从《肘后备急方》（东晋葛洪著）中“青蒿一握，以水二升渍，绞取汁，尽服之。”的民间经验药方得到启发，通过大量的实验证实了“青蒿素”这种物质能够有效降低疟疾患者的死亡率；11 世纪宋人从经验获得种人痘预防天花，在明代隆庆年间（16 世纪）种痘术传到欧洲，英国人詹纳（E. Jenner）在此基础上发展为种牛痘预防天花，近代免疫学都是在此基础上发展起来的[①]。中国民间文化、浩瀚典籍中有数不清的这样的经验知识。

中华传统水力机械所持有的经验的、实践的、传统的智慧，其实践比现在

① 周学韬. 1991. 微生物学. 北京：北京师范大学出版社：9.

的专家学者所持有的科学技术知识更广泛、更长久地被使用过[①]。对于今后的保护与修复自然、改善人与自然的关系有深远的意义。

3. 多重解决问题的思路和方法

在今天追求效率的时代，对中华传统水利机械的抛弃似乎是理所当然的事情。然而，未来的社会必将是多元化、小型化的，某种单一解决问题的技术和方法都会暴露出很大的局限性。

今天，世界的发展越发依赖现代科技所带来的便利，然而，大规模的工业生产为解决人类面临某些眼前的困境时，所采用的单一的解决问题的途径和方法（如食品转基因、筑坝拦水、农药化肥等），在未来的某个时间，都存在着不可预知的潜在风险。多元化的解决方案才是人类面向未来所应有的态度和素养。因此，对包括中华传统水利机械在内的经验知识和技能的挖掘、保护、保存和再创造，有其长远的生态学意义。

4. 结构化知识的理解需要保留传统技艺

除了偏远地区还有零星的使用之外，今天的中华传统水利机械似乎已失去了其高效的实用功能，更多情况是放置在地方博物馆中作为展品而保存。然而，今天科技的发展，由于各种产品内部构造及系统的复杂化，科技与人们之间的距离越来越远。传统水利机械功能的直观展示可以衔接过去与今天，对孩子有绝好的教育作用，让他们了解先民是如何生活的，今天的水利机械是如何由传统水利机械一步步演变而来的，这就是知识结构化的理解。同时也启发他们如何面向未来进行创新。宏观地俯览事物发展的过程形成内在的知识，对创新具有巨大的推动作用。[②]

本书（第 10 章）进行中华传统水利机械的复原与交互装置的制作，为博物馆互动展示发挥了独到的应用价值。

---

① 杉山公造，永田晃也，下嶋篤，他. 2008. ナレッジサイエンス：知を再編する 81 のキーワード（改訂増補版）. 東京：近代科学社.

② 小宫山宏. 2006. 知识的结构化. 陆明，李洪玲，监译. 东京：Open Knowledge Co.：66.

0.5.2　研究方法

由于传统水利机械装置多由木材、竹材制作而成，长期浸泡在水田、沟渠、河塘等泥泞的自然环境中，因此，传统水利机械具有一定的使用周期。所以，在今天的乡村里很难再找到历史稍为久远的传统水利机械的实物了。本书基于文献分析法和博物馆考察法，通过对相关的历史文献和博物馆收藏的近代传统水利机械其实物的机械原理分析，还原历史上的中华传统水利机械的原貌。

今天距离父辈们曾使用过中华传统水利机械的时代并非久远，可以从图片资料和文献典籍中展开研究。田野调查则是通过对乡村里上年纪老人的口述进行整理，或通过一些熟悉的历史事实分析在过去的农村中传统水利机械的利用状况。调查范围是安徽省皖南山区（古徽州地区），如屯溪、休宁、歙县等地农村在过去使用中华传统水利机械的真实状况。参考的资料是国家各大出版社出版的农田水利工具之类的图书、期刊论文及相关的古籍资料。调查的博物馆有中国水利博物馆、黄山市博物馆、安徽屯溪老街万粹楼博物馆、常州博物馆和日本大阪国立民族学博物馆等。

本课题研究的具体方法包括以下 4 点。

1）古文献查阅法。史料包括古籍文献、历史文物、考古资料和现存实物。对于水运仪象台等传统水利机械，需要通过《新仪象法要》《河工器具图说》《考工记》等古籍进行考证。同时，查阅地方志，尤其是古徽州的地方志，了解过去地域中使用中华传统水利机械的状况。

2）复原法。利用木作技艺复原传统水利机械。以古机械复原的观点，将史料成分分为有凭有据、无凭无据、有凭无据三类。因文献与文物的图形都只反映外形，并无内部构造和零件尺寸，更没有制作尺寸，所以只能为“凭”（非实物资料），不能为“据”（现存实物，真品）。本书于对传统水利机械的研究需要从边远地区了解传统水利机械，通过民间艺人了解真正的制作经验，以及失传的制作技艺和手法。需要融合机械学与技术史等学科知识的创新。

3）调查分析法。水车之乡的生态设计构想需要采用调研分析的方法。

4）新媒体艺术表现的研究方法。采用数字技术与 VR 虚拟仿真技术对传统水利机械非物质文化遗产的场景进行展示。传统水利机械的复原需要融合木作技艺和编程控制等多方面的知识，完成的作品需要展示出与观众的良好互动。

0.5.3 总体框架

本书所研究内容的总体框架如图 0-4 所示。

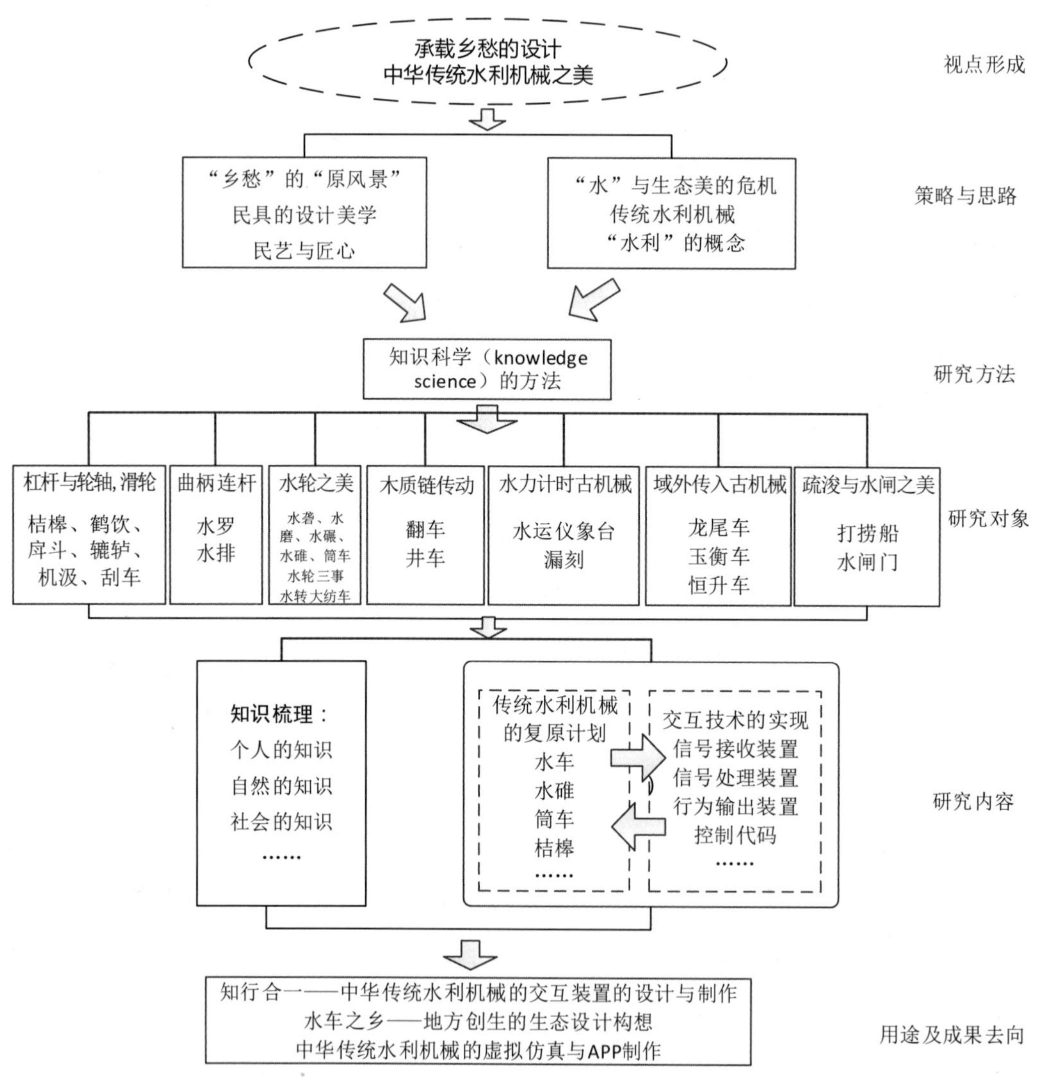

图 0-4　本书的总体框架图

本书以中华传统水利机械为切入点的先行研究包括以下两条线索：①乡愁的情感、民具的设计美学、民艺与匠心等内容；②水的问题和生态美的危机、“水利”和相关概念、历史和分类。

通过以上两条线索的先行研究，形成本书研究的视角：“承载乡愁的设计——中华传统水利机械之美”。

通过机械原理和使用目的，将传统水利机械分类为“杠杆与轮轴”“曲柄连杆”“水轮之美”“木质链传动”等8类。选择在水利史上有过影响力的26种中华传统水利机械，就机械或力学原理、历史渊源进行分析，并讨论该器具（水利机械）的形制美、技术美、功能美、生态美等内容。

融合现代的交互设计（interaction design），围绕以上具体的研究对象进行中华传统水利机械的互动式交互装置的制作。传统水利机械的复原部分包括3点内容：①缩小比例的复原；②虚拟仿真及图像可视化表达；③互动式交互装置的制作。

作为本书的用途和成果去向，其研究意义归纳为以下3点：①知行合一——中华传统水利机械互动装置的设计与制作；②中华传统水利机械的虚拟仿真；③水车之乡——地方创生的生态设计构想。

本书以古老的东亚大地上，被中华先民使用了2000年历史的“民具”，承载着中华民族浓浓“乡愁”的传统水利机械为研究对象，从生态美学及设计学的视角，融合了民艺学、技术史、机械史、力学史等多学科知识，通过挖掘传统水利机械的历史及原理、复原传统水利机械（如博物馆展示）等方法，理解中华先民创造出传统水利机械及解决各种水利难题的不朽智慧。通过中华传统水利机械互动装置的设计与制作；中华传统水利机械的虚拟仿真；水车之乡——地方创生的生态设计构想，探索留住乡愁的“原风景”，继承和发展中华水利机械的生态设计美学价值。

第 1 章
中华传统水利机械的概念、历史和分类

一万年来，农耕文明在地球上制造了一个又一个人工的自然生态景观，这些自然景观的形成与人类创造出的各种工具的开发有密切的关系。古徽州的屯溪水车磨坊；广西的筒车、水碾、水碓房；台湾池上地区的稻作文化；等等。中华传统水利机械曾经如同人们的衣食住行中必不可少的物件一样，与我们的祖先相伴了几千年。然而，今天工业化迅猛推进的过程造成了环境的严重破坏，人们需要寻求与自然和谐相处的生活方式，寻求人工生态美的创造智慧。

几千年来，我们的祖先在与水长期打交道的过程中，形成了中华文明中独特的“水利”的概念和认识，英文中没有完全对应的单词。

本章在介绍水利概念的同时，对传统水利机械等相关概念做了一定的梳理。定义了中华传统水利机械的概念和所指定的范围。

本章 1.3 节是根据形制、用途、机械原理等讨论中华传统水利机械的分类。

本章 1.4 节以大事年表的方式梳理了中华传统水利机械出现的年代与历史。

本章 1.5 节介绍了 1949 年之后中华传统水利机械由短暂的繁荣完成了其历史的使命。中华传统水利机械从出现到最后走向尾声的历史挖掘，有利于对中华传统水利机械形成完整的认知。

1.1　“水”与生态美的危机

1.1.1　“水”与文明

水是人类生存和发展不可或缺的物质。在漫长的历史进程中，人类从完全依靠自然的赐予逐水草而居，渔牧为生，避水害，择丘陵而处，渐渐过渡到农耕畜牧。

一万年前，以狩猎采集为根本生活方式的现代人（homo sapiens），是作为生物圈的物种而存在。当冰河融化、地球上出现了稳定的温暖气候之后，现代人开始了以农耕畜牧为主的生活方式，人口的增加组成了社会共同体——乡村群落。然而，避水患、取水、疏浚等一系列与水利相关的问题一直困扰着人类的生产和生活。

恒河文明、尼罗河文明、爱琴海文明、两河文明、华夏文明等人类治水的努力，无不伴随着地球上这些伟大文明的起起伏伏①。人类主动设法取水和排水等活动中，因地制宜地利用周围的素材逐步创造了众多的水利工具。

当一万年前的人类开始采用以农耕畜牧为根本的生活方式，取水及排水的农田水利技术的掌握，地球上出现了人工自然的生态景观，这些自然景观的形成与人类创造出的各种工具的开发有密切的关系。分布在中国云南省哀牢山南部的哈尼族人世代开垦的元阳梯田；江南水乡的圩塘；古徽州屯溪的水车磨坊，广西的筒车、水碾、水碓房；台湾池上地区的稻作文化；等等，曾经，传统水利机械如同人们衣食住行中必不可少的物件，是记忆中故园的风景。

20 世纪人口的急剧膨胀引发了世界性的气候环境问题。在这些关乎人类自身存继的问题中，“水”的问题更严峻地摆在人们的面前。自 18 世纪英国工业革命（the industrial revolution）以来，人类大规模地挖掘煤炭、开采石油，并开始利用放射性能源等，也使得地表那些人工自然的生态景观发生了巨大的改变。

在世界各种文明中，中华民族的先民基本以农耕为主。古老的稻作文化需要他们开垦荒地，排涝灌溉，在这些劳作过程中创造了一件又一件传统水利机

① 周丰. 2015. 符号之水：知识科学的方法与探索. 北京：科学出版社.

械。对比东西方技术史，15 世纪以前，在古中国这片土地上包括传统水利机械的各项技术一直处于世界领先地位（李约瑟）[①]。

1.1.2 生态美的危机

根据美国《不列颠百科全书》（*Encyclopedia Britannica*）的记载，今天全世界共有 2.71 亿公顷需要灌溉的农田，其中，水坝灌溉占 40%。虽然人类利用河水灌溉或作为能源用于其他不同的劳作已经有几千年的历史了，但是，在过去的 50 年中，大型活动水坝一直在成倍增加。这些纪念碑式的水利工程提供了防洪、灌溉、发电的功能，也深刻地影响了周边的环境。区域湿度与温度发生变化，大量的居民被迫离开家园，河流被分割，物种的迁徙受到了阻挡，生态平衡发生了显著的变化[②]。

21 世纪的今天，当人类的工业文明取得长足进步的同时，自然环境正遭受着前所未有的破坏，人类社会面临着如何实现可持续发展的问题。当前，由于大规模的过度开发所带来的物种灭绝、$PM_{2.5}$及温室气体排放、污染横行、水资源枯竭等问题频频出现，世世代代赖以生存的田园牧歌般的乡村风景正从我们的视野里迅速消失。

回顾历史，19 世纪的美国人热衷于征服自然，在殖民者对美洲大陆进行开发的短短不到 100 年的时间里，北美大草原的肥沃土壤大量流失，严重地影响了美国农耕体系的可持续发展。亨利 · 戴维 · 梭罗开创了具有超前意义的生态学研究，在他所著的《瓦尔登湖》一书中，表现了人与自然之间的交融[③]。1909 年，美国农业部土壤所的所长富兰克林 · H. 金为探究东亚国家的农耕方式，通过对中国、朝鲜、日本的农业活动和习惯进行调研，撰写了《四千年农夫》。书中介绍东亚生态农业传统生活方式的好处，这种生态生活方式离不开中华传统水利机械的巨大作用。

20 世纪 60 年代，美国的生态学者 Rachel Carson 出版了《寂静的春天》一书，书中记述了“滴滴涕”（农药）的使用，让普通的美国人在自家后院听不到鸟鸣这样令人吃惊的事实。农药给天空、大地和海洋带来了严重污染，给无数的生命造

---

① 陆敬严，虞红根. 1999. 中国科学技术领先于世的时间之我见. 同济大学学报, (4): 445-448.
② 美国不列颠百科全书公司. 2012. 环境. 霍星辰，译. 北京：中国农业出版社.
③ 徐恒醇. 2006. 设计美学. 北京：清华大学出版社: 156.

成了伤害，让充满生机的春天变成荒凉死寂的春天[①]。《寂静的春天》一书的出版，警醒了人类迅速开启环境保护行动，宣传生态观念，促进可持续发展理念的传播。

中国从 20 世纪 80 年代开始经济复苏，并保持持续强劲的发展势头，其代价是中国农村的生态环境遭受极大破坏，《千疮百孔的中国农村》记录了 2005 年之后农村严重污染的事实[②]。今天的人们才逐渐意识到，传统知识中的生态学智慧是先民几千年来屡遭灾难而生存下来的依据。

20 世纪 80 年代中后期，生态学不断发展并逐步渗透到其他学科，形成了结合自然和生态视角的"生态美学"，后现代经济与文化形态为今天生态美学的产生创造了必要的条件。中华民族的先民利用传统水利机械进行排涝灌溉与生产劳作，包含了生态美的设计思想，人与大地的亲密互动是今天的生态美学需要借鉴和汲取养分的内容。

1.1.3　生态美的世界观

今天，当人类的足迹开始迈向太空时，"宇宙、生命和文明"就成了看待自身的视角。我们生活在由水圈、岩石圈等构成的地表自然社会综合体上，组成了今天地球系统的构成要素——人间圈，"地球是我们生存的家园"是今天人类视野的拓展所形成的生态学世界观。

虽然现代生态观念与科技和社会生产力有密切的关系，然而，其根本的审美倾向与传统的植根于以农业为主的自给自足自然经济所形成的生态观念相一致。传统经验知识中的生态智慧是先民几千年来屡遭灾难而生存下来的依据。然而，伴随近年来现代工业化的发展，许多地方人们千百年中在固定的地域、社会、生态环境下形成的传统经验知识和博物技能正迅速丧失，如传统水利机械，许多技能和详细运用方法需要到博物馆，或在古文献中才能见到。

中华传统文化是基于人的生命体验形成的有关世界万物的认识的有机论世界观[③]。先秦时代的中华先民的智慧和哲理包含了大量的生态学取向，蕴含着深

---

① 蕾切尔 · 卡森. 2015. 寂静的春天. 鲍冷艳，译. 北京：中国青年出版社.

② 蒋高明. 2015. 调查：千疮百孔的中国农村. 环境教育，(8): 8-14.

③ 陈红兵，唐长华. 2013. 生态文化与范式转型. 北京：人民出版社.

刻的生态意识，构成中华传统的儒释道均有追求人与自然和谐共生的生态理念，为“顺应自然”地利用传统水利机械进行生产劳作、排涝、灌溉提供了观念基础。例如，儒家有“天地之大德曰生”“赞天地之化育”的观念；荀子认为“天行有常，不为尧存，不为桀亡……”(《荀子 · 天论》)；道家的老子提出了“人法地、地法天、天法道、道法自然”的观念；庄子有“天地有大美而不言”的观念；道家的“尊道贵德”就是要求人们不人为地干扰天地生化万物的自然过程的生态理念。这些传统的生态观念依然是现代生态观念的重要参考。

生态美的世界观是以生态观念为价值取向而形成的审美意识，它体现了人与自然的依存及人与自然的生命关联，是人与自然的生命共感与欢歌[①]。使用了几千年的传统水利机械是人与自然相处的媒介，记录了中华大地上一个个鲜活的生命为生存而勤劳奋斗的欢乐与悲歌。

与生态美的观念相配套的是其背后的工匠文化。成形于战国时期的《考工记》、宋代的《营造法式》、明代的《天工开物》、墨家及公输般（鲁班）等汇成了深厚的中华工匠文化的底蕴，支撑着 2000 多年的传统水利机械的创造制作与发展。中华民族自古崇尚木作技艺，木制的传统水利机械体现了中华先民对生态保护的理解和对榫卯等木作技艺的娴熟运用，这些传统的水利机械焕发出木制机械的生态美感。

1.2 “水利”及其相关概念

1.2.1 “水利”概念的形成

本书作为“中华传统水利机械”的研究，需要对相关概念，如“水利”“水利机械”“水力机械”做必要的梳理。

根据《中国水利百科全书》的解释，“水利”即采取各种人工措施对自然界的水进行控制、调节、治导、开发、管理和保护，以减轻和免除水旱灾害，并

① 徐恒醇. 2006. 设计美学. 北京：清华大学出版社：156.

利用水资源，适应人类生产、满足人类生活需要的活动。水利的基本手段是建设各类水利工程和设施，如堤、坝、水闸、涵洞、渡槽、沟渠、井、泵站、管道、鱼道、码头、电厂、河道整理、水土保持、污水处理，以及水产养殖、旅游和环境保护中与水利有关的工程与设施。建设水利工程称为水利建设。从事水利活动的事业称为水利事业，主要包括防洪、排水、灌溉、供水、水力发电、航运、水土保持，以及水产、旅游和改善生态环境等[①]。

古代灌溉、排水等包括分水、引水、输水、配水、灌水、排水、蓄水等设施，这些情况与现代类似，主要有水门、涵管、鱼嘴、堰、渠道、阴沟、飞槽、连筒、虹吸、田间优沟、破塘、水池、水库、水窖、虚提、水养等人工设施或传统水利机械。同一物体有不同名称，体现了先民与水的频繁接触。

与今天“水利”内涵相同的一词最早源于司马迁的《史记》。西汉武帝时期，司马迁考察了许多河流和治河、引水等工程，总结了当时黄河瓠子决口和堵口的经验教训，他在公元前 109 年或稍后作《史记 · 河渠书》中写道：“甚哉，水之为利害也”“自是之后，用事者争言水利”。《史记 · 河渠书》提到的水利内容有：“穿渠”，即开挖灌溉排水沟渠和运河；“溉田”，即灌溉农田；“堵口”，即修复遭洪水毁坏的堤防。司马迁讨论了水与人类生存之间的关系，分析了水的“有利”与“为害”的两个方面，在中华史上首次给予“水利”一词以兴利除害的完整概念。从此，“水利”一词便沿用至今。明代徐光启在《农政全书》中肯定了水利在农业中的地位：“水利者，农之本也，无水则无田矣”。

1934 年，中国水利工程学会第三届年会的决议提出：“水利范围应包括防洪、排水、灌溉、水力、水道、给水、污渠、港工八种工程在内。”这是近代中国对“水利”一词所含内容的概括。随着社会经济的发展，水利包含的内容不断丰富，“水利”一词的概念也愈益完整。

在欧、美等英语国家中，没有与“水利”一词恰当对应的词汇，一般使用“hydraulic engineering”或“water conservancy”。20 世纪 60 年代以后，由于进

① 俞衍升. 2005. 中国水利百科全书. 北京：中国水利水电出版社：1684-1685.

一步认识到水是一种宝贵的资源，又称为“water resources”（水资源），其含义已引申到水资源的开发与管理中。

农田水利（irrigation and drainage）是指为防治干旱、渍、涝、盐碱灾害，对农田实施灌溉、排水等人工措施的总称。灌溉（irrigation）是按照作物生长的需要，利用水利公共设施将水送到田间，以补充农田水分的人工措施。

中华传统水利机械，其相当一部分也属于农田水利灌溉的工具。所以，传统水利机械中的许多工具，长期分类在农具或农用机械的范畴。

1.2.2　“中华传统水利机械”的概念

“传统水利机械”是相对于工业革命之后出现的以使用钢铁材质，以及使用电力、蒸汽、石油能源为特征的现代水利机械而言的，传统的排涝灌溉等水利问题的解决体现了人类农耕文明时期的生产力。涉及的概念包括机械、水力机械、农具、传统水利机械。

1. 机械（machinery）

机械的定义有两种。其一，刘仙洲认为：“机械者，两个以上具有抵抗力的机件的组合体，动其一件，则其余各件，除固定的机架以外，各发生一定的相对运动或限制运动，吾人得利用之使一种天然能力或机械能力发生一定之效果或工作者也。”①其二，陆敬严等指出，机械是机器与机构的总称，它的根本目的是完成特定的运动（功能），然后才是省力。机械的特征为，它是许多构件的组合体；其各构件间具有确定的相对运动；它能转换机械能或完成有效的机械能。3个特征都具有的就是机器，仅具有前两条特征的是机构②。

2. 水力机械（hydraulic machinery）

水力指水流所产生的动力，是自然能源之一。其中，将水能转换成其他形式的力，为人类所用的机械，称为水力机械。例如，水磨、水碓、水排，都是利用水能做功的机械，属于水力机械。

---

① 刘仙洲. 1962. 中国机械工程发明史. 北京：科学出版社：6.

② 卢嘉锡，陆敬严，华觉明. 2000. 中国科学技术史・机械卷. 北京：科学出版社.

3. 水利机械（water machinery）

水利机械是包含“水力机械”在内的，用来帮助人类完成防洪、灌溉、给水、排水任务的机械。

现代水利机械分类包括：①水利水电施工机械；②水工机械；③农田水利施工机械；④水利水文自动化系统和仪器设备；⑤防汛疏浚抢险机械；⑥中小型水电机械。

4. 中华传统水利机械（traditional Chinese water machinery）

中华先民在水利建设中用于防洪、灌溉、给水、排水等任务的机械；中华先民使用的以水力作为动力，驱动其他工作机械做功的一类机械装置。

“中华传统水利机械”是指中华先民发明或使用的机械装置，从机械和功效的角度看，主要包括以下 3 类机械：①输水机械，即通过将水位升高来实现输水灌溉的作用，如农田中常见的刮车、筒车、龙骨水车等；②水能机械，即利用水的能量来做功的机械，如水磨、水碓、水排等；③利用水的浮力或压差以达到某种功用的机械，如橹、舵、轮船、打捞船等。

此外，中华传统水利机械还包括漏刻和水运仪象台这种报时与天文观测的机械装置。农耕民族在生产生活方式中形成了二十四节气的经验知识，时间的掌握与水利之间有密切的关系。

1.2.3　其他相关概念

1. 农具（farm implements；farm tools）

农具指农业生产中使用的各种工具，也是农民在从事农业生产过程中用来改变劳动对象的器具，包括牵引工具、耕种工具、播种工具、灌溉工具、收获工具、加工工具、运输工具等。

2. 水利农具（hydraulic tools）

运用于水利与农业的各种工具，即用来解决农村灌溉业与生活用水问题的工具。

3. 传统水利农具（traditional hydraulic implements）

传统水利农具是古人运用于水利与农业的工具，也是农民在解决农业生产与水利水资源利用等问题时所使用的工具。

4. 水车（water wagon; water cart; waterwheel）

水车是一种古老的农业提水灌溉工具；以水流的机械能（势能和动能）作为动力，推动水轮转动的机械装置；水车在北方也指运送水的车。

对应前面以机械和功效视角划分的中华传统水利机械，第一种，水车成为几千年来中华大地上乡村的缩影，尤其是龙骨水车，为中华民族所独创，其经济与便捷程度是西方的阿基米德螺旋式水车所不及的；第二种，水磨在东西方几乎同时诞生，水碓为中华民族所独创，而舟磨、水排与罗面机是中华先民创造的，这些古机械几乎具有现代机械的所有成分；第三种，轮船与橹、舵也是由中华民族的先民最早发明的，打捞船是现代打捞船的始祖。因此，中华民族在传统水利机械的创造上有丰富的内容和深厚的积淀。

1.3 中华传统水利机械的分类

在几千年的农耕文明发展进程中，中华民族的先民发明了桔槔、辘轳、翻车、筒车、戽斗、刮车等提水（升水）工具和水能利用工具，以用于帮助农业灌溉、排涝、疏浚及搬运，或解决生活用水等问题，其中，有些工具在今天的边陲偏僻乡村仍然在继续使用。

如果按“水能”的利用特征，可以将传统水利机械按“水力机械”“人力机械”“畜力机械”“风力机械”分类；由水往低处流的特点，可以归纳出“升水机械”“输水机械”；根据机械原理可以将传统水利机械按“杠杆”“轮轴”“凸轮”“曲柄连杆”“链传动”等分类；根据使用目的可以将传统水利机械分为“冶金”“灌溉”“纺织”等类别；根据水轮特点，可以将传统水利机械分为“卧式水轮”机械和“立式水轮”机械。由于农田水利与节气的关系密切，间接用于农田水利的有水运仪象台，漏刻报时的机械等。

本书将中华传统水利机械分为 4 类（图 1-1）：①升水机械。桔槔、辘轳、

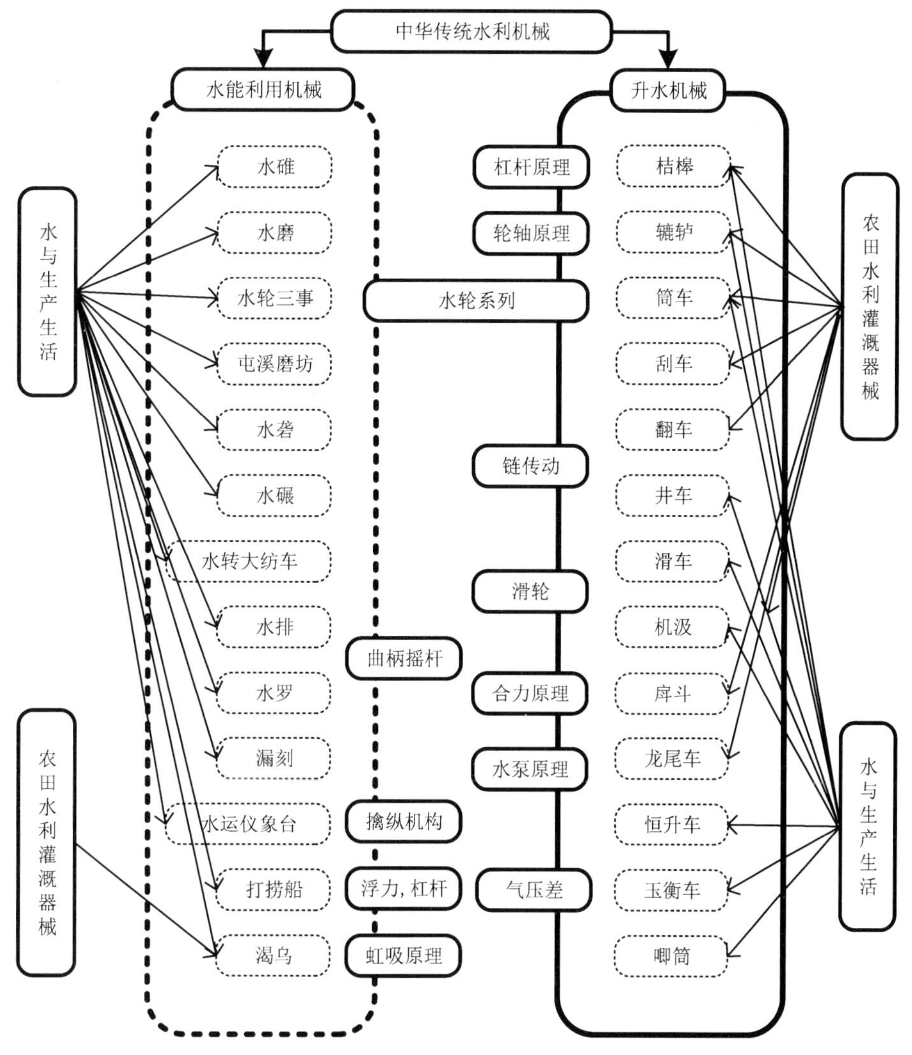

图 1-1　中华传统水利机械分类图

渴乌、翻车、筒车、恒升、唧筒等。②水能利用机械。水碓（利用水力的舂米器械）、水磨（用水力带动的磨面器械）、水排（冶金炉鼓风器械）、水转纺车（水力纺纱器械）。③天文仪。水运仪象台（如汉张衡的水运浑天仪）。④利用水的浮力或压差以达到某种功用的机械，如打捞船、疏浚船，以及船中的橹、舵和桨的机械部分。

由“水与生产生活”和“农田水利灌溉”的维度与各种中华传统水利机械的关系分析可以发现，水能利用机械多惠及生产生活；升水机械多用于农田水利灌溉。

1.4 传统水利机械发明年表

由现代考古挖掘发现，距今 6000 ~ 7000 年前已有“水利”的相关活动。在浙江省余姚市河姆渡遗址中发现，7000 年前的河姆渡人已使用独木舟和人类主动取水或排水；5000 多年前的西安半坡人使用尖底陶罐系绳的汲水工具；河南省登封市王城岗考古发掘的龙山文化 4600 ~ 4000 年前的龙山人已有了凿井技术，用陶制排水管道……

根据石刻的形象，传说中的大禹治水采用更为简易的工具，谈不上水利机械（图 1-2）。据《尚书 · 禹贡》记载，大禹治水，并尽力于沟洫，使用原始测量工具准绳和规矩。公元前 1600 ~ 前 1100 年，商代贵族对土地实行井田制度让封建领地的农民耕种。井田即为井字形的 9 个田块，是由开挖的沟洫分开的。沟血既是井田田块的分界，又是灌溉排水系统。

图 1-2 山东嘉祥县武梁祠东汉画像石大禹像

图片来源：http://www.sohu.com/a/157168959_701652

公元前 1000 年前后，西周时代已有诸多关于水利事业的历史记载，如《周礼 · 稻人》中记述“以潴畜水，以防止水，以沟荡水，以遂均水，以列舍水，以浍写水”。说明当时已有蓄水、灌溉、排水、防洪等多种水利事业；《通典》中记载有“魏文侯使李悝作尽地力之教”，表明在春秋战国时期，已设专门负责水利的官员。

有关于水利相关事件的记载，各种典籍地方志对堤坝沟渠的修建多有记述。但，就中华传统的水利机械及其他相关工具而言，只有如《考工记》《农书》《农政全书》等著作比较详细地记述了传统水利机械的形制。以下是本书就各个历史时期中华传统水利机械发明的粗线条梳理。

中华传统水利机械多属于无名工匠的发明，不像欧洲的机械发明都有工匠的名字，中华古籍中对古代匠人的名字很少提起。由于史料成分分为“有凭有据”“无凭无据”“有凭无据”三类，年代久远的传统水利机械的发明属于“无凭无据”“有凭无据”的范畴。木材有容易开裂、浸水膨胀等特点，中华先民在利用传统素材制作传统水利机械的同时，伴随着深刻的经验知识的掌握。

表 1-1 是就各个历史时期，传统水利机械发明和时间的大致梳理。有些学者根据人类社会发展史的发展脉络，将水利的发展分为古代（从人类有史以来到 18 世纪中期，为水利的古代发展阶段）、近代（18 世纪后期和 19 世纪，以及至 20 世纪 40 年代前后，水利处于近代发展阶段）和现代（20 世纪 40 年代以后，水利进入现代发展阶段）。技术史专家陆敬严、冯立升对中华机械史分别有 4 个时期和 6 个时期的分类。然而，纵观中华传统水利机械的历程，呈现出非线性的发展脉络。例如，东汉时期发明的水排就展现出相当的技术高度，而明清时期则无重大发明与技术创新。总体看来，宋代之前每段历史时期都有零星的发明与改良，春秋、两汉、唐、宋、元都是发明或改良器具较多的时期；明代除了鹤饮的发明之外没有其他发明；清代的发明更是无从记录。这与各朝代的全体社会是否重视发明有密切的关系。

表 1-1 中华传统水利机械发明大事年表

名称	用途	发明时间	图示 （部分源自《农器图谱》）
戽斗	灌溉	夏	

续表

名称	用途	发明时间	图示 （部分源自《农器图谱》）
桔槔	取水灌溉	商	
滑车	取水	商	
连筒	输水装置	春秋	
刮车	扬水	春秋	
水碓	水能利用 （舂米）	西汉	

续表

名称	用途	发明时间	图示 （部分源自《农器图谱》）
翻车	提水装置	东汉末	
槽碓	水能利用 （舂米）	东汉	
水排	水能利用 （鼓风铸铁）	东汉	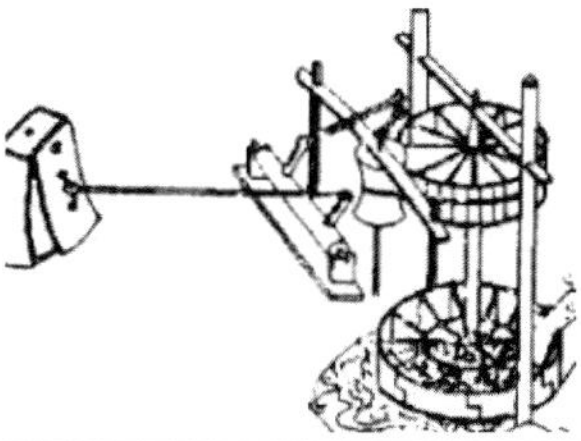
水磨	水能利用 （磨面）	晋代	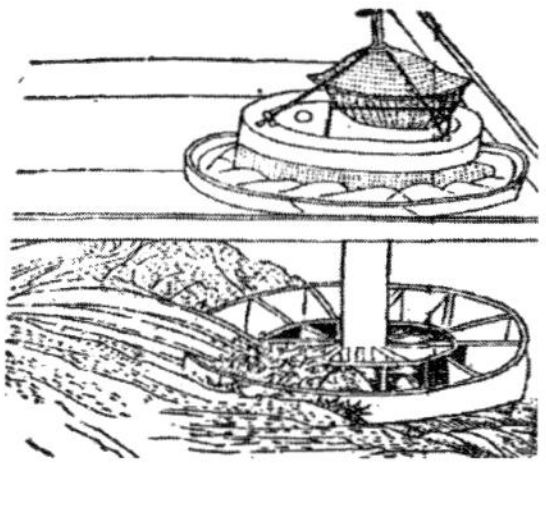
水碾	水能利用 （破碎）	南北朝	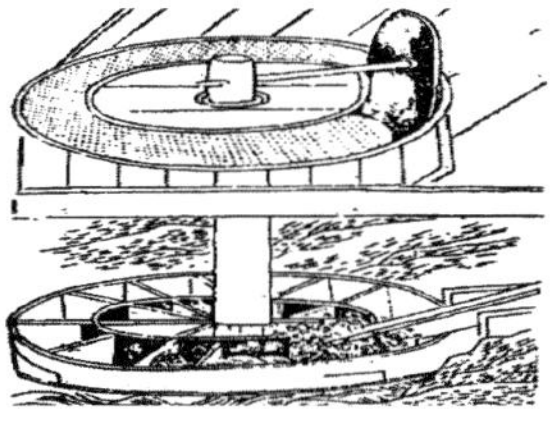

续表

名称	用途	发明时间	图示 （部分源自《农器图谱》）
筒车	水能利用 （输水）	隋朝	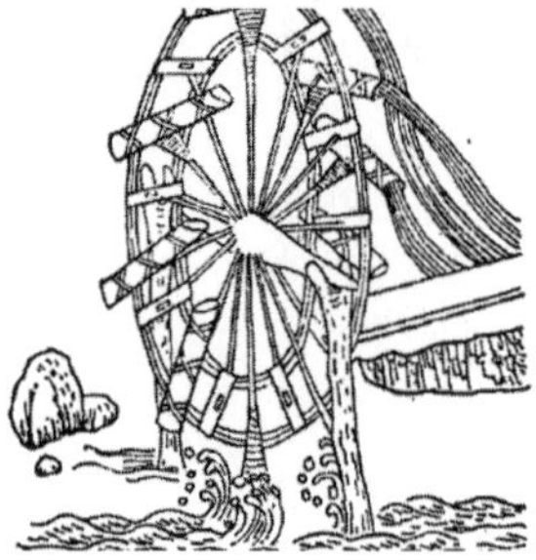
机汲	取水装置	唐朝	
井车	取水装置	唐朝	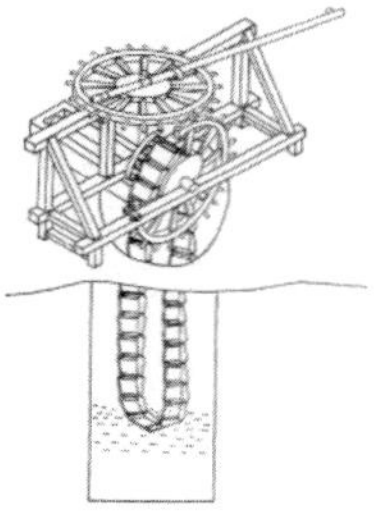
漏刻（改良）	报时装置	唐朝	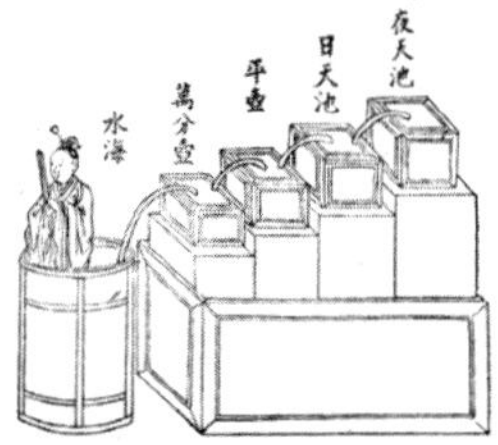 夜天池 日天池 平壶 萬分壺 水海
双辘轳	取水装置	北宋	

续表

名称	用途	发明时间	图示（部分源自《农器图谱》）
高转筒车	输水装置	宋朝	
单曲柄辘轳	取水装置	北宋	
水运仪象台	天文观测报时	北宋	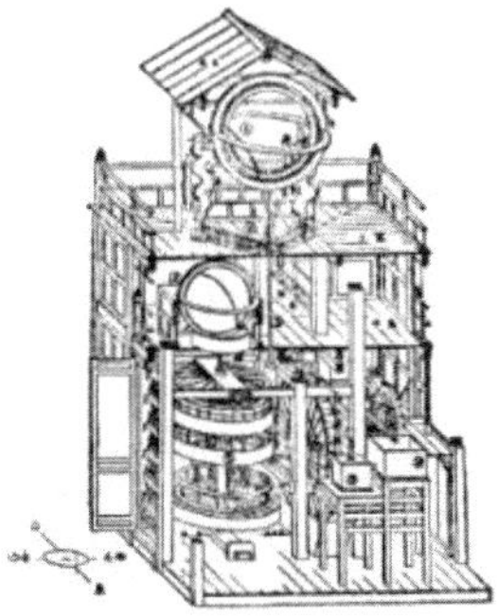
田漏	计时装置	宋朝	
水转大纺车	纺纱装置	南宋	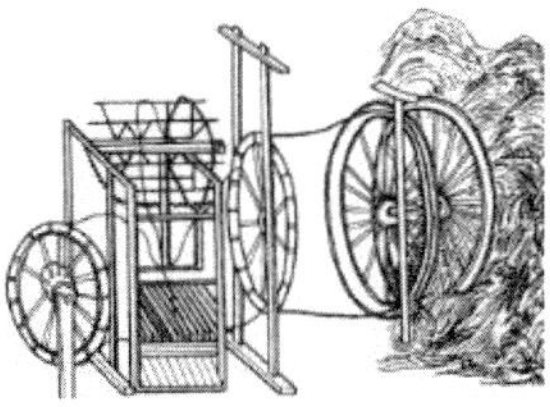

续表

名称	用途	发明时间	图示（部分源自《农器图谱》）
水打罗	筛谷装置	元朝	
水碧	谷物脱粒	元朝	
鹤饮	灌溉装置	明朝	

虽然中华民国时期有一些水利机械改良的萌芽，以及海外水利机械的引进，然而，本书认为 1949 年是一个分水岭，是中华传统水利机械由短期的改良走向尾声的时期（见 1.5 节）。

1.5 1949 年之后对传统水利机械的改良

1.5.1 时代背景

1949 年之后，中国乡村出现了工具革新的苗头，这与当时的社会现状和历史背景有很大关系。1951～1953 年的朝鲜战争透支了大量的国力；百废待兴，为了尽快恢复被战争破坏的农村生产力，中国急需休养生息。

1953～1958 年中国农村出现了一股工具改革的风潮，农民画《水碓图》就是反映这一历史时期的场景（图 1-3）。学术界也积极展开有关传统水利机械的研究，例如，关于立轴式风车的调查报告；关于传统磨面机具的介绍；机械工程历史学家刘仙洲对河北、山西、河南等地的传统机械进行了广泛调研①。20 世纪 50 年代还有大量介绍传统技术的出版物和一些独立的调查报告。1958 年 9 月农业部编辑了四卷本的《农具图谱》（图 1-4）②，汇集了当时全国各地使用的和新改进的各种农具和水利机械工具；各级出版社出版的与水利机械相关的书籍层出不穷。

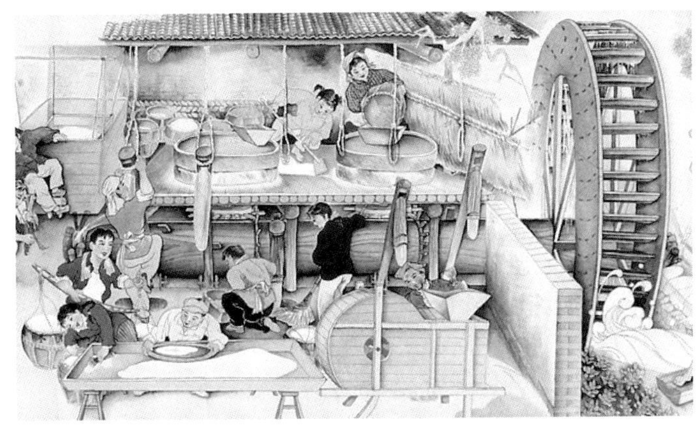

图 1-3 水碓图局部

图片来源：http://www.nipic.com/show/2/27/826a07ba3e2c740c.html

今天，科学技术史、科学技术考古、民俗学等学科的发展，推动了传统技术的调查研究。1949 年之后对传统水利机械的革新，在技术史发展脉络中具有重要的位置和作用，因此，需要做完整的梳理，加以客观的认识。

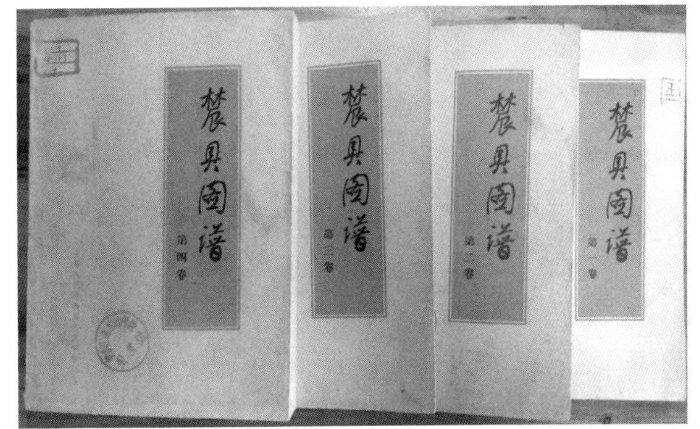

图 1-4 农具图谱

① 刘仙洲. 1963. 中国古代农业机械发明史.北京：科学出版社.

② 中华人民共和国农业部. 1958. 农具图谱. 北京：通俗读物出版社.

本小节就这段历史时期的传统水利机械的革新情况进行调研，总结其设计思路与设计特点，并讨论对今天有哪些启示。1949 ~ 1958 年前后 10 年间（“大跃进”之前）是传统水利机械的革新与发展阶段，从 20 世纪 60 年代开始，传统水利机械发展趋于停滞。70 年代初 ~ 80 年代初，中国农村对水利机械的使用进入基本停滞阶段。以下是对这一历史时期水利机械革新状况进行的归纳和总结。

1.5.2　20 世纪 50 年代的传统水利机械发展特点分析

通过对 1949 年之后的中华传统水利机械的实物和资料图片进行观察与分析，20 世纪 50 年代是中国延续传统水利机械的年代，根据《黟县志》[①]记载：1958 年大旱，全县动用了 1395 部龙骨水车抗旱提水。虽然，当时的中国已经引进了国外现代化的水利机械设备，并形成了完整的生产体系。然而，中国幅员辽阔，广大农村还处于比较落后的状态。1949 年全国农业机械装备总动力只有 8.01 千瓦，农用拖拉机 117 台，现代化水利机械极少，基本还是沿用传统的器具。本书总结了传统水利机械的使用和特点，如下所述。

1. 铁制部件开始普及和使用

1949 年之前，中国乡村所使用的传统水利机械，其形制是过去的匠人采用木制榫卯，或用绳子绑缚的方法进行加固，很少全部采用铁制机构，这也是中国传统水利机械区别于西方传统水利机械的一大特点。1949 ~ 1958 年前后的这一时期对水利机械进行了革新，除了继续使用木、竹、草、树皮等素材之外，铁钉、螺丝、铁丝等材料在一时期开始大量登场。到了 20 世纪 70 年代，开始有部分地区的水利机械在转动轴上采用轴承部件[②]（原为木头外包铁）。因为当时的铁钉等简易铁制品制造技术的提升，农民能够轻易地获得这样的素材（1906 年湖北武汉的“湖北针钉厂”从国外引进了 30 部制钉机，开始生产铁钉，开中国生产“机器制”铁钉之先河。至 1949 年前后，我国广大地区还是靠手工锻打

① 黟县地方志编纂委员会. 2012. 黟县志(上册). 合肥：黄山书社：492.

② 张柏春，张治中，冯立升，等. 2006. 传统机械调查研究.郑州：大象出版社：130.

制造铁钉为主，传统的铁钉制造业属于“红炉铁器业”[①])。例如，水动打谷机内部就采用了许多铁质的部件。少数地区也出现升水工具中如水车链接的部分使用耐磨的铁、铜等材料。铜在当时较贵重，其使用较少见。也有部分传统水利机械是在原来的基础上加以改良的。

传统水利机械体现过去匠人（碓匠[②]）的制作技艺，并具有中华传统“民具[③]”之特有的美感（区别于官具）。1953～1956 年对农业、手工业和资本主义工商业进行了社会主义改造，匠人作为旧社会的手工业者，也属于被改造的对象。改造之后的“碓匠”成为劳动人民的一员，这一时期的水利机械与 1949 年之前相比，除了继续延续原来的形制，在制作上趋于简化，细节上不需要进行符合审美的功能，更为突出其实用功能[④]。

水利机械的改良与变化体现了这一历史时期的国家意志与时代精神，从 19 世纪开始，经过多年的战争，中国自上而下都有一种终于可以一鼓作气地大规模发展农业生产的集体潜意识。这种情况在 1958 年的“大炼钢铁”中结束了，因为铁钉、铁皮，凡是属于铁的东西，都要投入土制小高炉中。

2. 传动机构的普及和应用

传统的水利机械的传动多是采用链传动、曲柄连杆、木齿轮传动。采用链传动典型的水利机械就是“龙骨水车”；齿轮传动有风力水车等。带传动是一种依靠摩擦力来传递运动和动力的机械传动，需要皮带有良好的弹性。带传动机械在工作中有缓和冲击和振动、运动平稳无噪声的优势。虽然中国在 1 世纪就有带传动的记载，但长期以来仅限于在纺车、缫丝机、水罗（刘仙洲考证）等机械上采用（图 1-5），其他机械中采用带传动的方式却极为少见。1949 年之后的中国农村中水利机械的皮带传动开始增多。皮带多由硬质厚麻绳、牛皮、帆布或帆布与橡胶的混合材料制成。皮带传动运用于水力碓、锯木机、水力切

---

① 武汉地方志办公室. http://dfz.wuhan.gov.cn.

② 由安徽省休宁县的农民提供。

③ 王浩滢，王琥. 2010. 设计史鉴：中国传统设计技术研究（技术篇）. 南京：凤凰出版传媒集团，江苏美术出版社.

④ 陈民新. 2009. 龙骨水车的形制与审美文化研究. 美术大观，(11): 204-205.

图 1-5　皮带传动的传统手钻

食机等水利机械上。例如，1958 年中国水利电力出版社出版的《农村简易水力机械》小册上都有 15 种传统机械，其中有 10 种机械使用了皮带传动。

笔者认为，当时皮带传动增多是受一些工业地区的影响，尤其是受拖拉机头部皮带传动的启发。描绘拖拉机等机械的连环画或宣传画也影响了广大农村对机械的革新。同时，农村子弟从部队回乡省亲或复员回家，也带回一些新的技术，对传统水利机械的改良有一定的推动作用。

3. 传统水利机械的种类增多

由于受地理环境等条件的限制，1949 年之前的中国各地农村比较闭塞，相互沟通不畅，各地农村使用的传统水利机械种类也比较单一。根据调研，1949～1958 年中国各地农村利用水利机械的种类明显增多。从比较权威的《农具图谱》第四册收录的传统的“排灌溉机具——水车”来看，就有 305 种之多[①]，其中就有许多改良的传统水利机械，如水力抽水机、水力锯木机、水力切食机、水力打谷机等。

图 1-6　水上加工船
图片来源：肖长富. 1958. 农村简易水力机械. 北京：水利电力出版社

过去的水上加工船是仅仅利用水力做简单的磨面等加工的机械。但这一时期出现了带有发电机的水上加工船（图 1-6）[②]。原来并不常用的传统水利机械在这个时期都集中出现了，在相关的水利资料之中均有记载。它们一方面延续传统水利机械的制作技术，也是在了解基层农民对传统水利机械需求的基础上的创新。例如，肖长富

① 中华人民共和国农业部. 1958. 农具图谱. 北京：通俗读物出版社.
② 肖长富. 1958. 农村简易水力机械. 北京：水利电力出版社.

编著的《农村简易水力机械》，在前言中说明如下：“这本小册子的编写，主要总结了老农的经验和个人从事水利工程的一些体会。”

当时新增的传统水利机械有水力切食机、水力打谷机、水力颗粒制肥机等（图 1-7）。

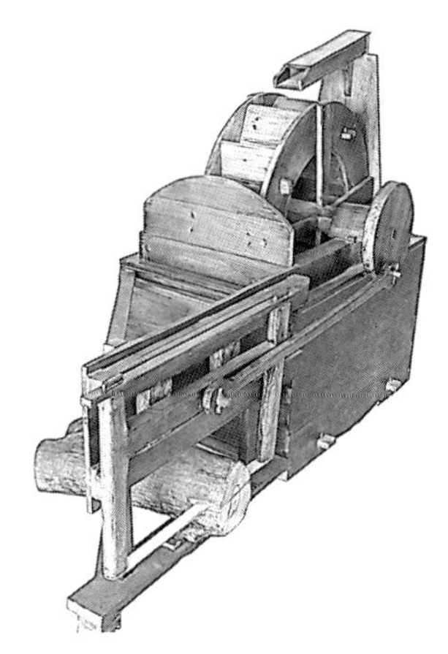

图 1-7　水力锯木机

由于这一时期推行工具革新并大规模地普及，机关高校研究人员与农民展开接触，展开了水利机械的改良设计。其中，最著名的是清华大学的刘仙洲、王振铎等的实地考察研究。这一时期，有关于传统水利机械书籍的普及，还包括许多生产队对资料整理的配合及以连环画形式出版刊物。

4. 机构改良及效率的提升

龙骨水车这种形制的原型相传是由汉代毕岚设计的，一问世就沿用了 2000 多年，形制却没有发生多大的改变。1949 年之后，部分地区的农民对刮水板进行了改良，如在刮水板间夹入箬叶，或是将获取的废弃橡胶轮胎或其他汽车废弃材料，用在刮水板上对水车进行改良，这样的改良大大提高了升水效率（图 1-8）[①]。同时，传统的木制水利机械延续了用传统刷桐油的方法对其进行维护，提高了水利机械的使用寿命[②]。

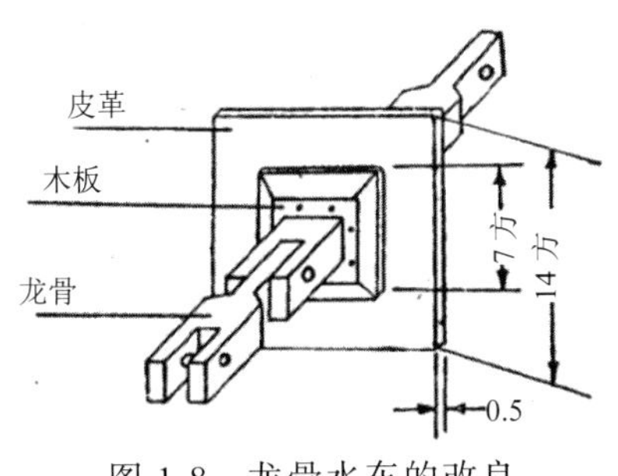

图 1-8　龙骨水车的改良

图片来源：福建省工业厅手工业管理局. 1958. 新式提水工具. 福州：福建人民出版社

靠近城市的农村可以从报废的汽车、拖拉机等获取零部件加以利用，这些材料在当时比较少，农民物尽其用地将其应用在水利

① 福建省工业厅手工业管理局. 1958. 新式提水工具. 福州：福建人民出版社.

② 江西农民邹氏提供。

机械的部件上，属于制作过程中的即兴发挥，不是事先预想的设计。

1.5.3 20 世纪 60 年代农村传统水利机械的发展状况

20 世纪 60 年代，乡村的提水工具仍以撩车（筒车）和龙骨水车为主。例如，《歙县志》[①]记载了 1961 年和 1963 年的抗旱，分别动用了 3270 架和 3160 架龙骨水车。

20 世纪 50 年代后期，国家开始重视农业生产的高度机械化（图 1-9）[②]，木制的中华传统水利机械很难对粮食的大幅度增产起作用，同时，也没有看到其改良后的作用和对生态环境的意义。因此，中华传统水利机械开始渐渐淡出历史舞台。20 世纪 60 ~ 70 年代广大乡镇建立了农业技术推广站进行农机管理技术推广等职能。60 年代后，各地农村先后建起了水轮泵、机灌站、点灌站，采用喷灌提水灌田。

图 1-9 20 世纪 60 年代的农具图谱

图片来源：孔夫子旧书网

在“文化大革命”期间，农业机械化是仍得到发展的少数领域。20 世纪 60 年代末的知识青年“上山下乡”，使城市与农村的交流更加频繁，各种工业化生产出的工具流入农村，也让农民有意无意地感受到工业化的巨大作用。传统水利机械逐步向机械化过渡，在 60 年代已经形成了清晰的发展路径。

1.5.4 20 世纪 70 年代之后农村传统水利机械的使用和发展状况

20 世纪 70 年代初期，农村把工具革新看成是走资本主义道路，深刻阻碍了

① 歙县地方志编纂委员会. 2010. 歙县志(上册). 合肥：黄山书社：367.

② 四川省农业工具改革和半机械化现场会. 1960. 农业工具改革和半机械化农具图谱. 重庆：重庆人民出版社.

传统水利机械的技术革新。到 1978 年，中国开始了改革开放的道路，中国农村的传统水利机械的革新画上了句号。但各地仍有少量的传统水利机械继续使用。

根据《徽州区志》[①]记载，直到 20 世纪 80 年代中期，龙骨水车仍为农田灌溉的主要工具。《歙县志》记载，80 年代西村乡大圣堂尚有一部撩车（筒车）用于提水灌田。今天，除了中国边远地区的农村及旅游景点还有继续使用传统水利机械之外，其他地区已经看不到传统水利机械的使用了[②]。

在 20 世纪 70 年代末 ~ 80 年代开始的改革开放之后，以使用电力、石油、电机带动为代表的现代技术产品（如抽水泵等）开始大规模走入中国乡村，自此，广大的中国乡村风景一点点地发生了改变。

1.5.5　小结

传统水利机械从 2000 多年前产生，在漫长的农耕文明中得以完善和发展，1949 年 ~ 20 世纪 70 年代末是中国工业化前夜传统水利机械走向尾声的一个标志性的历史阶段。虽然在 20 世纪初开始的中华民国时期出现了以知识分子为主导的零星的工具改革的萌芽，学习西方兴业，希望把机械作为改造社会的杠杆。1949 年之后，中国的传统水利机械改革是广大人民自发的，更加具有规模性和代表意义。

20 世纪 50 年代前后，各地农村利用传统水利机械的发展状况与国家管理阶层认识到技术革新与提升生产力有密切关系，也体现了他们本人深深的土地情结。他们继承了中国自古以来成熟的实用主义精神，因此，技术的革新与推广是延续中国传统思维上对技术是以“用”为目的的思想，是经验知识“术”的应用与推广[③]。中华文化的“术”（technology）并没有转化为类似牛顿或法拉第发现自然规律的 “学”（science）（即寻找自然界某种普遍的规律，即公理）[④]。传统师徒制纽带及工匠精神正日趋松动。

---

① 黄山市徽州区地方志编纂委员会. 2012. 黄山市徽州区志. 合肥：黄山书社：268.
② 张柏春，张治中，冯立升，等. 2006. 传统机械调查研究. 郑州：大象出版社.
③ 黎鸣. 2009. 学会真思维. 北京：中国社会出版社.
④ 吴国盛. 2013. 反思科学讲演录. 长沙：湖南科学技术出版社.

中国自古有墨家的“工匠精神”；道家的“天人合一”；儒家的“天地生生、保合太和、致中和育万物、生生合德、厚德载物、万物并育、参赞化育……”等生态理念，但在这一时期并未得以发扬。古代先民对山河大地的改造持非常谨慎的态度，他们恪守祖祖辈辈传下的谚语警句，使用简易的中华传统水利机械从事有限的农田水利治理与开发。1949 年中华人民共和国成立后，虽然许多乡村传统水利机械被使用了近 30 年时间，但是大规模地改造和开发自然的思想意识已见雏形，这与古人有本质的不同。

1949 年之后，中国的技术人员对传统水利机械所做的革新可以应用于一些水资源丰富，但其他能源匮乏的地区；在环境问题日益严重的今天，对于改善农村的风景，让人们切实感受到“乡愁”，还是有积极的借鉴意义的。

第 2 章 杠 杆 之 美

本章介绍桔槔、鹤饮、戽斗 3 种利用了杠杆原理的传统水利机械。其中，戽斗通常是双人利用合力的原理进行灌溉，但一部分演化后的戽斗利用了杠杆原理进行排涝和灌溉，因此，将戽斗放入本章。

虽然，本章介绍的 3 种传统水利机械的原理相对比较简单，也曾被划为简单机械的范畴，但桔槔与戽斗均有悠久的使用历史，是过去的乡村中极为常见的提水工具。20 世纪初，由美国人分别撰写的《四千年农夫》和《中国手艺》都提到中国传统的乡村中这样极为普通的民具。这些简单民具的形制、工艺材质和使用等方面今天依然有生态美的价值。

鹤饮是明代以后出现的传统水利机械。被称为 21 世纪工程的一大奇观的福尔柯克轮（Falkirk Wheel）有与鹤饮相似的构造，在原理上基本相同。所以，传统水利机械中存在巧妙的设计原理的价值，不可以简单地抛弃，在某些缺乏工具的场所，对它们进行利用可以发挥人类重要的博物技能。

2.1　桔槔提水

“桔槔”（shaduf, shadouf, shadoof）一词在文献中有“挈皋”“橰槔”“絜皋”“契皋”“颉皋”“楔槔”“挈筊”等不同的书写形式，这些不同的书写形式有的是为“桔槔”从不同角度造词所致，有的则是书写过程中由文字形体变异所致[①]。有方言称“桔槔”为“龙吊桶”“吊杆”“架斗”[②]。桔槔是一种利用杠杆原理制成的取水灌溉用的简单机械（simple machine）。图 2-1 为 Pro/ENGINEER 软件制作的桔槔的虚拟仿真模型。

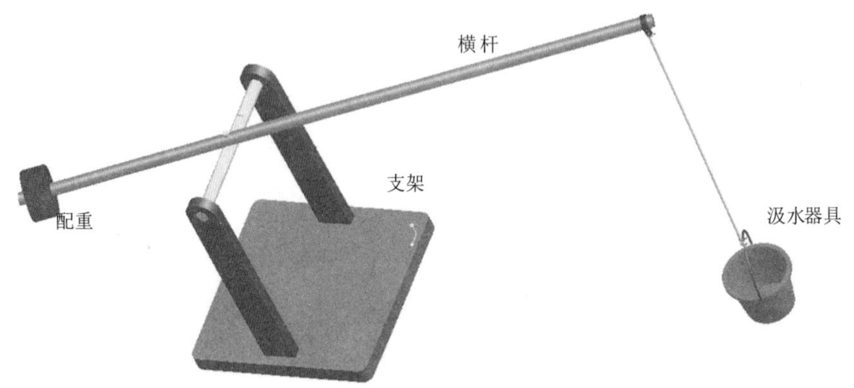

图 2-1　中国水利博物馆中的桔槔模型

2.1.1　桔槔的形制及力学原理

桔槔主要由支架、横杆、配重和汲水器具组成（图 2-1）。桔槔的构造一般采用一个或两个直木柱，或利用现成的树丫，在两个直木柱上端用枢轴装上一个大的平衡木。也有的采用悬吊的方式，平衡木一端绑上或者悬上一块重石头用来加重。作为平衡的横杆，另一端用绳子与汲水器具相连，不汲水时，绑石头的一端比较重；汲水时用力将直杆往下按，与此同时，绑石头的一端被往上提。汲水器具汲满后，再使用不大的力量就能把汲满的汲器提起来。实际上当按下直杆时，石头储存了一部分重力势能，当向上提汲器时，它又释放出来，由于向下用力可以借助于人的体重，所以总体来说，能达到减少人们提水的疲劳程度的效果[③]。

① 孙建伟. 2013. “桔槔”源流探析. 齐齐哈尔大学学报(哲学社会科学版), (4): 90-92.
② 吴卫. 2004. 器以象制 象以圜生——明末中国传统升水器械设计思想研究. 北京：清华大学: 77-79.
③ 刘仙洲. 1962. 中国古代在农业机械方面的发明.农业机械学报，5(1): 2-3.

桔槔的受力分析如图 2-2 所示，桔槔的物重（一般是指水桶）为 Q，到支撑点的距离（即重力臂）为 L_2，桔槔的配重（一般是指石块）为 P，配重 P 到支撑点的距离 L_1 为力臂。

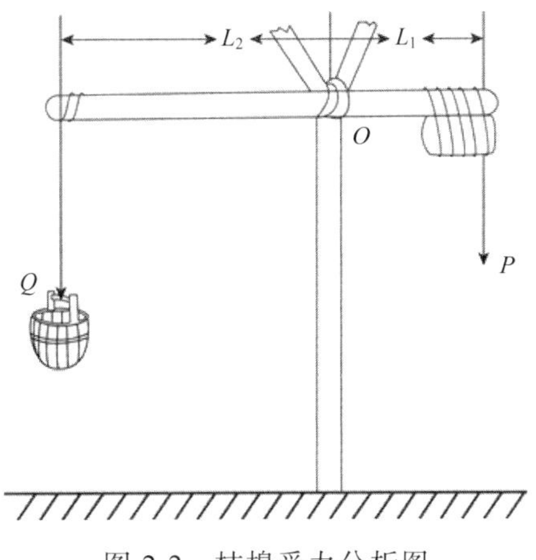

图 2-2 桔槔受力分析图

根据杠杆原理，动力 × 动力臂=阻力 × 阻力臂，用代数式表示为 $P \cdot L_1=Q \cdot L_2$，$P=L_2 \cdot Q/L_1$。若 $L_2=2L_1$，则人的手臂只要施加物重的一半就可以使桔槔保持平衡，工作时可以节约一半的气力[①]。图 2-3 为《农政全书》中的桔槔图。

图 2-3 桔槔图

出自《农政全书》

2.1.2 历史渊源及发展

桔槔是简单而实用的半机械提水灌溉工具，在中华大地上被古代先民普遍使用。在东汉许慎的《说文解字》中，“桔”为“直木”的意思，在《庄子 · 天地》中，“槔”就是指代桔槔。

《世本》有“汤旱，伊尹教民凿井以灌溉，今之桔槔是也”的记载；《农政

① 陆敬严. 2012. 中国古代机械发明史. 上海：同济大学出版社：77-78.

全书》(明，徐光启)第十七卷中记载“汤旱，伊尹教民田头凿井以溉田，今之桔槔是也[①]”(图 2-3)。同时，根据王祯《农书》和《新中国的考古收获》来看，刘仙洲认为中华民族的先民使用桔槔这种取水灌溉机械可能始于商代初期(公元前 1765 年~公元前 1760 年)，距现在已有 3700 多年的历史了[②]。《天工开物》(图 2-4)等典籍中均有桔槔的描述[③]。

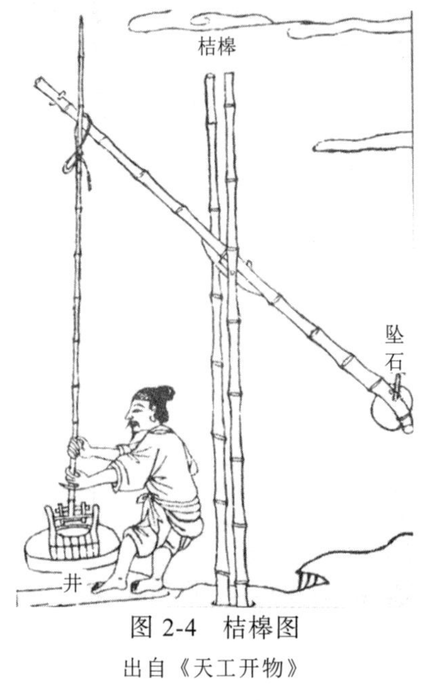

图 2-4 桔槔图
出自《天工开物》

此外，明代罗颀所编的《物原》一书说“伊尹始作桔槔”。而伊尹是商汤的贤臣，也就是说，桔槔产生于约公元前 1700 年。春秋时期，因生产的发展而问世的灌溉机械开创了我国灌溉机械发展史的先河。桔槔被普遍用作农田水利灌溉机械，在《庄子》中我们能找到相关的文字记载：“子贡南游于楚，反于晋，过汉阴，见一丈人，方将为圃畦，凿隧而入井，抱瓮而出灌，搰搰然用力甚多而见功寡。子贡曰：‘有械于此，一日浸百畦，用力甚寡而见功多，夫子不欲乎？’为圃者仰而视之曰：‘奈何？’曰：‘凿木为机，后重前轻，挈水若抽，数如泆汤，其名为槔。’”[④]说的就是子贡出游时遇到一老人抱瓮提水灌溉的故事。子贡不忍老人辛苦，就将在楚国见到的桔槔介绍给他。然而，老人却认为，有机械者必有机事，有机事者必有机心。大意是，有了机械之类的东西必定会出现机巧之类的事，有了机巧之类的事必定会出现机变之类的心思(言下之意为，必须警惕机心的产生)，老人丝毫不领受子贡的好意。

据考证，春秋时期桔槔的使用地区主要是今山东西南部、河南北部和河北

---

① 徐光启. 2011. 农政全书. 石声汉，点校. 上海：上海古籍出版社: 361.
② 刘仙洲. 1962. 中国古代在农业机械方面的发明. 农业机械学报, 5(1):2-3.
③ 宋应星. 2008. 天工开物译注. 潘吉星，译注. 上海：上海古籍出版社: 19.
④ 王祯. 2008. 东鲁王氏农书译注. 缪启愉，缪桂龙，译注.上海：上海古籍出版社: 586.

南部一带[①]。刘仙洲从汉墓的画像石中发现有大量用桔槔取水灌溉的题材（图2-5），反映出桔槔已经是汉代田野灌溉的常用农具[②]。

图 2-5 汉代汲水庖厨画像石中所见的桔槔

2.1.3 世界的桔槔

桔槔是古代一种世界性的水利机械。据考证，世界历史上桔槔可追溯到古埃及新王朝时代（公元前1500年），在公元前1240年的古埃及墓室（the tomb of the noblelpui in Theben West）的彩绘壁画上，考古学者发现了画有桔槔的形象（图2-6），所以桔槔的英语单词shaduf为来自埃及的外来语。直到现在，在尼罗河沿岸还偶尔能看到这种叫作“萨杜夫”（shaduf）的汲水工具。

图 2-6 古埃及桔槔图
图片来源：百度

2.1.4 桔槔的形制之美

桔槔在中华大地上，从民间自然发明之后，虽然经过几百上千年的使用检验，但其基本形制没有改变，即常说的“终极设计”。“终极设计”是指某器具一旦设计成型，即使材料、科技等发展变化，其构造仍保持其原有结构，桔槔

① 顾浩，陈茂山. 2008. 古代中国的灌溉文明. 中国农村水利水电，(8): 6.
② 刘仙洲. 1962. 中国古代在农业机械方面的发明. 农业机械学报，5(1): 2-3.

就是典型的“终极设计”。从汉代汲水庖厨画像石中所见的桔槔、明代《天工开物》中所载的桔槔图稿，再到近现代使用的桔槔，其基本构件和功能原理一直未变[①]。

桔槔选用自然材料竹竿、木材，经过简单的造型加工，无任何雕龙画凤。但在长久的操作过程中，经人手不断地握持，汗水浸润了竹木表面，竹竿和把手的色泽会变得更加深沉暗红，类似古玩的“包浆”，给人以温润舒适的民具（或民艺）之美感。

2.1.5 小结

桔槔作为简单的水利农田灌溉机械沿用了几千年，是中华民族历代通用的旧式提水器具。桔槔结构简单，相对于瓮罐之类的提水工具效率有很大的提高，但是，桔槔的提水效率不能满足成片农田的灌溉需求；再者，桔槔只能从较浅的井中汲水，无法从深井中汲水。所以，作为农田水利机械，其局限性也很明显。在传统的乡村，桔槔与筒车、辘轳、龙骨水车等汲水工具并用。

早在2000多年前的春秋战国时代（对应欧洲学者提出的“轴心时代”），人们对机械就产生了“有机事者必有机心”之类的思想，反映了在农耕文化早期就有了对机械使用的谨慎意识，这种意识一直影响后世对科学的态度和技术发明。

2.2 长鹤饮水

1626年明末机械专家王徵受传教士和中华传统技术的影响，撰写了《新制诸器图说》一书，书中描述了9种机械，其中，鹤饮、轮激和代耕等属于中华民族的先民创造的传统水利机械。“鹤饮”（图2-7）是利用杠杆原理设计的提水机械，杠杆为槽式，一端有水斗，另一端有出水口，鹤饮综合了槽碓和桔槔的

① 张明山. 2014. 明代汲水器具设计审美研究. 包装工程, 35(6): 90-93.

工作原理，也是以人力驱动的灌溉机械。

图 2-7　鹤饮图

出自《奇器图说》

2.2.1　鹤饮的形制及原理

《奇器图说》是介绍王徵自己设计的各种机械的图书，书中就引水器介绍了“虹吸”和“鹤饮”两种器械。王徵在书中说，因为“田高水下，苦难以灌”，所以才制作了这两种器具。

“虹吸”虽然名为“虹吸”，但它其实和虹吸管并不是一个道理，是与恒升车（第 9 章详述）原理有些相似的一种小型抽水工具。“鹤饮”则是利用杠杆原理制成的灌溉工具，其原理和工作状态如图 2-7 一目了然。

《奇器图说》中有关于“鹤饮”的记述可以从《鹤饮图说》中找到，原文记载：为长槽，或以巨竹，或以木，其长无度，竑水浅深以为度。尾杀于首三之一，首施庳（水庳，盛水器），惟樸属为良。庳之容则以觳（受一斗二升）。庳髎（谓下面覆处）施木刀，如棹末之制，俾与木无忤。中其槽设两耳函轴，迺于岸侧菑（树立也）两楹，高地仅尺，俾毋杌，楹（柱也）之巅，对设以轵，贯轴其中，惟活。昂其尾，入之庳也。水满，则首一昂而流之，奔于槽外也。其孰御，视桔槔之功，挈无虚而捷也，可省夫力十之五。

“鹤饮”是一种杠杆式的农田水利灌溉机械。它的形式和桔槔类似，不过是支承在河渠旁边而非架设于井旁。其短臂端设庳斗，人在长臂端施力①。水槽用巨竹或木头做成，长短根据水面到地面的深浅而定。木槽中间的轴起支承作用。放下槽首灌满了水，然后压下槽尾，水即奔流而下（图 2-7）。

2.2.2　王徵与《诸器图说》

王徵（1571—1644 年），明朝西安府泾阳县人，重视制器之学在农田、治水、运输、练兵和实战中的运用，认为“为人世急需之物，无一不为诸器所致”“有志于经事务者，不宜轻视之耳”。他发明或改进的鹤饮、轮激、风硙、自行磨、自行车、轮壶、代耕等 55 种器械给使用者带来很大的方便。他 55 岁时（1626 年）将与邓玉函神父合编的《远西奇器图说》三卷并同自己所著的《诸器图说》合在一起出版。这是明末西方物理学，特别是机械制造工艺，在中国的首次完整介绍。刘仙洲称《奇器图说》（图 2-8）和《诸器图说》为中国第一部机械工程学著作。

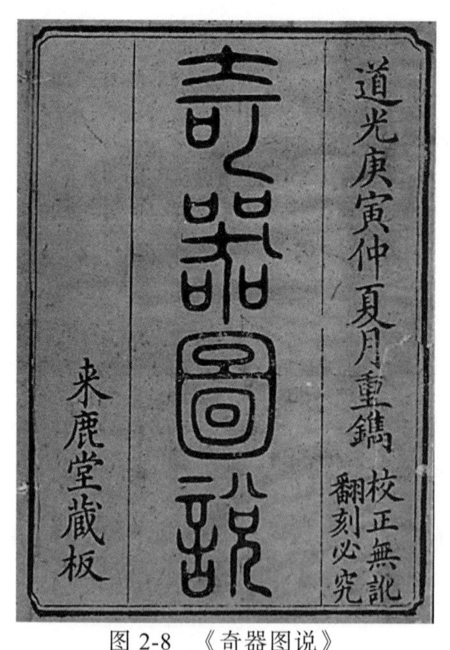

图 2-8　《奇器图说》

崇祯十三年（1640 年）冬，王徵在《奇器图说》和《诸器图说》的基础上加以发

① 张柏春. 1996. 王徵《新制诸器图说》辨析. 中国科技史料, 17(1): 88-91.

挥，总结自己的新设计，撰写了《额辣济亚牖造诸器图说》，但其中的设计未必实用。王徵最突出的科技成就是把西方的机械技术和力学介绍到中国。当时每个生产和生活领域都有自己的一类机械，这容易使人孤立地看待各种“器”和“械”，而不是把它们视为一门系统的技术。王徵把机械工程作为一门学问来看待，并试图建立它的框架。《奇器图说》和《诸器图说》的多次出版有助于读者认识机械技术的系统性和完整性。

王徵编写《诸器图说》主要是为了使所设计的机械在实际生产和生活中发挥作用，但由于这部书的自身缺陷和当时社会技术状况的限制，其影响有限。由于古代工匠大多是文盲，书本对他们的影响一般比不上成功的实物直观的示范。

2.2.3 小结

作为传统的农田水利机械的“鹤饮”，在今天的中华大地上已经绝迹，无从看见。但作者曾在视频中看到东南亚一些地域的人民，今天仍沿用“鹤饮”提水。“鹤饮”的构造原理简单，设计得非常巧妙，但在灌溉时，有对取水地形不能有过大落差的要求。

在欧洲，被称为21世纪工程的一大奇观的福尔柯克轮（Falkirk Wheel）有与“鹤饮”类似的构造（图2-9）。福尔柯克轮两边各有一个对称的可封闭水槽。当船需要由高水位运河开到低水位运河时，它就由高架水道开入水槽内，然后把水槽封闭，接着大转轮就可以转半圈，把船运到低水位运河。福尔柯克轮能在15分钟内将4艘船（包括水）起吊到35米的高度；与此同时，另一只吊臂将4艘船放下。整个装置由于两边的水槽是对

图2-9 福尔柯克轮

图片来源：tupian.baike.com

称的，所以船开进去后，两边水槽的重量几乎是一样的。因此，整个装置运作起来所需要的能量并不大。“鹤饮”的巧妙设计，今天依然可以在现代某些工业化设计中得以借鉴和应用。

2.3 戽斗灌园

戽斗（bail），俗名“地包天”，北方又称“戽桶”，是一种最简单的提水或排水机械[①]。一般来说，戽斗是一种形状像斗，两边有绳，靠两边的人力扬水或排水的简单小型机械。图 2-10 为中国水利博物馆中展示的戽斗。

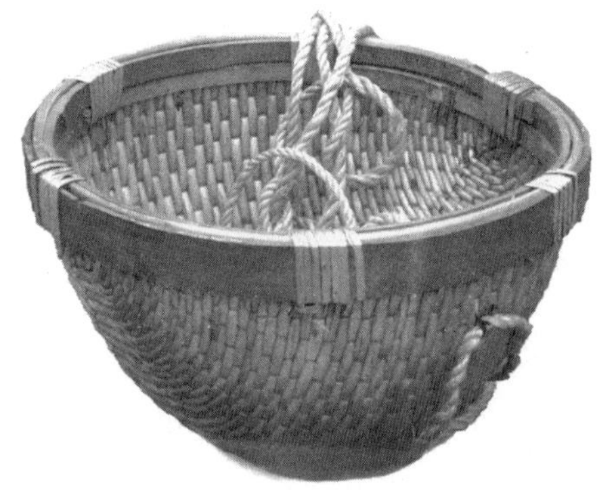

图 2-10　中国水利博物馆中的戽斗

由于演化后的戽斗是典型的利用杠杆原理的传统水利机械，所以特将戽斗划至杠杆之美的章节。

2.3.1 戽斗的演化

戽斗演化至今已衍生出许多其他样式。其中，利用杠杆原理靠一人取水的样式还在运河水乡普遍使用（图2-11）。这种戽斗以竹篾编织成箕形，加一长竹柄用来扬水。使用时，先在小水塘上边立着由几根竹子绑成的三脚架，人立于水中，两手握柄把，可以掬起水戽竹柄将水扬至较高之田

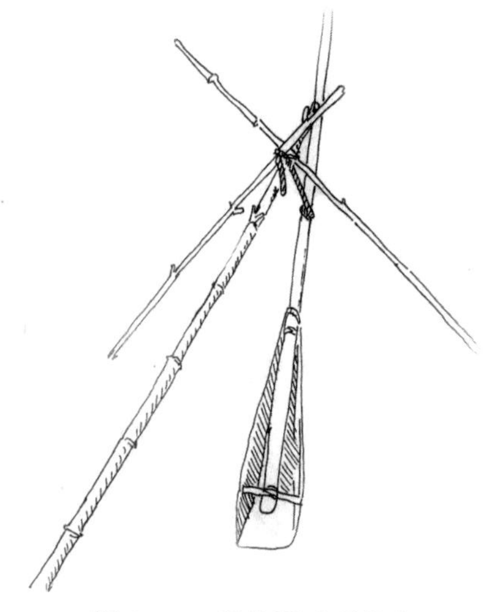

图 2-11　戽斗图（手绘）

① 刘仙洲. 1963. 中国古代农业机械发明史. 北京：科学出版社：48.

地灌溉之用；或田园积水太多，也用来排水。

有时，人们要清理河道里的小石块和烂泥，可以用戽斗铲出。沼泽洼地，不适合用水车，可以用戽斗灌水排涝。

戽斗这种常见的中华传统水利机械，在春季湿地之上随处可见，过去的戽斗多是由竹木编织或木料加工而成的。

2.3.2　双人拽拉式戽斗的结构及原理

双人合力拽拉式的戽斗是一种用竹篾、藤条等编成的，用于取水灌田的旧式汉族农具。略似斗，两边有绳，使用时两人对站，拉绳汲水。明代徐光启的《农政全书》中记载：戽斗，挹水器也……凡水岸稍下，不容置车，当旱之际，乃用戽斗。

戽斗的组成部分为柳筲或者木桶，以及两边各系的两条长绳。操作方法是由两人各牵着两端绳子，通过配合进行抽拉提放以往复淘水。主要用来灌溉或者排水，使用灵活方便[①]。

在今天的中华大地上已经很难见到农民使用戽斗提水或排水，在越南等东南亚国家的田间地头，还有农民使用戽斗的身影（图 2-12）。

图 2-12　越南农民使用戽斗的情形

图片来源：yahoo.co.jp

① 刘仙洲. 1962. 中国古代在农业机械方面的发明. 农业机械学报, 5(1): 3.

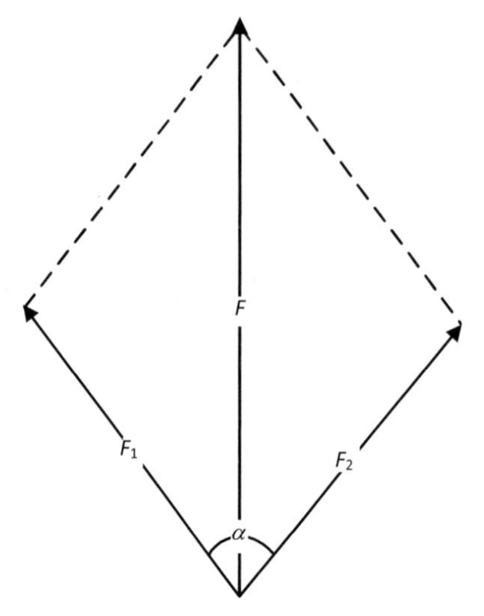

图 2-13 合力的平行四边形规则

戽斗的使用符合物理学的合力的原理。根据合力（F）的平行四边形规则，

$$F=\sqrt{F_1^{\ 2}+F_2^{\ 2}-2F_1F_2\cos(180^\circ-\alpha)}$$
$$=\sqrt{F_1^{\ 2}+F_2^{\ 2}+2F_1F_2\cos\alpha}$$

α为合力的夹角，F_1、F_2分别为两边的合力（图2-13）。

2.3.3 戽斗的渊源及发展

明代学者罗颀撰写的《物原》认为，戽斗是由远古夏朝末年周族人的领袖公刘发明的，公刘率领周族迁到豳（今天陕西彬县东北），在那里观察地形开垦荒地，发明了戽斗。

从戽斗的发展历史推测，最初的戽斗可能是在舟船中方便船员舀去船舱隔板中的积水而使用的，后来推广到农田灌溉排涝。在翻车发明以后，戽斗作为翻车的补充，仍然为中华先民继续使用。

三国时期魏国的博士张揖所撰写的《广雅》一书就有了戽斗的记载，可以推测在东汉后期，戽斗得到了推广。当时的劳动人民为了解决低矮岸陂塘，抱瓮汲水不便的问题，而创造了这种简单的汲水机械①。

南宋文学家方岳在《秋崖先生小稿诗集》中有《热甚有怀山间》诗云：终是山间别，寒泉在脚边，戏鱼争美荫，啼鸟破佳眠。山寂夜如水，僧闲日抵年，欲来来未得，戽斗救枯田。

元代王祯《农书》上对戽斗有明确的记载："戽斗，挹水器也。《唐韵》云：戽，抒也，抒水器；挹也。凡水岸稍下，不容置车，当旱之际，乃用戽斗。控以双绠，两人掣之，抒水上岸，以溉田稼。其斗或柳筲，或木罂，从所便也。诗云：虐魃久为妖，田夫心独苦。引水潴陂塘，尔器数吞吐。繘绠屡挈提，项背

① 李崇州. 1983. 中国古代各类灌溉机械的发明和发展. 农业考古，(1): 143-144.

频伛偻。搰搰弗暂停，俄作甘泽溥。焦槁意悉苏，物用岂无补。毋嫌量云小，于中有仓庾。”[①]王祯生动、准确地描述了古代戽斗的使用步骤与方法（图 2-14），并没有提及戽斗的排涝功能。由于戽斗灌溉完全是人工操作，一舀一泻，一掀一翻，间歇运动，操作者要弯腰曲背舀水，双臂用力掀翻，“繘绠屡挈提，项背频伛偻”，是相当辛苦，且效率不高的劳作。

图 2-14 戽斗图

出自王祯《农书》

中华先民针对戽斗“间歇运动”的不足，吸收了排灌水车“连续运动”的优点，制造了一种适于戽斗劳作条件的、省力且有效的灌溉工具——刮车。刮车可以看作是筒车和翻车的一种补充和戽斗的升级替代工具被设计出来的。

图 2-15 戽斗图

出自《农政全书》

明代徐光启所编写的《农政全书》中有提到:“玄扈先生曰:此是岸下不必置车，或所用水少，权作此耳。若以灌田，即岸下亦是置车为妙。”[②]徐光启（徐光启字玄扈，在《农政全书》中他以“玄扈先生曰”的形式来阐述自己的观点）认为，在岸下不用安置刮车，或在用的水量较少的情况下方可用到戽斗（图 2-15）。如果要灌溉农田，还是安置刮车更好。

戽斗虽有操作费力的缺点，但由于结构简单，兼有灌溉排涝的用途，在刮

① 王祯. 2008. 东鲁王氏农书译注. 缪启愉，缪桂龙，译注. 上海：上海古籍出版社: 584.

② 徐光启. 2011. 农政全书. 石声汉，点校. 上海：上海古籍出版社: 357.

车问世之后，戽斗仍被作为一种灌溉机械而流传下来[①]，一直使用到当代。作为一种人力提水的农具，用于小范围排灌或临时的灌田作业，还是比较灵活方便的[②]。

2.3.4 小结

戽斗的使用是古代先民经验知识的运用。虽然，戽斗属于比较原始的水利机械，但其使用过程中需要两人的协力，体现了农耕民族互相协同劳作的特征。

中华先民发现由两人合力可以瞬间爆发出巨大力量，并利用合力原理应用于各个领域。在传统乡村，采用合力进行各种劳作的案例非常普遍，例如，合力夯土打桩、夯土墙；将建材（砖头、搅拌的泥浆等）放在布兜里合力抛送到高处……这些方法至今仍在一些地方延续使用。然而，尚未发现中华先民在力学原理上就合力进行深入的探讨，这反映了中华民族在实用理性上的早熟，在思维方式上具有鲜明的实用理性的特点。

如果根据明代罗颀的《物原》推测，戽斗在中华大地上已被使用了 2000 多年。制作戽斗的取材、编织，无不体现了古代先民综合的博物技能和工匠精神。

由于持续劳作必须符合体育运动学和人机工程学的合理性，才不至于对腰部或人体其他部位产生损伤，所以，戽斗灌溉不是使用者简单的弯腰取水、合力泼水的机械过程，需要操作者娴熟地利用腿、脚、腰的协调、摆动，进行轻松的灌溉。戽斗灌溉过程中所自然产生的“使用美” 和“生活美”是一道质朴的、亮丽的乡村“原风景”。在田间地头，两人协力的身形似乎有泥土中所焕发出的生命力之美，是电影导演捕捉的素材。

---

① 李崇州. 1983. 中国古代各类灌溉机械的发明和发展. 农业考古, (1): 144.

② 张力军, 胡泽学. 2009. 图说中国传统农具. 北京: 学苑出版社: 114.

第 3 章 轮轴与滑轮之美

本章介绍辘轳（windlass）、机汲、刮车三种中华传统水利机械。

辘轳使用的时间最久，范围最广，今天的一些偏僻乡村还在使用。辘轳保留了原有的自然属性，具有鲜明的自然生态之设计美感，是典型的承载“乡愁”的中华传统水利机械。

机汲、刮车是中华技术史上曾经出现过的传统水利机械。

机汲的发明改良了原始型辘轳汲水机的上下垂直运动，将其扩展为大跨度的斜向运动，有利于江河沿岸的农业灌溉。机汲的发明是后来架空索道运输的雏形。机汲所用的立滑轮在高空作业等救生机械中都是常见的装备，机汲的构造在今天仍有借鉴意义和参考价值。

刮车，也是被称为“水车”的一种传统水利机械，刮车对于矮岸渠塘汲水灌溉有其明显的优势。日本有类似刮车的灌溉机械“扬水车”，李约瑟认为日本的扬水车或许是刮车传入日本后，经日本人改良设计而成的。

3.1 辘轳绠提

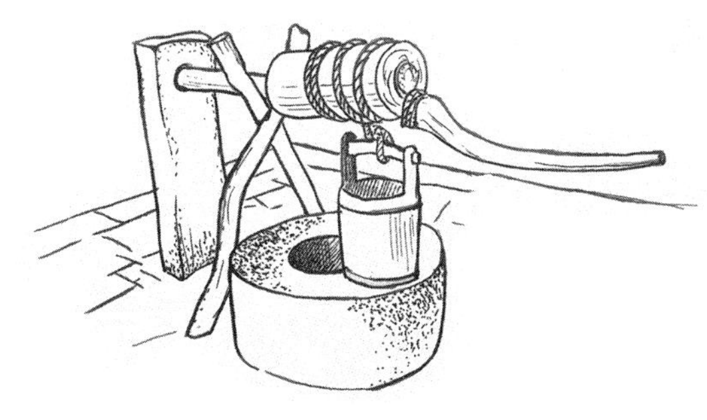

图 3-1 辘轳白描图（右为曲柄滚筒）

辘轳，是一种手动绞动轮轴牵引水桶从井里汲水的提水机械。在今天的某些地方，仍然可以看到人们使用辘轳的身影（图 3-1）。

3.1.1 辘轳的构成及力学原理

辘轳以木架、轮轴、曲柄、绳索、水斗为主要构件。

辘轳的支架一般是三只脚构造，这样的构造可以使辘轳稳稳当当地立于井口上方。也有的辘轳在井边立两根“丫”字形木桩作为支架[①]。

辘轳的核心构件是轮轴。一端较粗，呈圆柱形，上装曲柄；另一端细长，支持在木架上[②]。“辘轳头”是一块圆硬木，中有轴孔，套在轴上，上绕绳索，绳的一头系有水斗。辘轳头上需嵌一摇把（手柄），就是辘轳的动力臂曲柄杆，摇把与辘轳头多取自天然相连的木料，与中轴形成一定角度（图 3-2）。

辘轳的绳索与水斗相连，通过水斗来盛水。水斗由杉木或白柳条制成，遇水膨胀，有韧性，耐磨，耐磕碰，上有两三个环，与绳连接（图 3-3）。

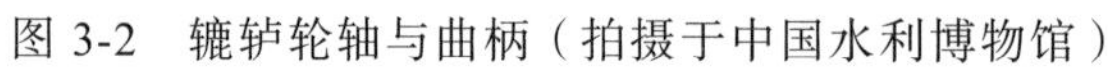

图 3-2　辘轳轮轴与曲柄（拍摄于中国水利博物馆）

图 3-3　辘轳的水斗（拍摄于中国水利博物馆）

辘轳头部绕一长绳，绳端拴有一个水桶。当用辘轳提取井水时，摇转手柄可以控制长绳的缠绕或松开，绳端的水桶也随之吊上或放下，从而达到从井里汲水的目的[③]。

① 李趁友. 1984. 汉代的辘轳及其发展. 农业考古, (1): 93.

② 陆敬严, 华觉明. 2000. 中国科学技术史 · 机械卷. 北京: 科学出版社: 55.

③ 顾浩, 陈茂山. 2008. 古代中国的灌溉文明. 中国农村水利水电, (8): 6.

辘轳是符合“轮轴原理”的一种简单机械。辘轳机械力学原理如图 3-4 所示，辘轳的“轮轴”是由“轮”和“轴”组成的系统，是由固定在同一根轴上的两个半径不同的轮子构成的杠杆类简单机械。半径较大的是轮，半径较小的是轴。该系统能绕共轴线旋转，相当于以轴心为支点，以半径为杆的杠杆系统。所以，轮轴能够改变扭力的力矩，从而达到改变扭力的大小，节省了人力。

如图 3-4 所示，确定辘轳上卷筒的半径为 r（阻力臂），手柄的半径为 R（动力臂），相差倍数为 R/r，水桶盛满水的重力为 Q（阻力），手臂施加在摇手柄上的力为 P（动力），当轮轴在做匀速转动时，如不计算摩擦，处于平衡状态时，则 $P\times R=Q\times r$，也就是说摇手柄的半径是卷筒半径的多少倍，即应用辘轳可以省力的倍数。所以轮和轴的半径相差越大，则越省力。

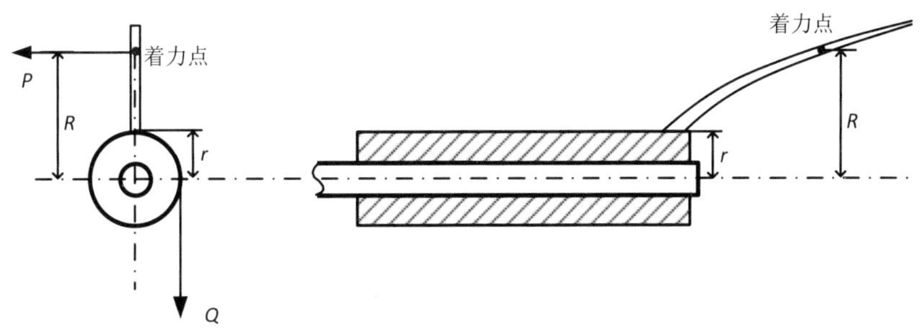

图 3-4　辘轳的受力分析图

R 为动力臂；r 为阻力臂

轮轴的实质是可以连续旋转的杠杆。当动力作用于轮时，一般情况下作用于轮上的力和轴上的力的作用线都与轮和轴相切，因此，它们的力臂就是对应的轮半径和轴半径。由于轮半径总大于轴半径，因此，轮轴是省力却费距离型的杠杆。

3.1.2　辘轳的历史演变及发展

人们最初的提水机械有根据杠杆原理应运而生的桔槔，由于桔槔只能在浅水中汲水，无法满足深井汲水需求等弊端，人们发明了辘轳。辘轳出现后，既省力又便于深井汲水，且大大提高了效率，弥补了桔槔的功能缺陷。辘轳在发展为曲柄辘轳的形式之前，经历了定滑轮、滑车、复式辘轳等多种过渡形式。

明代罗颀的《物原》中记载：“史佚始作辘轳。”相传是周代初年的史官史佚发明了辘轳。若此项记载属实，那么中华先民早在公元前 1100 多年就已经发明了辘轳[①]。

“辘轳”一词最早见于《墨子·备高临》，写作“鹿卢”，不过此文中的“鹿卢”指的是一种有滑轮的起重装置，并非提水工具[②]，且其多用于军事。滑车是另一种与辘轳类似的提升机械，是辘轳的前身，但滑车最初不是农用提水机械，而是战争中的攻城器械。春秋时期开始，辘轳与滑车同时流行，并应用于农田灌溉、矿业开采、工程建筑、军事等方面。

图 3-5　辽宁辽阳三道壕西汉墓葬壁画中的辘轳

《文物参考资料》(1955 年)

秦汉时期，随着灌溉事业的发展，人们将其应用到深井提水，开始广泛地应用提水工具——辘轳。据李斯《仓颉篇》的记载：“椟栌，三辅举水具也。”可以推测，秦汉时期长安三辅地区已经广泛使用辘轳作为汲水工具了[②]。

从汉代考古图像资料来看，汉代的辘轳提水机还处于原始状态。是辽宁辽阳三道壕发掘的西汉墓葬壁画中的“汲水图”（图 3-5）中的辘轳只装置了一个滑轮，没有装置手摇的曲柄。这种滑轮式“辘轳”只是一个定滑轮，只改变了力的方向但不省力[①]。然而，这种初级形式的辘轳的创制在当时仍具有重要的实际意义。由于它克服了“桔槔绠短而汲浅”的不足，无论井深井浅俱适其宜，因而得到比较广泛的应用。

北魏（公元 386—534 年）贾思勰《齐民要术·种葵第十七》中记载：“井别作桔槔、辘轳。”其意为“井深用辘轳，井浅则用桔槔。”《齐民要术·卷三》：“井深用辘轳三四架，日可灌田数十亩。”

① 李趁友. 1984. 汉代的辘轳及其发展. 农业考古, (1): 93.

② 李崇州. 1983. 中国古代各类灌溉机械的发明和发展. 农业考古, (1): 142.

流传下来的运用轮轴原理的辘轳出现在唐宋时期，到了唐代，人们改进了辘轳，在轮轴上缠绕绳子，避免打滑，利用手柄摇动轮轴，可以省力。此外，江南沿江地区的人民为了解决在大斜坡上汲取江水饮用和灌溉的困难，在原始型辘轳的基础上，又创制了一种利用架空索道的辘轳汲水法（见 3.5 节）。

图 3-6　单曲柄辘轳图

出自王祯《农书》

宋元以后，辘轳使用十分普遍。在宋金时期的墓葬壁画中发现了单曲柄辘轳，宋代还出现了双辘轳。元代王祯《农书 · 灌溉门》中对辘轳（图 3-6）有详细的描述："辘轳缠绠械也。唐韵云，圆转木也。集韵作'椟轳'，汲水木也。井上立架置轴，贯以长毂，其顶嵌以曲木；人乃用手掉转，缠绠于毂，引取汲器。"《农政全书》及明代宋应星所著《天工开物》中都有明确记载的辘轳图像。

图 3-7　双辘轳（拍摄于中国水利博物馆）

直到 1949 年前后，我国北方一些缺水地区仍在使用辘轳提水灌溉小片土地，如今一些地下水较深的山区，也还在使用辘轳从深井中提水供人们饮用[①]。总之，辘轳作为一种传统的升水机械，一直流传至今。图 3-7 为中国水利博物馆中辘轳的展示。

① 吴卫. 2004. 器以象制 象以圜生——明末中国传统升水器械设计思想研究. 北京：清华大学：86-87.

3.1.3 辘轳的形制

挂在轮轴上的桶的数量可分为“单辘轳”和“双辘轳”。双辘轳又称“花辘轳”或“复式辘轳”①。

图 3-1 为传统的单曲柄辘轳。在漫长的历史进程中，先民将单曲柄辘轳改进为双辘轳。元代王祯《农书·灌溉门》中描述了一种双辘轳：“或用双绠而逆顺交转所悬之器，虚者下，盈者上，更相上下，次第不辍，见功甚速。凡汲于井上，取其俯仰、则桔槔，取共圆转、则辘轳，皆挈水械也。然桔槔绠短而汲浅，独辘轳深浅俱适其宜也。”②文中在同一个辘轳上装两条绳子，往相反的方向缠绕，下端各系一个水桶。当满的水桶被向上提时，空的水桶就被放下。这样交替工作有两个好处，一是没有单辘轳的空放时间，辘轳向任一方向转动都是工作；二是下放的空水桶和绳子的重量可以代替一部分转动辘轳所需要的原动力③。传统的辘轳还是现代起重绞车机械的雏形。

3.1.4 承载乡愁的器具——辘轳之美

从高雅的诗歌、通俗的民谣、影视剧（例如《辘轳、女人和井》）都可以找到辘轳的身影。辘轳作为一种意象被文人赋予生命的特质，与晓天、金井、梧桐、青丝等意象进行组合，表达不同的情感④。辘轳作为典型的承载乡愁的传统水利机械，其形制、工艺选材、使用方式和蕴含的设计思想体现了中华传统机械的木作之美。由于辘轳保留了原有的自然属性，具有鲜明的自然生态之设计美感。

1）形制构造之美。自辘轳发明以来，其形制迄今仍保持着最初的结构特点。由圆柱形轮轴、三角支架、水斗等所构成了辘轳的大致形态。其形制简洁而质朴、不带任何修饰的构件，反映了中华先民对于传统器具的设计中反对冗余装

① 张力军，胡泽学. 2009. 图说中国传统农具. 北京：学苑出版社: 91.

② 吴卫. 2004. 器以象制 象以圜生——明末中国传统升水器械设计思想研究. 北京：清华大学: 86-87.

③ 刘仙洲. 1962. 中国机械工程发明史. 北京：科学出版社: 20.

④ 王孝全. 2014. 论古典诗词中的“辘轳”意象.文山学院学报, 27(2): 59-62.

饰、追求“器完而不饰”的设计理念。

2）材质及制作工艺之美。从材质上看，辘轳以自然界最容易获取的木材制作而成，长时间地使用有色泽悦目、纹理美观的木材的特点，体现了中国传统设计中“质真而素朴”的设计审美意趣。

辘轳的轮轴部分采用大圆轮套小圆轴的结构形式，在制作工艺上以传统的车削和榫卯为主，这两种工艺的选择是根据木材的特性而定的。车削工艺能使得轮轴相互穿插有着较好的旋转性能，以满足汲水过程中圆周运动的功能需求。榫卯工艺则可使木材之间相互卯合之后，接洽处咬合稳固且美观，并使支架具有稳定的性能。

3）使用方式之美。辘轳的使用，是使用者握住辘轳的连杆旋转数周完成汲水的，其轨迹好似沿中轴划圆周运动，无论男女均可保持优美的汲水姿势。人通过手臂摇动辘轳的摇把，增加了摇把动力臂的长度，从而达到省力和提高效率的功能，还增加了人与器具的互动性。

4）设计思想探究。辘轳以木材作为原料，利用木作车削与榫卯的工艺，合理地运用轮轴结构，辘轳在设计目的上完美地解决了升水的功能，完成了辘轳的实用效果。

辘轳的制作是古代匠人以解决轮轴顺畅旋转功能为主，并对其综合考虑的设计解，其结构简洁实用，体现了“形式追随功能”的设计思路。

3.1.5　小结

辘轳广泛地应用于传统乡村的汲水灌田、工业凿井、汲卤等，解决了人们的提水问题。同时，辘轳也深刻地影响了它所在的地域、种群的生产生活方式，具有很强的普适性。辘轳是代表传统乡村社会人们生产劳动方式的符号，是传统民具设计案例中的经典。

辘轳的发明是人们对机械传动原理巧妙运用的体现。由于辘轳利用的轮轴原理在现在的生产中大量沿用，如起重设备中的轮轴部分、自行车的轮盘部分，这些都是在辘轳的轮轴设计基础上进行的延展性设计。辘轳设计及其原理使之在技术史发展进程中得以保留下来。

人类的生产生活需要用水，因此，井是传统聚居地的公共用水场所，常常出现于怀旧散文、随笔中的水井坊与辘轳，是人们记忆中故园的风景。中华民族的先民很早就学会了打井，人们转动辘轳手柄提上一桶桶清澈的井水的风景，构成了传统乡村的画卷。辘轳的发明受人类长期积累的经验知识启发，辘轳的使用也改变了人类自身的生活条件。20 世纪 70 年代开始，压水井、自来水增多，辘轳渐渐地淡出人们的视野。

3.2　机汲取水

图 3-8　唐代机汲示意图 1

出自《中国农业科学技术史稿》

机汲，是一种综合利用辘轳、结合索道和滑轮等将水从低处运送到高处的取水机械，与辘轳相比，机汲更适合从远距离且高落差的地方汲取河水（图3-8）。

3.2.1　机汲结构及原理

机汲这种提水机械由辘轳（绞车）、滑轮、盛水器、绳索、水槽、输水竹管等物件组成①。

机汲的制作步骤是：先将竹竿剖成宽竹篾，编成坚固的竹笼置于江中，在

① 陆敬严，华觉明. 2000. 中国科学技术史・机械卷. 北京：科学出版社: 77.

竹笼中心处立一数尺之高的木柱，然后便载运石块投入竹笼中以加固木柱的基础，如同建立“航标”的工序一样。在江中木柱顶端至高达数仞上端的辘轳之间，横空斜拉一粗绳索系于上部木柱顶端，两木柱间的绳索好像拉紧的弓弦一样，以成高屋建瓴之势，成为起承载作用的架空索道。于索道之上挂上一个熟铁制成的构造如同“门闩”的立滑轮。滑轮的中间形状如同“乐鼓”（两端粗、中间细）的轮轴（图 3-9）。

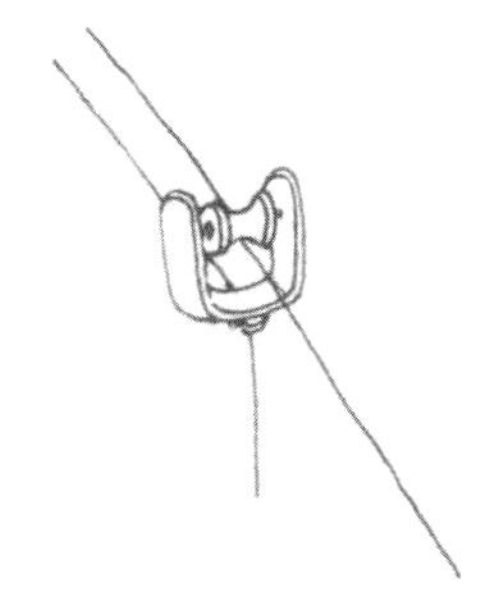

图 3-9　立滑轮的造型

立滑轮整体因轴承臂向下延伸并且两者相连为马蹄形，其形状又与倒置的鼎耳相似（下垂倒鼎耳形轮镣的乐鼓式的宽槽立滑轮）。立滑轮下部挂有汲水用的水瓶。这组滑轮及其轴承的机械结构，可往来滚动于江面木柱至高达数仞之端木柱间的架空索道之上（图 3-8）。

用于系水瓶及其牵引的长绠，一头缠绕于滑轮马蹄形轴承臂的空隙，一头向上缠绕于索道顶部辘轳的圆轴之上。下放水瓶汲水时，由于架空索道向下的斜度很大，具有一定重量的水瓶因其长绠系于立滑轮马蹄形轴承臂相联结之最弯处，所以可控制立滑轮随载向下滚动的同时，也牵引着辘轳的圆轴进行倒转，从而延伸了用于系汲水瓶及其牵引的长绠。

图 3-10　唐代机汲示意图 2
出自《中国农业科学技术史稿》

当水瓶随立滑轮的滚动到达木柱的上端时，立滑轮因受阻而停止了滚动，汲水瓶由于自身的重量与尖底的缘故，自然地于江中倒伏。待汲水瓶汲满水后，摇动辘轳的曲柄使之圆轴旋转，以回收下放水瓶时延伸的那段长绠，便把水瓶由水源处拉了上来（图 3-10）。[①]

① 梁家勉. 1989. 中国农业科学技术史稿. 北京：农业出版社.

汲水瓶随立滑轮的向下滚动下滑是借助于重力居高临下之势；水瓶的向上牵引则是利用了辘轳的轮轴原理及升降功能；只要保证系住汲水瓶的长绠牢固耐用，反复的摇动辘轳曲柄就能使汲水瓶由水面一直上升到上部的水槽位置。

3.2.2 滑轮的历史渊源及发展

由于唐代对机汲有明确的记载，可以推测机汲这种中华传统水利机械在唐代之前就已经出现了。唐代文学家刘禹锡所写的《机汲记》对这种水利机械有所描述。

“比竹以为畚，置于流中。中植数尺之臬，辇石以壮其趾，如建标焉。索绹以为絙，系于标垂上属数仞之端；亘空以峻其势，如张弦焉。锻铁为器，外廉如鼎耳，内键如乐鼓，牝牡相函，转于两端，走于索上，且受汲具。及泉而修绠下垂，盈器而圆轴上引。其往有建瓴之駃，其来有推毂之易。瓶繘不羸，如搏而升。枝长澜，出高岸，拂林杪，逾峻防。刳蟠木以承澍，贯修筠以达脉，走下潺潺，声寒空中。通洞环折，唯用所在。周除而沃盥以蠲，入爨而铸釜以盈，任餗之余，移用于汤沐；涑浣之末，泄注于圃畦。”

《机汲记》的前半部分介绍机汲的制作方法，后半部分介绍机汲具体使用的场景，汲水瓶由水源处汲取江水到牵引上升至倒水入槽的整个过程。

先是水瓶汲水于江中，随即拉汲水瓶出江的高岸，旋又拂过树林顶端，最后再越过高耸的城墙以到达山顶的辘轳处。而汲水瓶中的水倾入坚固的水槽中。水槽中的水再流入中间贯通，向下倾斜的长竹管和低处的竹管脉络；当汲水流经长竹管时，其声潺潺，犹如寒风之鸣于空中；低处的竹管脉络之所以要洞穿室庐的墙壁和环折走向（竹管以火烤之，可成环折状），唯一的目的是要把汲上来的江水输送到所需之处：先灌入室庐周围所设的盥器以免缺水之虞，再注足灶中的釜器之内；烹饪用水满足之后，则移到沐浴用水的储备中；洗濯终了的废水，再排汇于庭园内的圃畦之中[①]。刘禹锡对机汲制作及使用原理做了文学化的描述。机汲与高转筒车有非常相似的构造。

① 李崇州. 1997.《机汲记》所记述之“机汲”构造及其所经“地物”释义. 农业考古, (1): 149-151.

机汲取水的水瓶是尖底的水桶，遇到水面会自然倾斜，入水后又由于浮力和重心自动横起灌水，当拉起长绠把水桶从水中提起时，又会自然地垂直。这种水瓶样式源于公元前 5000～公元前 4000 年的仰韶文化半坡类型的典型水器——半坡小口尖底瓶，这种小口尖底瓶是陶制的，瓶的口小，搬运时水又不容易溢出（图 3-11）。

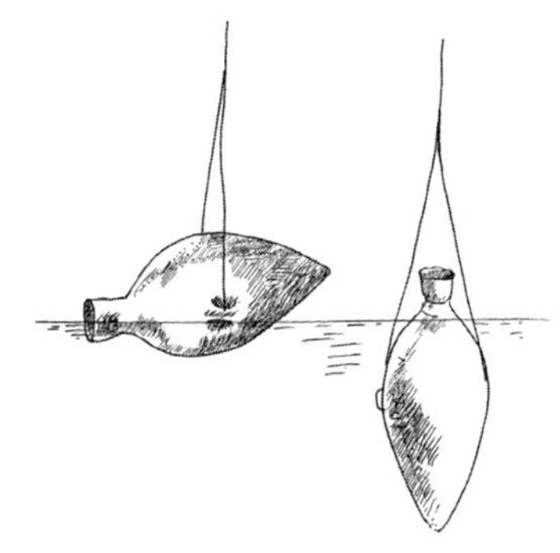

图 3-11　半坡小口尖底瓶

3.2.3　《墨经》对滑轮的论述

追溯中华文明的技术史，战国时代的墨家就有关于滑轮力学的论述。《墨经》指出了三种用力情形，书中将向上提举重物的力称为“挈”，将自由往下降落称为“引”，将整个滑轮机械称为“绳制”。《墨经》写道，以“绳制”举重，“挈”的力与“引”的力方向相反，但同时作用在一个共同点上。提挈重物要用力，“引”不费力。若用“绳制”提举重物，人就可以省力而轻松。在“绳制”一边，绳较长、物较重，物体就越来越往下降；在其另一边，绳较短、物较轻，物体就越来越被提举向上。如果绳子垂直，绳两端的重物相等，“绳制”就平衡不动。如果这时“绳制”不平衡，那么所提举的物体一定是在斜面上，而不是自由悬吊在空中[①]（图 3-12）。

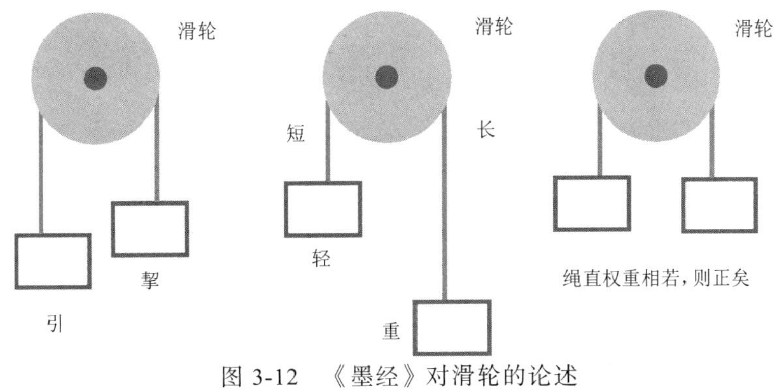

图 3-12　《墨经》对滑轮的论述

① 戴念祖. 1988. 中国力学史. 石家庄: 河北教育出版社: 214-215.

3.2.4 机汲的仿真创新实践

河海大学机械系课程上以中华传统水利机械为原型展开了创新设计研究的探索。图 3-13 案例是先了解古代机汲的机械构造，再在此基础上进行新的提升装置的机械设计。该课程既让学生了解了各类型的中华传统水利机械，又通过实战训练完成了新的设计创新，有现实的教育意义。

图 3-13 大学生以机汲展开的创新设计案例（河海大学许焕敏老师提供）

3.2.5 小结

机汲这种提水机械不同于水井坊的辘轳，仅适合垂直方向重物的提升。由于机汲增加了滑索和立滑轮等构件，把上下垂直运动改变为大跨度的斜向运动，有利于江河两岸农田灌溉的发展[①]。但是，由于架设机汲受到各种地形的影响，且汲水的效率不高，没有广泛地应用于农业生产[②]。出现于唐朝之前的中华传统水利机械——机汲，其组成的机件和相应的传动牵引原理，也是近代许多起重运

① 梁家勉. 1989. 中国农业科学技术史稿. 北京：农业出版社: 324-325.

② 李根蟠. 2011. 水车起源和发展丛谈(上辑). 中国农史, (2)：3-18.

输设备的主要组成部分（如滑丝或索道、动滑轮、绞车及绳带牵引控制方式）。20 世纪 50 年代陕西省使用的“自动装卸绞水车”，其原理和功能与 1000 年前的唐代提水机械——机汲几乎完全相同[①]。

机汲的动力结构是一个操作省力的带曲柄的圆轴——原始型辘轳汲水机。机汲的发明改良了原始型辘轳汲水机的上下垂直运动，将其扩展为大跨度的斜向运动，扩大辘轳汲水的距离与范围，有利于江河沿岸的农业灌溉。机汲的发明是后来架空索道运输的雏形[②]。机汲所用的立滑轮在高空作业等救生机械中都是常见的装备。

3.3　刮车扬水

刮车，是古代先民架设在田间地头，通过手摇木柄带动转轮，转轮链接放射状的刮水板将水刮上岸的一种农田水利灌溉工具（图 3-14）。

图 3-14　刮车外观式样（手绘）

3.3.1　刮车的构造及机械原理

根据元代《农书》的记载和图像可推测，刮车的主要结构是一个带曲柄摇把的立水轮[①]。刮车由大轮盘、曲柄、连杆组成。结构简单，容易制作，且方便操作。

在使用刮车时，首先，在岸边挖出水槽（岸的高低决定刮车水轮的大小）；其次，将刮车的水轮中央的轴固定在木桩上；最后，以人力摇动木柄，轮辐就可以连续将水刮至岸上。

刮车扬水也是源自于水轮的轮动原理。历史上，刮车或许是筒车的一种衍

---

① 中华人民共和国农业部. 1958. 农具图谱(第四卷). 北京：通俗读物出版社: 253-254.

② 李崇州. 1983. 中国古代各类灌溉机械的发明和发展. 农业考古, (1): 141-151.

化形式，是一个带有挹水筒的水轮，但不是靠流水击动而是靠人工转动的[①]。也有学者直接将刮车归为人力翻车的一种，因为刮车的构造和汲水原理与翻车的龙尾部分极其相似，只是在使用方式和整体结构上有所不同，使用环境也有所区别，所以，也有其道理。

3.3.2 刮车历史的渊源及发展

中国古代用于排灌的机械种类很多，可以称为“水车”的只有翻车、筒车、井车、刮车，还有水磨坊的水轮[②]。虽然，今天知道刮车的人寥寥无几，然而，刮车的确是一种技术史上存在过的中华传统水利机械。由于刮车有其机构等特殊性，今天介绍刮车仍有其技术史、设计史之价值。

据考证，宋元时期中华先民除使用龙骨车外，还发明了新的灌溉器具——刮车，刮车是以人力为动力的中华传统水利机械。元代时候，江南水乡的人民为了进一步提高在最矮岸渠塘汲水灌溉的效率，多利用汲水功能高于戽斗且省力的“刮车”[①]。

王祯《农书》中有介绍刮车（图 3-15）的内容：

图 3-15　刮车

出自王祯《农书》

“刮车，上水轮也。其轮高可五尺，辐头阔止六寸；如水陂下田，可用此具。先于岸侧掘成峻槽，与车辐同阔，然后立架安轮。轮辐半在槽内。其轮轴一端擐以铁钩、木拐，一夫执而掉之，车轮随转，则众辐循槽刮水，上岸溉田，便于车戽。

诗云：创物须凭智巧先，泝流能使迅如川，一轮随手供翻转，众辐循槽入斡旋。已借机衡欹矮岸，顿教膏泽上枯田。桔槔戽斗虽云旧，试向车头较涌泉。”

由《农书》的记载和图像（图3-15）可知，它的主要结构是一个带摇把的立水轮。“先于岸侧掘成

① 李根蟠. 2011. 水车起源和发展丛谈(上辑). 中国农史, (2): 3-18.

② 李崇州. 1983. 中国古代各类灌溉机械的发明和发展. 农业考古, (1): 141-151.

峻槽，与车辐同阔，然后立架安轮，轮辐半在槽内”；“一夫执而掉之，车轮随转，则众辐循槽刮水，上岸溉田”。由于最矮岸渠塘的高水位难以持久地保持，而不能用于排水的刮车的结构，制作相对比较复杂，所以，在小农经济占统治地位的皇权专制时代，刮车始终未能取代戽斗的用途，最终被天然地淘汰①。

由于刮车的主体部分是一种较筒车简易的水轮，靠人力刮水，适合个人操作，对于落差小的田间灌溉作业十分方便。据考证，刮车除用手操作外，也有在水轮轴上附设机件以便脚踏。除灌溉外，刮车也用于盐田刮卤水。

研究清代水车的学者认为，刮车可认为是人力翻车中最小的，由一人坐而手摇之，或以两人对挽。清代的《南浔镇志》《双林记增纂》和《中江县新志》中均有刮车的记载，但这种手刮车并不常见②。

16～17 世纪，刮车传至高丽、日本、欧洲等地，目前在某些博物馆也有刮车的模型展示（图 3-14）。

3.3.3　日本的刮车——踏车

日本江户到明治时期使用的“扬水车”（又称：踏车，ふみぐるま）与中华刮车的构造极为相似（图 3-16）。但日本的扬水车是通过脚踏的方式进行扬水的，且效率较高。据考证，日本的扬水车出现的最早记载是江户中期，即 1680 年的

图 3-16　日本扬水车

图片来源：http://www.rekimin-sekigahara.jp/main/exhibition/mingu100/mingu-nougyou/100_57.html

① 李崇州. 1983. 中国古代各类灌溉机械的发明和发展. 农业考古, (1): 141-151.

② 王若昭. 1983. 清代的水车灌溉. 农业考古, (1): 152-159.

日本农书《百姓传记》中。李约瑟推测，从中国传到欧洲、日本和朝鲜的刮车，经过日本农民的改良，形成后来的日式“扬水车”的形制。因此，扬水车与中华刮车之间的关系，还亟须更多的技术史考证①。

如图 3-17 所示，日式扬水车与中华刮车的区别是刮水板的角度。刮车的刮水板是由中心向外呈放射状的构造；扬水车的刮水板则是由中间大圆的切线向外放射延伸，与中心向外放射状的构架相连，并有小于 15°的夹角，这种构造其扬水量优于中心放射状刮车。

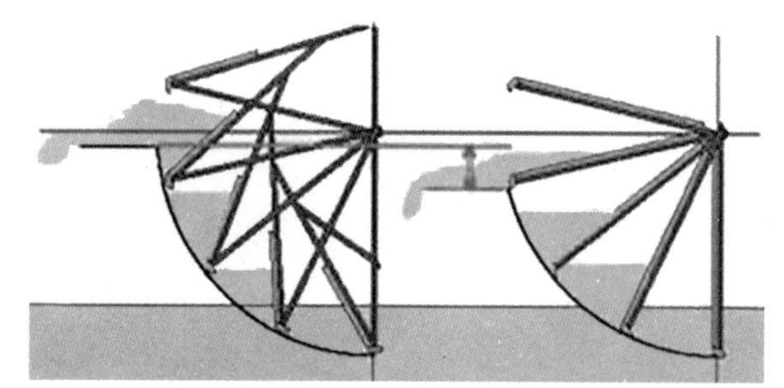

图 3-17　扬水车（左）与中华刮车（右）的扬水原理

日本扬水车的水轮两侧立有竹竿，取水时由人手扶竹竿站在扬水车上，通过双脚不断地踩踏，在自身重力下转动刮水板进行扬水。日本的扬水车需要取水人的脚步与水轮的转动保持一致，动作协调，必须掌握一定的使用技巧。今天，陈列在日本各地民艺馆中的扬水车，被推测是最接近中华刮车原型的实物了。

3.3.4　小结

由于年代久远，难以留下古代刮车的实物作为参考；另外，典籍对刮车的记载寥寥，不够详细，以至于今天进一步考察刮车的途径较少。然而，刮车的发明是古代匠人对轮轴、曲柄等综合经验知识的娴熟应用，刮车对于矮岸渠塘汲水灌溉有其明显的优势。发明刮车的宋元时期是中华技术史上发明创新比较活跃的时期，这与当时生产发展需求和宽松的人文环境有必然的关系。

① 李约瑟. 1999. 中国科学技术史(第四卷)(物理学及相关技术). 北京: 科学出版社: 382.

第 4 章 曲柄连杆之美

“曲柄连杆机构”（crank and connecting rod mechanism）是由一个曲柄和一个连杆的铰链四杆机构成。通常，曲柄为主动件且等速转动，而连杆为从动件做往返摆动，一般具有急回特征。连杆做平面复合运动，曲柄连杆机构中也有用连杆作为主动构件的，连杆的往复摆动转换成曲柄的转动。在传统的谷物加工机械，如使用砻、磨时，通过人力往复，并且稍做摆动地推动横杆，就可以经过连杆、曲柄等构件使砻或磨的上半部分旋转起来，是典型的曲柄连杆装置[①]。现代机械，如雷达调整机构、缝纫机脚踏机构、蒸汽机车的动力传递机构、内燃机上的活塞杆机械等，都是采用曲柄连杆机构。

在中华传统水利机械中曲柄连杆机构早有应用，中华先民以木头为材料，凭借朴素的经验与非凡的想象构建了木制的曲柄连杆机构，并以此发明了水罗、水排等中华传统水利机械。这些传统水利机械所采用的机构既有现代机械中复杂机构的雏形，同时具有木制机械的生态设计之美。

4.1 水罗筛糠

水罗，又称水击面罗（图 4-1），是以水力作为动力，用来筛谷物的一种加

① 刘仙洲. 1962. 中国机械工程发明史. 北京：科学出版社：122.

工工具。

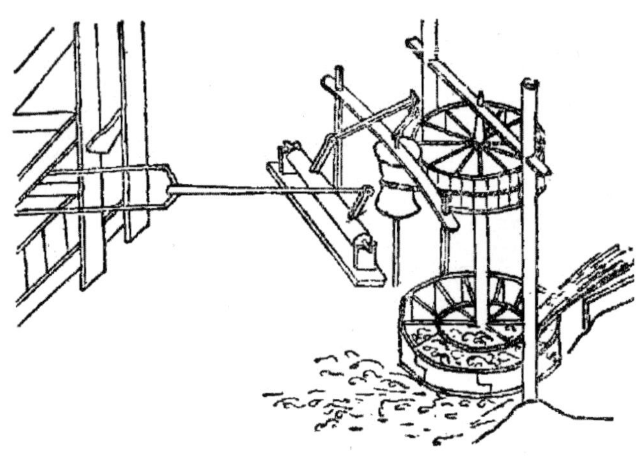

图 4-1 水击面罗①

4.1.1 水罗的形制及机械原理

水击面罗以水能作为动力，通过水力驱动水轮，水轮将力传到曲柄连杆机构（crank rocker mechanism），通过曲柄连杆机构的往复运动起到筛选糠秕或加工谷物的效果（图 4-1）。

水击面罗主要是用绳把面罗悬在一个大面箱之上。其两边各装一杆，通到箱的外部。安于两杆上的一横杆又与一连杆相连。此连杆装置在下部安有踏杆的一个横轴上。当水力驱动水轮时（即水流冲击水轮）水轮旋转，从而带动机构的曲柄旋转，进而连杆左右摆动，带动面罗往复运动起到筛选谷物（如糠秕）的效果。又在通到箱外的两杆上，按左右摆动的范围装上两个短横杆，并在中间立一个撞杆，在往复摆动的时候各撞击一次，以增强筛面的效果。人在工作的时候，若把两肘俯在一个悬挂着的横杆或横板上，更可以减轻劳累程度②。水击面罗的水轮将水力传动到曲柄连杆机构，是通过带传动实现的。

① 刘仙洲. 1962. 中国古代在农业机械方面的发明. 农业机械学报, 5(1): 33.

② 陆敬严, 华觉明. 2000. 中国科学技术史・机械卷. 北京: 科学出版社: 65.

4.1.2　水罗的种类

1. 脚打罗

用罗筛面的工作多是利用人手的力量。脚打罗系列用一部分身体的重力由两脚工作[①]。图 4-2 所绘的装置正是传统的脚打面罗。宋应星《天工开物》中也有相关记载："凡经磨之后，几番入磨，勤着不厌重复。罗筐之底用丝织罗地绢为之。湖丝所织者，罗面千石不损"（注：湖丝即今浙江湖州产的丝）[②]。

图 4-2　脚打面罗
出自《天工开物》

2. 水击面罗

图 4-3　水打罗
出自《农政全书》

水击面罗在罗的一方面和脚打罗完全相同，只是两杆往复运动的原动力是由一个水轮输入[③]。王祯《农书》农器图谱十四有关于水击面罗的记载："水击面罗，随水磨用之。其机与水排俱同。按图视谱，当自考索。罗因水力，互击桩柱，面罗甚速，倍于人力。又有就磨轮轴作机击罗，亦称为捷巧。"[④]徐光启《农政全书》中称其为"水打罗"[⑤]（图 4-3），其工作原理类似于水排，即

① 刘仙洲. 1962. 中国古代在农业机械方面的发明. 农业机械学报, 5(1): 33.
② 宋应星. 2008. 天工开物译注. 潘吉星，译注. 上海：上海古籍出版社: 44.
③ 刘仙洲. 1962. 中国机械工程发明史. 北京：科学出版社: 122.
④ 王祯. 2008. 东鲁王氏农书译注. 缪启愉，缪桂龙，译注. 上海：上海古籍出版社: 613-614.
⑤ 徐光启. 2011. 农政全书. 石声汉，点校. 上海：上海古籍出版社: 379.

利用水轮转动带动杠杆前后来回运动来磨面①。

4.1.3 水罗的机械运动仿真及形制之美

图 4-4 是河海大学机电工程学院机械系学生对水罗的虚拟仿真图。如图 4-4 所示，由水轮（主动轮）带动从动轮转动，从动轮通过带传动曲柄连杆机构，连杆为从动件做往返摆动，并产生急回特性。传动杆摇动滚筒使面罗产生急回特性的往返运动，增添筛糠等食材加工的效果。水罗在传统水磨坊、水碓房中是常见的传统水利机械，今天，从各种怀旧的乡土文学中依然能够读到父辈对过去乡村中水打罗的回忆。

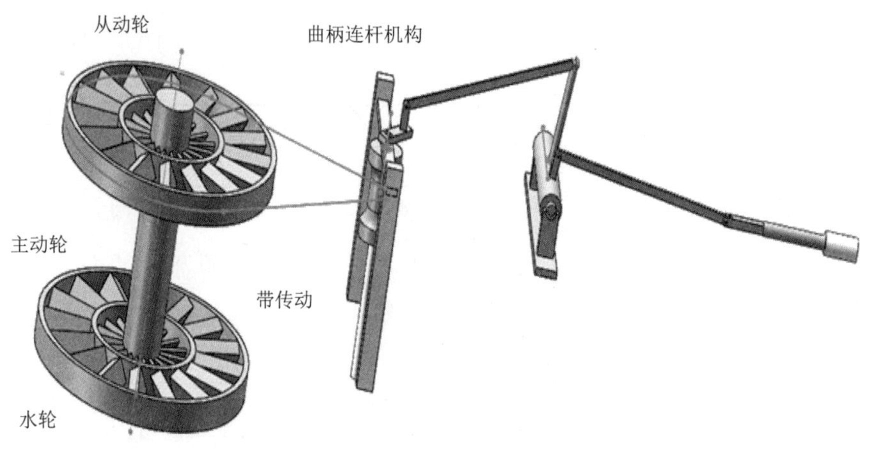

图 4-4 水罗虚拟仿真图（河海大学 2011 级学生保国辉绘）

4.1.4 小结

在古代采用木质结构完成了这种曲柄连杆机构的机械设计，完全是工匠们凭借经验知识和卓越的想象完成的。在农作物的加工上，如筛糠、滤粉等方面，减轻了人们大量劳作的负担。今天，曲柄连杆机构是现代机械中极为常见的运动机构，这种机构广泛应用于各种机械设计之中。

文献记载的水罗多是采用卧式水轮，历史上，日本虽然大量地学习了先进

① 许臻. 2009. 中国古代水能利用研究. 南京：南京农业大学: 35.

的中华传统文化，但日本没有出现过卧式水轮的记载，说明制作这种水轮需要相当的经验和技术。水罗在传统乡村的广泛应用体现了中华民族的先民对于卧式水轮制作和使用技术已经掌握得非常娴熟。

4.2　水排鼓风

水排，韦囊吹火也[①]，即水力鼓风机，是中华民族的先民充分利用水力制作的一种冶铁用的水力鼓风装置[②]（图 4-5）。

图 4-5　古代水排（河海大学 2010 级学生郑饶兵绘）

4.2.1　水排的形制及机械原理

水排是以水为原动力，通过曲柄连杆机构将回转运动转变为连杆的往复运动[③]，传动鼓风机木扇的开合，起到鼓风的效果。根据王祯《农书》的记载，古代的水排有立轮和卧轮两种。

据推测，早期的水排应当与马排一致，是卧轮式的。在王祯的《农书》和徐光启的《农政全书》中有关于卧轮式水排构造的描述：“其制，当选湍流之侧，架木立轴，作二卧轮；用水激下轮，则上轮所周弦索通缴轮前旋鼓，棹枝一侧

① 王为华. 2010. 历史时期灌溉农具水车的演变及地域应用. 广州：暨南大学：42.

② 林声. 1980. 中国古代各种水力机械的发明(下). 中原文物, (3): 16-17.

③ 谭徐明. 1995. 中国水力机械的起源、发展及其中西比较研究. 自然科学史研究, 14(1): 83-95.

随转。其棹枝所贯行桄而推挽卧轴左右攀耳，以及排前直木，则排随来去，搧冶甚速，过于人力……其又一法，先于排前直出木簨，约长三尺，簨头竖置偃木，形如初月，上用秋千索悬之。复于排前植一劲竹，上带纤索，以控排扇，然后却假水轮卧轴所列拐木，自然打动排前偃木，排即随入，其拐木即落，纤竹引排复回，如此间打，一轴可供数排，宛若水碓之制，亦甚便捷。”[①②] 意思就是说，首先选择有湍急的河流的岸边，架起木架，在木架上直立一个转轴，上下两端各安装一个大型卧轮，下卧轮（水轮）的轮轴四周装有叶板，承受水流，是把水力转变为机械转动的装置；在上卧轮的前面装一鼓形的小轮（旋鼓），与上卧轮用“弦索”相连（相当于现在的传送皮带）；在鼓形小轮的顶端安装一个曲柄，曲柄上再安装一个可以摆动的连杆，连杆的另一端与卧轴上的一个“攀耳”相连，卧轴上的另一个攀耳和盘扇间安装一根“直木”（相当于往复杆）。这样，当水流冲击下卧轮时，就带动上卧轮旋转。由于上卧轮和鼓形小轮之间有弦索相连，因此，上卧轮旋转一周可使鼓形小轮旋转几周，鼓形小轮的旋转又带动顶端的曲柄旋转，这就使得和它相连的连杆运动，连杆又通过“攀耳”和卧轴带动直木往复运动，使排扇一启一闭，进行鼓风（图 4-5）。

传统的冶金鼓风器发展过程为皮橐—木扇—木风箱，从出土的汉代画像石上锻造的画面可以看到当时鼓风器是皮橐；元代王祯《农书》所绘的原图中水排是采用木扇鼓风。据推测，皮橐和木扇同时使用了很长时间。

早期的卧轮式水排发展到王祯的《农书》成书时代，其构造已相当完善，但曲柄连杆装置却始终是这种机械的主要传动机构，起着将旋转运动转换为往复运动的作用。

4.2.2 水排的历史渊源及发展

传统机械的原动力都经历了人力—畜力—自然力（风力、水力）的发展历程，水排之前也经历了人工鼓风冶炼和使用马排的发展阶段。

---

① 王祯. 2008. 东鲁王氏农书译注. 缪启愉，缪桂龙，译注. 上海：上海古籍出版社：603-606.

② 徐光启. 2011. 农政全书. 石声汉，点校. 上海：上海古籍出版社：272-274.

水排在东汉已见诸使用，据《后汉书 · 杜诗传》记载："(建武) 七年，遇南阳太守……善于计略，省爱民役。造作水排，铸为农器，用力少，见功多，百姓便之。"说的就是东汉初年 (公元 31 年) 到南阳做太守的杜诗发明了水排。水排自发明之后，三国、北魏、北宋等时期都有使用或制作的记载。

据三国时期的《三国志》记载："旧时冶作马排，每一熟石用马百匹；更做人排，又费功力；暨乃因长流为水排，计其利益，三倍于前。"三国之前利用马排鼓风，当时熔化一次矿石要"用马百匹"，可见当时的冶铁工场已具备相当大的规模。上述记载了韩暨通过技术改造将马排换为水排，用河流水力作为水排的动力，提高了工作效率，并推广应用，扩大了水排的适用范围和使用地区；马排与水排一样也是鼓风机械，其结构和传动机构相同，只是原动力不同[①]。据《三国志 · 魏书 · 韩暨传》记载，后魏高隆之，通过人工引水推动水排运转，被后人称为"冶炼老祖"。

中原地区马排的工作原理大致为，在立轴中部装一个或两个横杆，由马拉着横杆转动，再在立轴上部装大绳轮，用绳套带动小绳轮。在绳轮上装曲柄，再由连杆和另一曲柄将动力传到卧轴，使其发生摆动。再由卧轴上的曲柄和另一连杆推动木扇，使它往复摆动，而达到鼓风的目的。图 4-6 是马排机构的推想图。

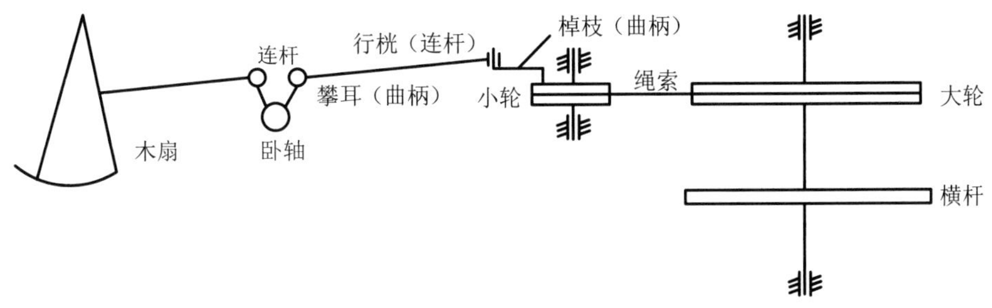

图 4-6　马排结构图

根据《中国科学技术史 • 机械卷》重绘

东汉时期杜诗创制的水排，当时的具体结构缺乏记载，直到元朝王祯在他

① 陆敬严，华觉明. 2000. 中国科学技术史 · 机械卷. 北京：科学出版社：62-63.

所著的《农书》中，才对水排做了详细的介绍（《农书》中的水排图见图 4-7），元代的水排，其构造已相当完善。

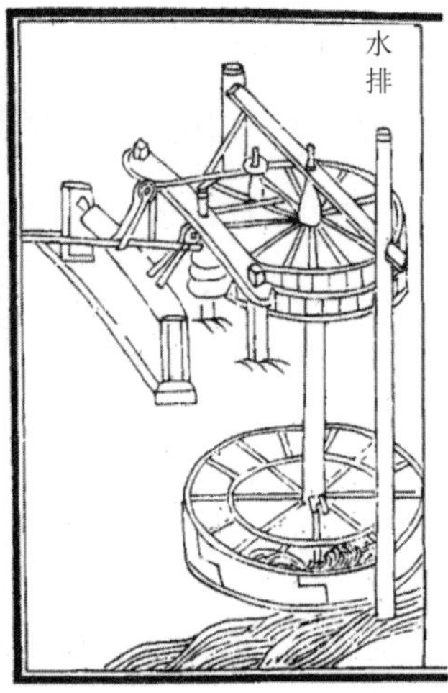

图 4-7 卧轮式水排
出自王祯《农书》

由于传统的农耕社会相当闭塞，信息传递不畅，很难掌握各地水排使用状况的全貌。所以，元代王祯对水排的记述有："去古已远，失其制度，今特多方搜访，列为图谱。"王祯《农书》中的水排，其具体构造未必准确，根据其图样复原是很困难的（图 4-7）。明代的宋应星所著的《天工开物》中未提及水排，综合资料推测，水排在元代之后的中原地带使用并不普遍。

但是，近代在四川、云南、湖南、浙江等省的土高炉还是用"水排"来鼓风，可见水排应用范围之广和生命力之强[①]。

4.2.3 木制曲柄连杆机构之美

由《东鲁王氏农书》中记载的水排结构图可以看出，当时的水排已经基本具备了发动机、传动机和工作机（工具机）3 个结构（图 4-8）。

① 丁宏. 2012. 水排在古代大型冶铁工程上的应用. 科学技术哲学研究, 29(2): 71-76.

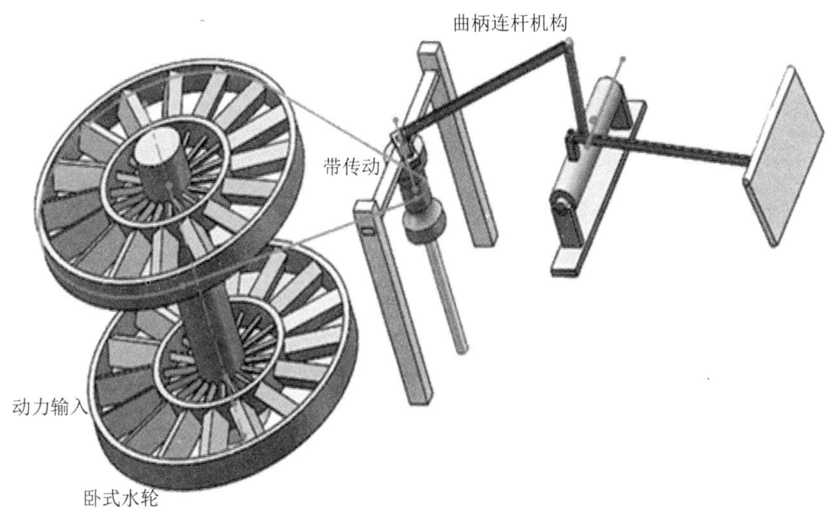

图 4-8　水排仿真（河海大学 2011 级学生陈志绘）

水排是蕴含着中华五行思想的经典设计案例。水排的驱动力为“水”，水排自身为“木”，燃料为“火”，冶铁炉为“土”，冶铁炉中的铁矿石或铁为“金”。水排的运行过程为，水驱动水排的转轮，转轮将水力转化为连杆的往复运动，连杆带动皮橐（木扇），皮橐（木扇）对空气压缩产生风，风对燃料木炭（煤炭）进行助燃，木炭（煤炭）对炼铁炉进行加热，铁矿石在炼铁炉内化为铁水①。水排鼓风冶铁的过程体现出“五行相生”“五行相胜”“五行相制”“五行相化”道家的系统观。

水排虽然用于鼓风冶铁，但先民在设计思路上依旧采用木质结构，没有尝试用铁器制作水排。今天我们看惯了铁制的机械构造，可以设想一下 1000 多年前的中华先民利用木材制作如此现代感的机械，木制的水排机械没有铁制品坚硬的视觉效果，展现出木质的亲和与柔软，还有机械的灵活，或许满是尘灰……古老的冶铁作坊里，伴随屋外水轮的吱嘎声、鼓风木扇的开合声，还有叮叮当当有力的打铁声，火红的铁块从炉中取出，铁匠们健硕的身形、有力的手臂等场景顿时鲜活起来。

① 丁宏. 2016. 传统机械蕴含的科学技术思想——以水排为例. 山西高等学校社会科学学报, 28(3): 92-97.

4.2.4 小结

水排将水能转换为风能，实现了机械能的转换。水排通过连杆机构将旋转运动转变为连杆的往复运动。圆周运动和直线运动之间的相互转化是人类机械思维重要的突破。所以，李约瑟指出，水排是机械学的重大创举，是最早的通过曲柄、连杆机构将旋转运动转变为往复运动的机械装置。刘仙洲指出："就构造上说，水排比水磨、水碓、水碾和水力天文仪器都重要得多"①，这是有道理的。

远在1800多年前的东汉时代，就能够巧妙地利用水力，创制出这样高度完整的水力机械，反映了汉代所秉承的"民本思想"，显示了中华先民的智慧和创造才能，在世界科技史上也占有重要的地位。这个机构采用传统的木作方法把机械的回转运动转换为直线往复运动，通过曲柄连杆机构将回转运动转变为连杆的往复运动的方法也被后世的蒸汽机所采用，只是动力传递方向相反，这个机构的重大历史意义在于它是蒸汽机的起始形态。鼓风机的往复行程都自动化了②。

① 刘仙洲. 1974. 儒法斗争对我国科学技术发展的影响. 中国土壤与肥料, 11(6): 60-63.

② 李约瑟. 1999. 中国科学技术史(第四卷) (物理学及相关技术). 北京: 科学出版社: 423.

第 5 章
水 轮 之 美

本章介绍由水转动水轮、水轮带动机械做功的 7 种具有代表意义的中华传统水利机械，分别是水砻、水磨、水碾、水碓、屯溪磨坊、水转大纺车和筒车。过去，这几种中华传统水利机械在南方山村（如屯溪、休宁、歙县等地）使用得相当普遍。

传统的水轮分为“立式水轮”与“卧式水轮”两种。要确保水磨、水砻等传统水利机械的正常运转，需要古代匠人们的丰富的经验知识和高超的制作技艺。水砻、水磨、水碾、水碓和屯溪磨坊这 5 种中华民族传统水利机械多用于谷物和食材加工，为中华民族以稻作为主的传统饮食文化的繁荣起到了巨大的促进作用。据调研，发现水磨、水碾之类的中华传统水利机械在今天的云、贵、藏等偏远山区仍有使用。

出现于宋元时代的水转大纺车，最初是用于（麻）纺纱。棉花传入之后，由于没有及时改良原有的机械构造，以至于这种形制高度成熟的纺车昙花一现，消失于历史的长河之中。与此相反，英国以阿克莱特（Arkwright）水力纺纱机为契机进行了工业革命，从而改变了英国和世界的面貌。

本章介绍的 7 种中华传统水利机械之中，“筒车”属于输水机械，一般用于灌溉或饮水。中华史上，筒车曾为南方山区的农田水利建设发挥了很大作用。今天兰州世博园的黄河大水车吸引了众多游客。

传统的中国山村从南到北，过去都有水轮的身影，水磨坊、水碾坊、水碓屋等是传统乡村常见的风景。如果穿越回20世纪40~50年代的古徽州，依然可以看到这样的风景：黛色的远山之下，小屋外的水轮在吱嘎吱嘎地转动……悠悠的乡愁油然地在心头升起。

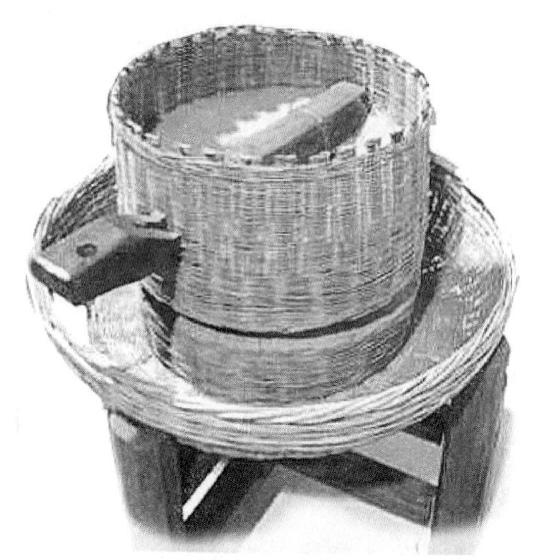
图5-1　砻磨

图片来源：http://mp.weixin.qq.com/s/uf1TzlJsuA6tnVnotcPvxQ（经修改）

5.1　水砻脱粒

砻是由竹、木、黏土制作而成的，用作谷物脱粒的初级工具（图5-1）。水砻又称水推、水力推，即水转砻也[①]，是以水为动力带动砻的转动，对谷物进行加工的传统水力机械。（图5-2）

图5-2　水砻
出自王祯《农书》

5.1.1　水砻的构成及原理

“砻”是用厚竹篾编扎外围里面夯实黏土的，上下两部分圆桶状的叠加。上砻座正中间呈方形，且上下贯通，转动上砻座，盛放的谷物就会通过方型孔流下脱粒。上砻座中央有一长条方木穿径而过，既起到固定上砻座于中轴转动的作用，同时也外接用以转动上砻座的曲柄连杆的装置；砻的上下砻座结合处是用硬木片做成的排列整齐且有规律的砻齿，谷物就是经过砻齿脱粒。砻的最下部一般是由粗大木料做成的支撑。

① 王祯. 2008. 东鲁王氏农书译注. 缪启愉，缪桂龙，译注. 上海：上海古籍出版社：609-610.

使用砻时，先用绳悬挂横杆，再用连杆和砻上的曲柄相连。两手往复地，并且稍做摆动地推动横杆，就可以经过连杆、曲柄等构件使砻的上半部分旋转起来，这种机构从原理上看，具有曲柄连杆机构的作用，可以看作一种曲柄连杆装置[①]（图 5-3）。

图 5-3　砻米图
出自《农政全书》

水砻的动力部分加装了水轮、轴、木制齿轮，首先，利用水力来激转水轮[②]，如图 5-2 所示，立轮带动轮轴旋转并传动木齿轮，木齿轮带动上砻座转动，起到脱粒的效果。每个水砻一天能脱去作物外壳 1500 市斤（750 千克）[③]。

5.1.2　水砻的历史渊源及发展

砻出现的历史悠久，《说文解字》:“砻，石靡也。从石，龙声。”从字源上看，“砻”是石磨的意思。北魏贾思勰的《齐民要术 · 种胡荽》中有:“多种者，以砖瓦蹉之亦得，以木砻砻之亦得”。元代王祯的《农书》里记载了以水力带动砻运转的机械。“水砻（图 5-3)，水转砻也。砻制上同，但下置轮轴，以水激之，一如水磨，日夜所破谷数，可倍人畜之力。中利中未有此制，今特造立，庶临流之家，以凭仿用，可为永利。” 水砻的形制与畜力砻相似，只是加装了轮、轴，利用水力来激转水轮，就像水磨那样。它一昼夜所砻的谷数与人畜的效率比起来增加了好几倍[④]。

关于砻和水砻的记载，明徐光启在《农政全书》一书中也有所提及，“砻，礧谷器，所以去谷壳也。淮人谓之砻，江浙之间亦谓砻”，其内容与王祯的《农

① 刘仙洲. 1962. 中国机械工程发明史. 北京：科学出版社：122.
② 许臻. 2009. 中国古代水能利用研究. 南京：南京农业大学：35.
③ 肖长富. 1958. 农村简易水力机械. 北京：水利电力出版社.
④ 王祯. 2008. 东鲁王氏农书译注. 缪启愉，缪桂龙，译注. 上海：上海古籍出版社：609-610.

书》几近相似[①]。直到20世纪70年代，水砻仍在南方山区的乡村中使用。

5.1.3 砻的形制与制作

1. 砻的形制

王祯的《农书·农器图谱》中绘制两种砻，砻主要有以下三种形式。

第一种形式是江浙淮等地使用的："编竹作围，内贮泥土，状如小磨，仍以竹木排以密齿，破壳不致损米。"操作方法为："用拐木，窍贯砻上，掉轴以绳悬檩上，人力运肘转之，日可破谷四十余斛。"即在上扇侧边横穿一短木把，其丁字砻柄的连杆前端装一掉转直轴，插入把孔，用绳挂在檩上。众手执柄用力运转，一天可以破谷四十多斛。

第二种形式，"北方谓之木礌，石凿者谓之石木礌。"北方叫作木礌，砻片用石凿成的叫作石木礌。砻、礌二字从石，当初本来用石制成，后用竹木代替也使用便利。

第三种形式叫"砻磨"，"上级甚薄，可代谷砻，亦不损米；或人或畜转之。"即上扇为很薄的石转磨，这种磨可代替谷砻，也不致损米，由人或畜力转动[②]。"复有畜力挽行大木轮轴，以皮弦或大绳绕轮两周，复交于砻之上级，轮转则绳转，绳转则砻亦随转。"这种砻是以畜力挽回转的木制的连轴大轮，用皮弦或者大绳在轮上绕两圈，两头相交后再缚在砻的上扇上。这样，大轮转了绳也跟着转，绳转了就传带着砻也转动了。如此一来，比起用人力砻谷，既快又省力。

图 5-4　乡村造砻

图片来源：http://news.ifeng.com/a/20140428/40079011_0.shtml（经修改）

① 徐光启. 2011. 农政全书. 石声汉，点校. 上海：上海古籍出版社：380-381.

② 陈艳静. 2011.《王祯农书·农器图谱》古农具词研究. 西宁：青海师范大学：26.

2. 砻的制作

造砻工艺有 8 个步骤：备土（优质黏土）、编砻圈、做砻座、夯土、安砻手、炒砻钉、钉砻齿、配砻钩，砻的制作一般需要花费两周时间，对于传统的农民来说，打砻不是一件容易的事。砻谷需减少脱壳时的糙碎和糙米表面的损伤，因此，与砻的制作、操作有很大关系，需要匠心、经验和技巧（图 5-4）。

5.1.4　砻的设计美学

今天的中华大地上已经很少能见到“砻”了，或许闲置在某个乡村布满灰尘的破败的老屋一角；或许陈列在某地方的民俗厅里，默默地向参观者深情地讲述中华传统的稻作文化。

“砻谷踏米”即从稻谷到白米的过程，是复杂而辛苦的，是由砻谷（生产糙米）→放谷（采用木制风车将杂物与净谷分离）→舂米（踏碓或水碓将糙米变为白米）→筛米（筛出米糠）这 4 个步骤完成。可以想象千百年来，传统乡村的农耕生活，是辛苦的汗水、一双双布满皱纹的手换来了灶台上飘出的米之原香，望着碗中粒粒饱满通透的米饭，会令人倍加珍惜。

过去，水砻这种传统水利机械一般安置在山区农村或地势有落差的地方。水砻是利用水转动水轮带动木齿轮旋转，木制齿轮带动上砻座转动达到砻谷的效果。砻用竹、木、黏土制作，竹编的外壳呈现出原生态的材料美，用久的木制齿轮机构闪烁着素朴的光泽。从今天的工业化讲究效率的视角看来，水砻砻谷的效率很低，但整个过程富有节奏和韵律，白天也罢，夜晚的油盏下也罢，伴随屋外嘎吱嘎吱的水轮声，古老的水磨坊里，水砻悠悠转动，脱粒的稻谷从砻座边溢出。抽一袋旱烟的功夫就需要把脱粒的稻米扫到箩筐里……时间静静流淌，整个场景宛如画面，一首悠悠的民谣。

5.1.5　小结

在谷砻问世之前是用舂米的方法脱去稻谷的外壳，费工、费时且费力。中华先民利用自然的素材（竹、木、泥）发明了砻，极大地提升了谷物脱壳的效率。自元代以后，利用水力转动上砻座脱粒的水砻的发明进一步提升了稻谷脱壳的效率，给人们的生活带来了便利。生活在传统乡村中的先民在过去材料有限及环境闭塞的情况下，考虑出这个脱粒的办法，体现了他们具备了各种素材的经验知识，以及对机械应用（如曲柄、轮轴等）的默会知识（tacit knowledge）的掌握。

水砻曾经在南方使用了很长时间，20 世纪 60 ~ 70 年代还在使用，水砻与地域文化（如客家文化、徽州文化等）血脉相连，如今机械化的脱粒机高效便利，人们不再需要用砻来"砻谷"了，但水砻记载着乡民们生活的艰辛，砻为稻谷饮食文化立下的功劳，也成为父辈们内心永恒的记忆，对父辈们来说，水砻（或砻）是能唤起乡愁的器具。

借鉴传统的水砻巧妙的脱壳原理，今天依然可以对其加以改良并应用于一些产品的加工领域。

5.2 水磨悠悠

水磨即以水为动力带动磨盘旋转，用来加工谷物、豆类、玉米、青稞等粮食作物的传统水力机械（图 5-5）。

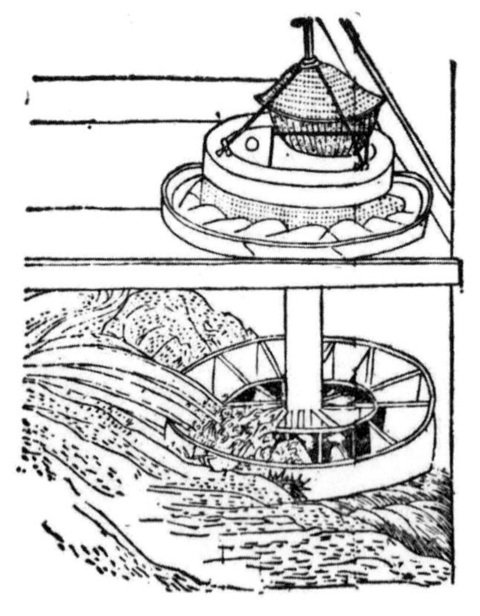

图 5-5 水磨图

出自王祯《农书》

5.2.1 水磨的构成、形制及原理

"水磨"主要由石磨与水轮构成。其中，动力部分的水轮分为卧式水轮（卧轮）与立式水轮（立轮）两种。卧轮的轮轴上贯穿着带动卧轮的杆木，在轮的立轴顶端安装磨的上扇（磨盘），流水冲击水轮带动轮轴转动，轮轴带动水磨石转动，起到加

工作物或磨粉的效果。卧轮水磨适合安装在水冲击力较大的地方。

在水的冲击力较小、但水量较大之处，可以安装立轮式的水磨。立轮式的水磨的动力机械是一个立轮，在轮轴上安装一个齿轮，和磨轴下部平装的一个齿轮相衔接，水轮的转动是通过齿轮使磨转动的（图 5-6）。这两种形式的水磨，应用都很广泛。

石磨是由具有一定厚度的两块扁圆柱形石块构成的，俗名“磨扇”，磨扇一般是用花岗岩等坚硬的石材制成的。卧轮式水磨的立轴从下而上穿过下磨扇，与上磨扇固定，可以带动上磨扇旋转。立轮式水磨的下磨扇中间装有铁制短轴，上磨扇中心套于短轴之上，可以绕着短轴旋转。磨合谷物的扇面是顺时针与逆时针纹路的相对的磨齿（图 5-6）。上扇磨盘备有下漏谷粒的通孔“磨眼”。当转动上扇工作时，一面使谷粒或麦粒由磨眼继续漏下，很均匀地向四周分布以受磨，并继续外出，最后再从两扇的夹缝中流到磨盘。收起加工后的谷物，经过簸或风扇车可以得到糙米，或经过水碓和水罗的加工可以得到白米，这是水磨发挥砻的功能。

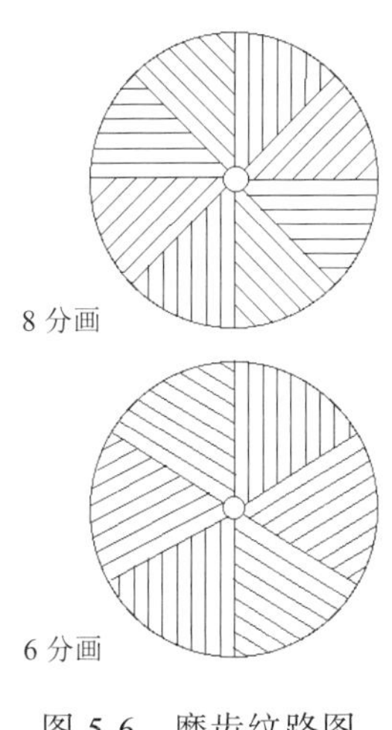

图 5-6 磨齿纹路图

5.2.2 水磨的历史渊源及发展

磨最初叫作“碹”，因制造所用的材料和各地方言的不同而称呼有所差异。许慎的《说文解字》上首先提到磨（或“石䃺”）字。其作用与碹是一样的，能对谷物进行加工而得米，对麦和豆等加工而得面[①]。

宋衷注，雷学淇校辑，《世本》作篇:“公输班作碹”。若认为“磨”是公输班所发明的，距今已有 2000 多年的历史了。只是开始时叫作“碹”，汉代才有

① 刘仙洲. 1962. 中国古代在农业机械方面的发明. 农业机械学报, 5(1): 1-36.

“磨”这个名称，并于汉代迅速发展及广泛应用[①]。

中华民族利用水力作为磨转动的原动力有悠久的历史。《魏书·崔亮传》中记载了曹魏时期（公元 3 世纪）的水磨[②]；据《南史·祖冲之传》（卷七十二）记载：“于乐游苑造水碓、磨，武帝亲自临视。”水磨是魏晋南北朝时期水力应用发展的时代标志[③]。

魏晋南北朝时期，水磨已经很普遍。水磨坊的经营，兴盛于南北朝末期，至隋，则作为营利事业而发达。水磨在唐代是构成了庄园经营的一个组成部分。最早以盘车水磨为题材的画作大约出现在唐五代。现存以表现古代“水磨坊”为题材的著名绘画作品有三件：其一为五代卫贤《闸口盘车图》，其二为繁峙县岩山寺金代壁画中的一幅配景，其三为元代的《山溪水磨图》（图 5-7）。

图 5-7　山溪水磨图局部（元）

据元代王祯《东鲁王氏农书》记载：“凡欲置此磨，必当选择用水地所，先作并岸……磨随轮转。”[④]王祯的《农书》和《农政全书》中记载的水磨的动力部分是一个卧式水轮（图 5-5）[⑤]。

① 张立军，胡泽学. 2009. 图说中国传统农具. 北京：学苑出版社：200-202.

② 清华大学图书馆科技史研究组. 1981. 中国科技史资料选编(农业机械). 北京：清华大学出版社：294.

③ 谭徐明. 1995. 中国水力机械的起源与发展及其中西比较研究. 自然科学史研究, 14(1): 83-95.

④ 王祯. 2008. 东鲁王氏农书译注. 缪启愉，缪桂龙，译注. 上海：上海古籍出版社：606-609.

⑤ 林声. 1980. 中国古代各种水力机械的发明(上). 中原文物, (1): 2-9.

5.2.3　水磨的分类

传统的磨有“人力”或“畜力”的磨，也有利用“风力”的风磨。这些磨的历史都很悠久。至于水磨装置，就水轮不同可以分为两种。一种是由水冲动一个卧轮，在卧轮的立轴上装上磨，如图 5-5 所示。宜用于水的冲击力比较大的地方。另一种是由水冲动一个立轮，在立轮的横轴上装上一个齿轮，和磨的立轴下部平装的一个齿轮相衔接（两轮的作用相当于一对斜齿轮），间接地使磨转动，如图 5-8 所示(《天工开物》)，宜用于水之冲动力较小、但水量较大的地方。

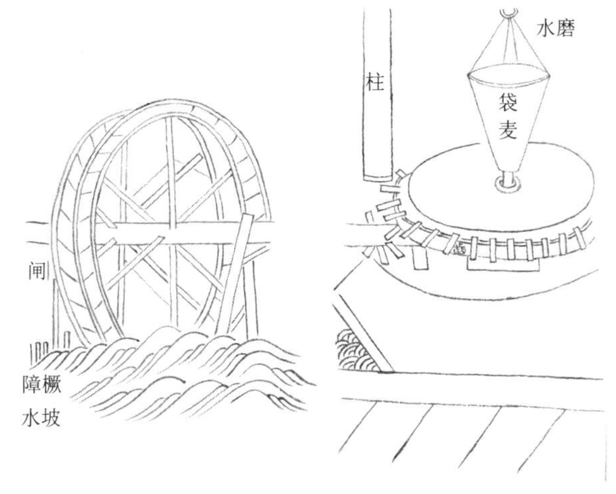

图 5-8　立轮式水磨
出自《天工开物》

图 5-9 表示连二水磨，即由一个水轮带动两个水磨同时工作。王祯的《农书》上有记载：“……又有引水置闸，甃为峻槽，槽上两旁植作木架，以承水激轮轴。轴腰别作竖轮，用击在上卧轮一磨。其轴末一轮，旁拨周围木齿一磨。既饮水注槽，激动水轮，则上、旁二磨随轮俱转。此水机巧异，又胜独磨。此立轮连二磨也。”

图 5-9　连二水磨（拍摄于中国水利博物馆）

“水转连磨”由一个大水轮，带着九个磨同时工作。王祯的《农书》上有记载："水转连磨，其制与陆转连磨不同。此磨须用急流大水，以凑水轮。其轮高阔轮轴围至合抱，长则随宜。中列三轮，各打大磨一盘。磨之周匝，俱列木齿。磨在轴上，阁以板木。磨旁留一狭空，透出轮辐，以打上磨木齿。此磨既转，其齿复旁打带齿二磨，则三轮之力，互拨九磨"（图 5-10）。

图 5-10　水转连磨

出自《钦定四库全书》

船磨（图 5-11）也是水磨的一种。据李约瑟考证西方的船磨最早出现于 536 年的东罗马帝国；古中国最初的船磨记载是唐开元二十五年（737 年）的《水式部》中提到的"浮硙"[①]。宋以后又有发展[②]。即把两个磨装在两条船上，中间由一个大水轮带动着磨面，比前面所说的水磨更具灵活性。王祯的《农书》中有较明确的记载："两船相傍，上立四楹，从苪竹为屋，各置一磨，用索缆于急水中流……水激立轮，其轮轴通长，旁拨二磨。"由"旁拨二磨"可知，是齿轮机构带动二磨工作的。

① 史晓雷. 2016. 中国的船磨与船碓. 古今农业, (2): 17-22.

② 张春辉，游战洪，吴宗泽，等. 2004. 中国机械工程发明史(第二编). 北京：清华大学出版社: 111-118.

我国近代仍有采用这种船磨的。邵元冲写的《西北揽胜》(1936 年出版)一书中有船磨一段:“兰垣(指兰州)金城关外,有二小舟,连系河边如趸船。船以磨粉,故名船磨。其法在船傍置一木轮,接于船中之磨,亦恃水力之推动以磨粉。每磨一盘,一昼夜可制面粉千斤。较水磨房尚省开渠引水之费,亦巧思也。”

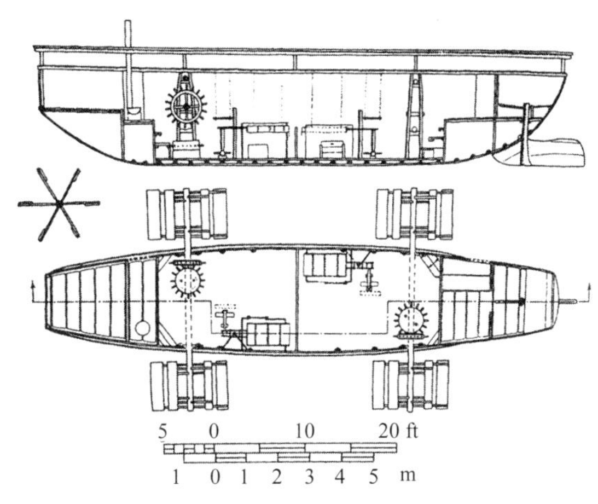

图 5-11　四川的船磨及其水轮[①]

5.2.4　卧轮与立轮

卧轮式水磨靠从引水渠来的水流冲击水轮的叶片,叶片带动水轮逆时针旋转,水轮再带动下方的粗立柱旋转,粗立柱通过一个方木销把扭矩传给上方的细立柱,细立柱通过顶部的方形榫头与上磨盘上方横木柱的方形卯眼构成榫卯链接,横木柱的两端与上磨盘用绳子捆紧,细立柱旋转带动横木柱,横木柱带动上磨盘转动,完成传动。水轮下方固定一方青石,青石上面中心凿有长宽为 10 厘米、深 2 厘米的凹槽,用以放锥形钢针(图 5-12),卧轮下部立轴中央有对应钢针尖头的方形铁,卧轮架在上面

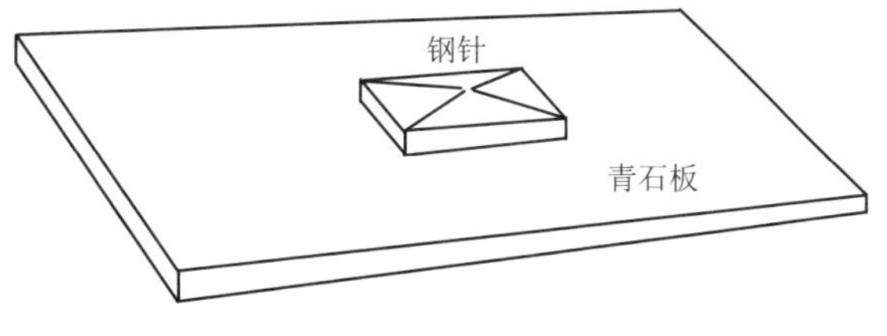

图 5-12　卧轮底部构造图

① 李约瑟. 2014. 中华科学文明(下). 上海交通大学科学史. 译. 上海: 上海人民出版社: 12-14.

运行自如。

立轮有三种方式：上射式、下冲式、胸挂式（表 5-1）。立式水轮外观巨大，在水力资源丰富的地区，巨大的水轮与水磨坊小屋、沟渠及周围构成独特的人文自然景观。

表 5-1　水轮的三种形态

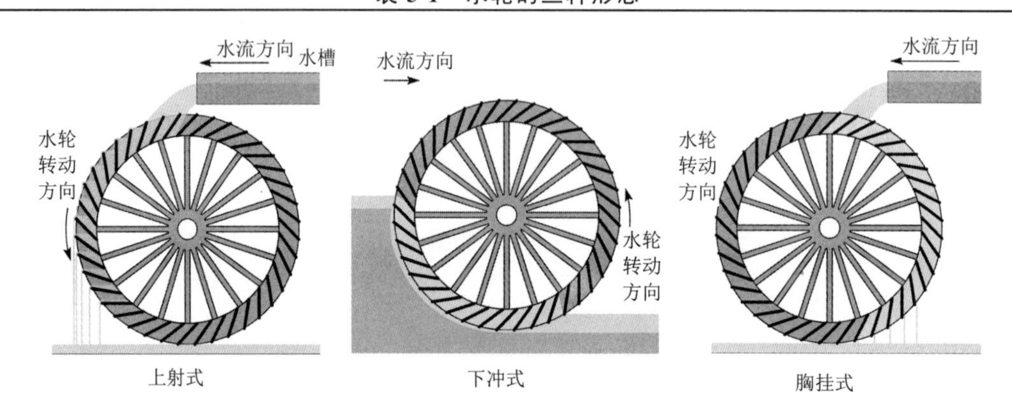

5.2.5　水磨之美

在今天各地的民俗村里，还偶尔可以见到水磨的身影。人们把它用于研磨豆浆，或让顾客体验或品尝新鲜食材的清新口感。在污染横行、充满生态危机的今天，在贵州、广西、西藏、新疆等偏远山区，还有少数水磨在继续使用，实在是珍贵且难得。然而，在 1949 年之前的古徽州屯溪，当地利用丰富的水资源共建 32 处磨坊碓房（平均每 4 平方千米 1 处），是传统山村的生活方式和原风景。

千百年来，中华民族的先民充分地利用各地的水力资源，依靠水磨等工具加工着食材，在古老的山村里，水磨悠悠地转动着，新鲜的豆汁从磨盘边缘溢出……水磨丰富了中华民族的饮食文化。

在今天的文学作品（如《那山 · 那水 · 那磨坊》《磨坊的守望者》等）中依然可以看到对磨坊的回忆，可以想象，在古老的乡村里，由于长期的使用，漆黑的石磨闪烁着手抚摸出的黑黝黝光泽的包浆。磨坊的小屋外面，古老的水轮伴随着流水声吱嘎吱嘎地转动，周围或是空旷的山林，或有婆娑的竹影，芬芳的野草一岁一枯荣；水轮悠悠地转动，晚上头顶就是寂静的夜空……

随着工业化时代的到来，水磨早已走进了历史。然而，水磨连接着传统乡村的亲情，连接着布满皱纹的双手，有阿爸阿妈辛劳的汗水，还有孩子们的欢笑……水磨的背后有许多故事，烛光下的回忆，会使人湿润了眼角，心头泛起悠悠的乡愁。

5.2.6　小结

今天，豆浆机已经普及到千家万户，却有不少人愿意花钱去淘个传统的石磨，每天费力地磨着豆浆，忙里忙外地做豆腐，体验着愉快的、天然素材的芳香与口感。

石磨与水轮相连，在古老的磨坊里悠悠转动，水磨的利用也反映了当地有丰富的水资源，是生态良好的、优质的自然环境。今天，提倡保护我们的乡村，保护生态环境，也正是寻求回归到利用水磨那年代的自然环境。

水磨不仅是简单的器具，还包含了乡土的人文情愫。在一些水资源丰富的偏僻山村里，青壮劳力大部分都去都市打工了，在这样的地方可以考虑添加或改良像石磨这样的生活器具，用以磨面、磨粉，或建水磨坊，让人们在使用水磨的同时，邻里之间有自然的交流，丰富地域的食文化，传统的工匠技艺也得以保持。也让从乡村走出去的青年人或小孩内心升起对乡土的归属感。

5.3　细碾食材

水碾是以水为原动力的碾（图 5-13），即水轮转碾也[①]，是利用水力带动旋转的碾磙碾压谷物、食材进行制粉的一种传统水利机械。

图 5-13　水碾
拍摄于西江千户苗寨

① 王为华. 2010. 历史时期灌溉农具水车的演变及地域应用. 广州：暨南大学：42.

5.3.1 水碾的构成及原理

水碾的碾磙是由质地细密坚硬的石材制成的圆形石轮。水碾的动力部分装有卧轮或立轮。卧轮式水碾的轮轴上贯穿着带卧轮的杆木，当水流冲击卧轮的叶片时，下面的卧轮随之转动，水轮的立轴直接带动上部碾磙的轴架转动，碾磙也随之在碾槽内滚动，起到碾压食材进行制粉的效果。

“碾”与“磨”相比较，二者在运行时都是连续运动的。但磨有上、下两扇，(一般是)下层固定，中轴直穿，上层旋转，通过滑动摩擦加工食材或磨粉。而碾只有一扇碾磙，中轴固定，上安横轴，轴上装滚轮旋转，通过滚动摩擦加工食材进行制粉[①]。

5.3.2 水碾的历史渊源及发展

碾与磨的功用相近，都是对谷进行加工得米，对麦、豆或米加工得面的，且能够连续加工的传统机械。碾的发明或许比磨稍晚一些[②]，因为最早的记载提到硙时没有提到碾，自南北朝以后，多是碾磨并提了。

据《魏书 · 崔亮传》记载:“亮在雍州……及为仆射，奏于张方桥东堰穀水，造水碾磨数十区，其利十倍，国用便之。”崔亮大概是造了些卧轮式水轮驱动的水碾和水磨，也许还造了由立式或卧式水轮驱动的较复杂的碾磨系统[③]。可以推测，自南北朝(即公元500年左右)时就普遍使用水碾这种传统水利机械了。

据《北齐书 · 高隆之传》记载:“高隆之……天平初(公元 534~535 年)领营构大将军……又凿渠引漳水，周流城郭，造治碾硙，并有利于时”。

到唐代更发展为一个水轮带动多个碾轮的阶段。据《旧唐书 · 高力士传》记载:“于京城西北截澧水作碾，并转五輪。日破麦三百斛。”

① 谭徐明. 1995. 中国水力机械的起源与发展及其中西比较研究. 自然科学史研究, 14(1): 83-95.
② 张立军，胡泽学. 2009.图说中国传统农具. 北京: 学苑出版社: 206.
③ 陆敬严，华觉明. 2000.中国科学技术史・机械卷. 北京: 科学出版社: 251.

以上几项记载均说明了自晋代以来，水碾和水磨都有了较大的发展[①]。

水碾沿用至清末时期，仍被广大人民所爱，是百姓日常生活中经常使用的机具。政府对水碾水砻水碓坊征收一定的课税（图 5-14），进行统一管理。水碾的形制并无明显随历史年代演变的痕迹。

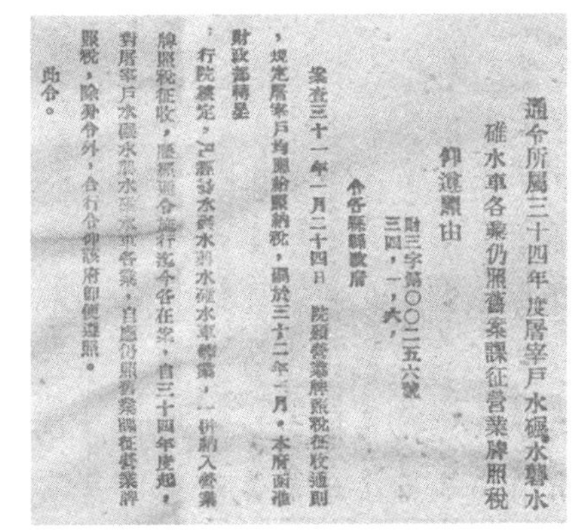

通令所屬三十四年度屠宰戶水碾水磨水碓水車各業仍照舊案課征營業牌照稅仰遵照由

財三字第〇〇二五六號
三四，一，六，

令各縣縣政府

案查三十一年一月二十四日院頒營業牌照稅征收通則，規定屠宰戶均須領照納稅，經於三十二年一月，本府函准財政部轉呈，行院核定，凡屠宰水碾水磨水碓水車各業，一併納入營業牌照稅征收，應照[illegible]令施行[illegible]令各在案。自三十四年度起，對屠宰戶水碾水磨水碓水車各業，自應仍照舊案課征營業牌照稅，除分令外，合行令仰該府即便遵照。

此令。

图 5-14　水碾课税告示

5.3.3　水碾的形制

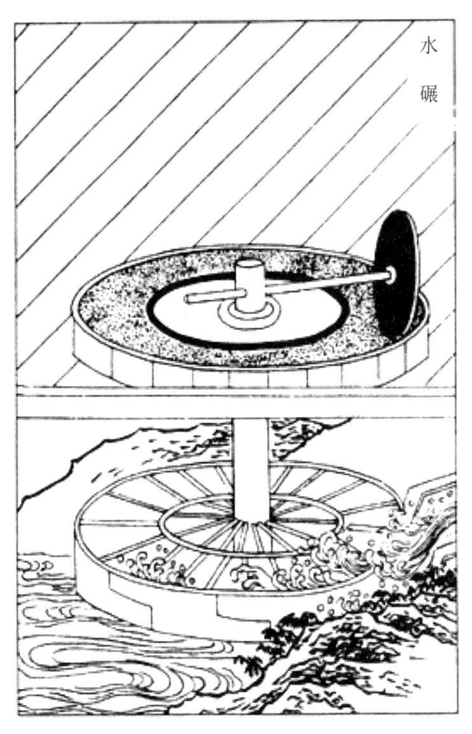

图 5-15　水碾
出自《天工开物》

碾分为碢碾、辊碾和水碾三种。碢碾是在一个小横轴上装上一个石制或铁制的碢轮，用两手或两脚推动，使它在一个梭形的槽中往复地碾轧药材进行制粉，目前在有些中药铺还沿用这种碾。辊碾又叫“海青碾”，是用一个较大的石辊来代替原来的石碢，在磨盘上围绕中轴转动起到碾压食材的效果，可以采用人力、畜力转动，加工的效率较高[②]。

水碾的构造与水磨无异，仅磨石为碾碌代替而已[③]。据《后魏书》记载：“崔亮教民为碾。奏于张方桥东堰榖水，造水碾磨数十区。岂水碾之制，自此始欤？其碾制上同（既与畜力碾相同），但下做卧轮或立轮，如水磨之法（如用立轮，即须多用一对齿轮）。轮轴上端，穿过碢干，水激则碢随轮转，循槽轹谷，疾若风雨。日所榖米，比

① 刘仙洲. 1962. 中国机械工程发明史. 北京：科学出版社: 67.
② 刘仙洲. 1962. 中国古代在农业机械方面的发明. 农业机械学报, 5(1): 1-36.
③ 林声. 1980. 中国古代各种水力机械的发明(上). 中原文物，(1): 2-9.

于陆碾，功利过倍”。

元代王祯的《农书》和明代徐光启的《农政全书》中均记载：“水碾，水轮转碾也”。《农书》及《天工开物》中水碾的形制如图 5-15 所示，皆采用卧轮立轴式水碾[①]。《农政全书》中也记载了传统水碾的标准图式[②]。

图 5-16　水碾模型（拍摄于中国水利博物馆）

图 5-16 是拍摄于杭州萧山中国水利博物馆的水碾模型，采用上射式的立式水轮，通过木制齿轮带动 4 个碾磙在碾槽中转动，起到碾制食材的效果。模型小巧精致，富有机械之美感。

5.3.4　水碾与中华民族制粉的历史

在距今 7000 ~ 8000 年新石器时代早期的裴李岗文化遗址就发现了人类早期的制粉工具，图 5-17 是裴李岗遗址出土的马鞍形石碾，该石磨通过手推的形式对谷物加以碾压揉磨达到制粉的目的。中华民族在公元前已有以杵和臼组成的加工工具用以制粉，其中就有碾子和石磨盘，且很早就利用水作为动力来推动制粉设备[③]。制粉的发展路径是，人力在碾槽碾压谷物制粉→人力转动石磨磨粉→畜力转动石磨磨粉→卧式水轮的石磨石碾制粉→立式水轮的石磨石碾制粉→螺旋式辊磨技术制粉。

图 5-17　裴李岗石碾

水碾是中华民族制粉技术史上的重要发明，丰富和改善了民族的饮食文化。

---

① 王祯. 2008. 东鲁王氏农书译注. 缪启愉，缪桂龙，译注. 上海：上海古籍出版社: 610.

② 徐光启. 2011. 农政全书. 石声汉，点校. 上海：上海古籍出版社: 380.

③ 武文斌，周淑娟，王帅强，等. 2009. 世界磨粉技术的发展历史. 粮食与饲料工业, (1): 8-11.

5.3.5 水碾之美

水碾多用于加工食材、碾压制粉，因此，水碾与中华传统的糕饼文化有密切关联。黄山市徽州糕饼博物馆入口处就放置了巨大的石碾，叙说着碾与糕饼之间的水乳交融的中华饮食文化（图 5-18）。由于今天采用辊磨机器处理的食材往往过于细腻，没有传统手法碾制食材的那种粗细不一的口感。老一辈美食家仍会怀念古老的水碾制粉的味道。

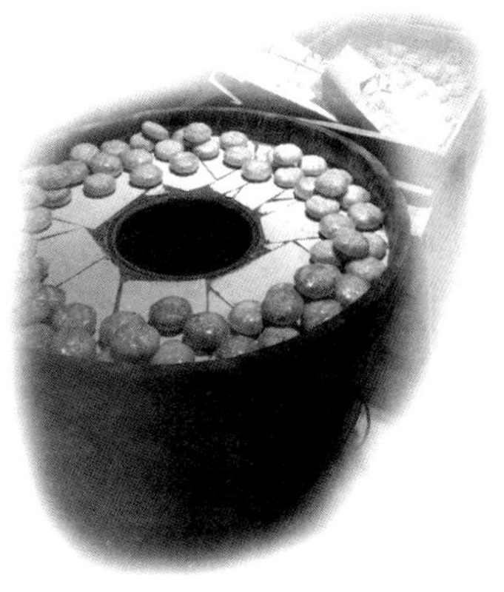

图 5-18 糕饼博物馆的烧饼

水碾除了加工食材，也加工中药，水碾又与中华医药文化有密切的关联。

中华先民利用石头和木头这样容易入手的材料制成水碾，即便使用再久也没有铁制机器的斑斑锈迹，只有充满岁月感的磨光锃亮的木纹和漆黑厚重的碾磙。

今天，福建南靖的云水谣古镇吸引了众多游客，人们不仅是为了探寻电影《云水谣》中叙述的那段凄婉的爱情故事。在那碧水悠悠的景致中，水车和岸上的尖顶小屋就是电影主角“陈秋水”家的碾米坊（图 5-19）。白云、溪水、碾坊、榕树构成了歌谣般的古村落的静美、灵动，是这些元素吸引了游客们驻足。

图 5-19 电影《云水谣》剧照

图片来源：炎黄纵横/福建省炎黄文化研究会官方网站 http://www.fjsen.com/yhzh/

5.3.6 小结

从最初《魏书》对水碾的记载以来，其形制并没有多大的改变，水碾是传统石碾与水能利用相结合的比较完美的终极设计。水碾的特点在于利用水力(水轮驱动)，并采用石制的轮子（碾磙），进行食材加工制粉。这种通过滚动摩擦工作的装置阻力小，便于加工食材。

中华民族的先民很早就掌握制作轮子、使用轮子的技术与方法。美洲印第安人在 15 世纪末～16 世纪初的大航海之前没有掌握轮子的技术。但中华先民掌握的技术仍属于经验范畴，民间匠人有一套行之有效的制作方法，其原理则没有形成公理的学问。

水碾在动力方面多采用卧式水轮装置，卧轮的构造虽然复杂，然而在公元 1 世纪前后的世界各地相隔遥远的地域，如地中海沿岸、丹麦北部、古中国的中原地区同时出现了卧式水轮的发明。

5.4 碓米声声

水碓又称机碓、水捣器、翻车碓、斗碓或鼓碓水碓等，是一种利用水力舂捣谷物的传统机械[①]（图 5-20）。

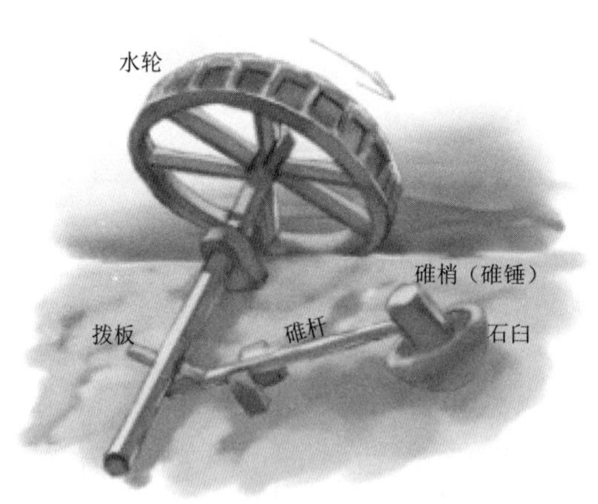

图 5-20 水碓图

5.4.1 水碓构成及原理

传统的水碓设置在水流湍急的溪流江河岸边、水量丰富的沟渠，在水碓房上游不远，一般有

① 刘仙洲. 1962. 中国机械工程发明史. 北京：科学出版社: 66.

筑坝以障水，将江水引向水轮（图 5-21）。水碓的动力部分是一个大水轮，水流冲击水轮上板叶带动转轴转动，转轴上装有一些彼此错开的拨板，拨板转动可以拨动碓杆。碓杆用柱子架起一根木杆，杆的一端装着舂谷物的碓梢。下面的石臼里放上准备加工的稻谷。流水冲击水轮使它转动，轴上的拨板就拨动碓杆的梢，使碓头一起一落地进行舂米（图 5-20）。

水碓是中华技术史上最早应用凸轮机构的机械。凸轮结构（图 5-22）是一种可将机械中某部分连续运动变换为另一部分等速或不等速、连续或不连续运动的机件。水碓长轴上的拨板是起凸轮作用的机件[①]。水碓的水利工程布置示意图如图 5-21 所示。

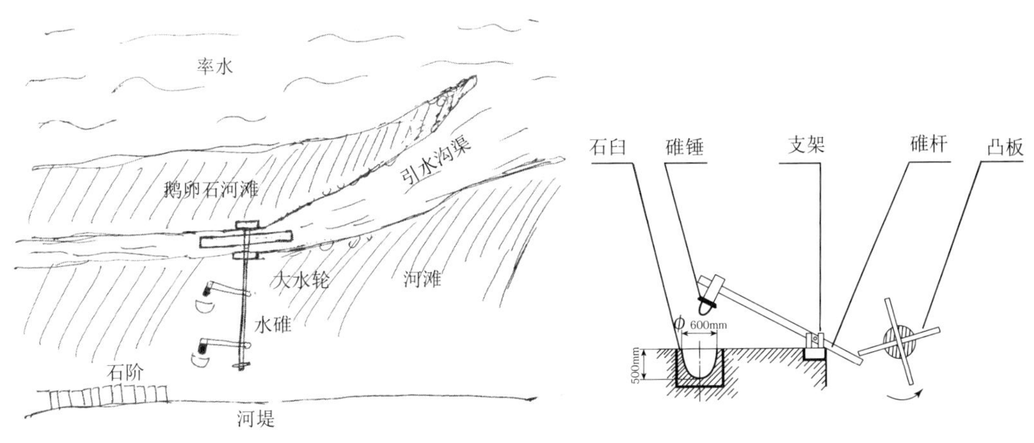

图 5-21　水碓中结构示意图 1　　图 5-22　水碓中结构示意图 2

5.4.2　水碓的历史渊源及发展

关于水碓的发明可以上溯到西汉时期，根据西汉桓谭（公元前 33 ~ 公元 39 年）《桓子 · 新论》记载："宓牺之制杵舂，万民以济，及后人加工，因延力借身重以践碓，而利十倍。又复设机关，用驴、骡、牛、马，及役水而舂，其利乃且百倍。"由此可以推论，这种水利机械的出现至少在桓谭著《桓子 · 新论》之前。当时汉武帝经营北方地区，正是因为这一带有"水舂河槽"之利而"军粮饶足"。

① 陆敬严，华觉明. 2000. 中国科学技术史 · 机械卷. 北京：科学出版社：106-107.

图 5-23　汉代绿釉舂米坊模型

出自《汉代水碓的考古学证据》

香港文化博物馆收藏有汉代绿釉舂米坊模型，是汉代中华水利机械的实物证据。在水路设计上有“主水闸”“辅助水闸”等，设计得非常合理[①]（图 5-23）。

到了魏末晋初（公元 260～270 年），水碓的使用更加普遍。杜预总结了前人的经验，对水碓进行改进，发明了连机碓[②]。

进入唐代以后，水碓记载更多，用途也逐渐推广开来。凡是需要捣碎的东西，如药物、香料、竹篾纸浆乃至矿石等，都可以利用水碓来省力省功。

元代的水碓的大水轮已经出现了“立式水轮”与“卧式水轮”两种类型。“立式水轮”以其安置方法不同，又可分为“上射式”“下击式”“中挂式”三种（见水磨章节），是根据水流落差的高低情况来决定安置何种水轮，而且还根据流量的大小，决定安置多大功率的水利机械。王祯的《农书》卷二十中记载：“杜预作连机碓……王隐晋书曰，石崇有水碓三十区。今人造作水轮，轮轴长可数尺，列贯横木，相交如滚枪之制。水激轮转，则轴间横木间打所排碓梢，一起一落舂之，即连机碓也。”[③]如图 5-24 所示。

明朝宋应星所著的《天工开物》中也绘有一个水轮带动 4 个碓的画面。图 5-24 为《农书》中的连机水碓图的插图，与《天工开物》中的大致相同。在装有水轮的长轴上装置了若干组拨板（图中只画了 3 组），每组有 4 个拨板。现在见到的传统水碓，拨板多为 4 组，带动 4 副碓，每组也是 4 个拨板。各组拨板在圆轴上的安置有一定的方位要求。例如，4 组拨板在装置时，要使每一组比前一组落后 22.5°，这样在圆周上彼此错开，力量可得到较均匀的分布。动力的传递是

① 王鹏飞，史晓雷. 2016. 香港文化博物馆藏汉代绿釉舂米坊模型分析. 文物鉴定与鉴赏, (1):72-73.

② 林声. 1980. 中国古代各种水力机械的发明(上). 中原文物, (1): 2-9.

③ 王祯. 2008. 东鲁王氏农书译注. 缪启愉，缪桂龙，译注. 上海：上海古籍出版社: 615-616.

通过拨板实现的。当一个拨板转下时，下压碓杆的一头，使装碓的另一头升起。当拨板转过后，由于碓自身的重力即可下舂一次。

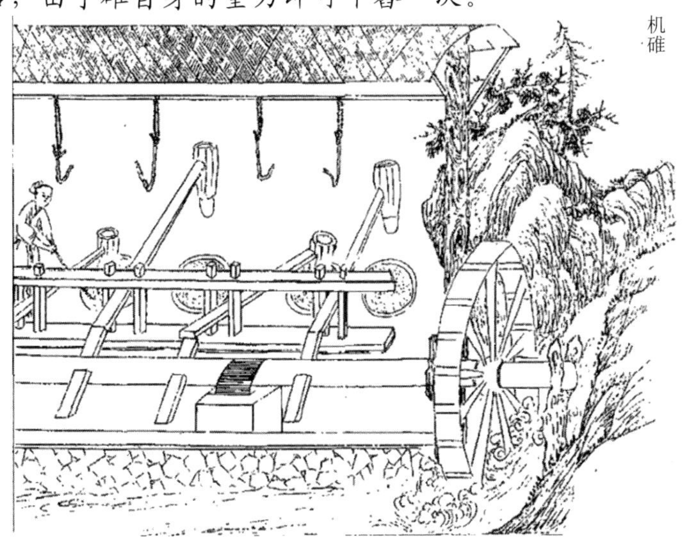

图 5-24 连机水碓

出自王祯《农书》

自明代以来，福建地区开始利用水碓将各种造纸原料捣烂来造纸浆，在造纸行业发挥作用；在江西景德镇地区，水碓曾被用于舂碎瓷土的工作；在云南西双版纳地区，傣族人民至今仍使用水碓舂米。总之，水碓的用途非常广泛，在传统的农耕社会，水碓如同人们的衣、食、住、行一样，是极为普通的民艺。

5.4.3 水碓的形制

传统的碓包括"脚踏碓""畜力碓""水碓"。"脚踏碓"是借一部分体重做下压的力量，用脚踏动杠杆的一头，当脚松开时，杵头就自动地舂下去，这样就比较省力[①]。脚踏碓在20世纪70年代的中国农村还普遍使用。"畜力碓"即利用牲畜力为原动力使碓舂米，历史上只有《桓谭新论》寥寥数语的记载，一般使用很少。

水碓可分为槽碓（图5-25）和连机碓（图5-24）。槽碓即单碓，一个机轮只安置一碓；而连机碓在其基础上进行改进，结构较前复杂，应是多碓并列。

① 刘仙洲. 1962. 中国古代在农业机械方面的发明. 农业机械学报, 5(1): 24-25.

图 5-25　槽碓（拍摄于中国水利博物馆）

据王祯《农书》中的记载："碓梢作槽受水，以为舂也……日省二工，以岁月积之，知非小利。"[①]槽碓可以说是一种最初步、最简单的水碓。在可利用的水量比较少的地方较为适宜。在脚踏碓，脚踏的那一头装上一个水槽，引水注入。当槽内水满，重量增大时，就把碓扬起，同时水槽下落，水被倾泻，重量减轻，碓就下落以舂米。就原动力说，是完全利用水的重力以代替脚踏的力量。其装置法如图 5-25 所示。

连机水碓与单机水碓相比，结构无大变化[②]。连机碓的构造大概是水轮的横轴穿着 4 根碓杆（和轴成直角），旁边的架上装着 4 根舂谷物的碓梢，横轴上的碓杆转动时，碰到碓梢的末端。把它压下，另一头就翘起来，碓杆转了过去，翘起的一头就落下来，4 根碓杆连续不断地打着相应的碓梢，一起一落地舂谷物。

据考证，20 世纪 90 年代的皖南屯溪新安江上游北岸还有 8 个锤头的联机水碓。其主轴承上滑动轴承的轴瓦及水碓的锤头都是铁制的。水轮的叶片可以拆卸[③]。

宋代高承著的《事物纪原》中记载晋代杜预改进后的连机碓，是蒸汽锤出现之前所有重型机械锤的直系祖先。它是用一个大水轮来驱动数个水碓，这样提高了工作效率，水碓在粮食加工业中的使用日益增多。随后南北朝时期祖冲之造水碓磨，可以推测是一个大水轮同时驱动水碓与水磨的机械。

5.4.4　水碓之美

根据母亲对"黎阳水碓"的回忆，伴随着巨大水轮的吱嘎……咚……吱嘎……咚声，碓锤落下，不紧不慢的、极有节奏的碓声中，总体会有一种韵律之美。水碓对谷物进行加工时，孩子们时常在碓房周围玩耍，有时也会帮助大

① 王祯. 2008. 东鲁王氏农书译注. 缪启愉，缪桂龙，译注. 上海：上海古籍出版社：615-616.

② 谭徐明. 1995. 中国水力机械的起源与发展及其中西比较研究. 自然科学史研究，14(1): 87.

③ 高申兰，陆敬严. 1995. 我国连机水碓古今考. 同济大学学报，(1):36-38.

人们把溅落在外面的稻谷扫落到臼槽中。水碓上游的引水渠是禁止孩子们游泳的，因为水流有很大的冲击力。

今天看来，水碓采用了木制凸轮机构的设计，有着传统的机械木作之美，石臼木槌，采用了木制杠杆，也综合了传统器具之美。水轮的转动通过轮轴上的拨板拨动碓杆，碓锤一声声地落下，对石臼中的谷物进行加工。

在传统的农耕社会，水碓是重要的传统谷物加工工具，脱粒之后用风车吹糠即可成为白米。从中华民国时期初中孩子们的作文中可以看出（图 5-26），水碓对他们而言是极为平常之物。这些平常之物是传统农村中的机械工程师——碓匠们的手艺。

水碓

四女中 初中三 吳書遠

(一)引子　水碓這樣東西，在徽州看來，很是平淡無奇，就是三歲小孩都知道牠是春[illegible]去殼的機器，而且是家常應用的東西，無論什麼人，只要掛得起碓來，都能使用牠，並不是一件難事。但一問起牠的物理，構造和緣故起來，恐怕知道的就很少了。有人說晉代的杜預作連機水碓，而晉書杜預傳裏並沒有說起這事；信與否，尚待考證。至於構造和物理，就是徽州專門的碓匠，亦只是「知其然而不知其所以然」吧？總理知難行易的學說，這也是一個頂好的例子。又有人說，清朝婺源有個學者叫江永，曾發明「風車碓」，就是利用風力來推動車和碓，可惜他的製造已失傳了，否則又多一種日常應用的機器來供給徽州人的使用啊！我並不是一個研究水碓的專門家，不過就管見所及，隨便寫幾句，作一個引人研究水利的動機，也可使閱者知道徽州人日常生活的一斑啊。

(二)物理　動水力的機械，最著名的就是水車。水碓的原理，同水車一樣，是我們徽州一種利用水力的簡單機械，大輪的四周，有多數的齒，繼續受水力的衝擊，而輪因

图 5-26　中华民国作文——水碓

古代诗词中对水碓的描述，多结合周围的自然风物、人们的生产生活。例如，元曲（作者为孙周卿《水仙子·山居自乐》）有“朝吟暮醉两相宜，花落花开总不知，虚名嚼破无滋味。比闲人惹是非，淡家私付与山妻。水碓里舂来米，山庄上饯了鸡，事事休提”的句子。

5.4.5　小结

水碓是传统社会重要的谷物加工工具，也用于陶坊中处理黏土、染坊中对染料的处理、造纸等行业之用。水碓的设计体现了古代先民所掌握的“朴素的力学知识”和对“水流的经验知识”的广泛应用。

据老一辈人口述，古徽州的黎阳、屯溪长干畔、歙县冷水铺、郑村、王村等，过去古徽州的每个村落都有水碓，传统水碓的建设与当时徽州优质的自然环境有密切的关系。今天的黄山市已见不到水碓房了，但依然是全国环境优美、水资源丰富的地区。

在古徽州的休宁县，制作水碓由专门的“碓匠”来制作维修，在水碓的制

作和修理过程中，千年传统的工匠文化在师徒间默默地传承。

水轮不紧不慢地转动，伴随着那有韵律的碓米声随风远去，唐诗“前不见古人，后不见来者，念天地之悠悠”的惆怅莫名地在心头涌起，或许这就是某种意义上的乡愁。

5.5　屯溪磨坊

“屯溪磨坊”最初大约出现在明代（公元 1368～1644 年）的古徽州皖南山区的屯溪，是一组综合性谷物加工机械。

5.5.1　屯溪磨坊的构成及原理

屯溪磨坊（图 5-27）的构造一般是中间竖有立式水轮，水流冲击水轮产生动力，水轮的中轴转动时推动水砻、水磨、水碓同时工作，把稻谷脱粒，并磨成浆舂成粉，成功地实现了多种作业的同时进行。

图 5-27　屯溪磨坊（拍摄于中国国家博物馆）

屯溪磨坊内部构造是一个由水力驱动的巨大的立式大水轮，在延长的水轮轴上装上一列凸轮（或拨杆）和一个立轮（齿轮），凸轮或拨杆拨动碓杆末端，使碓上下往复摆动，用来舂米或使谷物脱壳。立轮（齿轮）同时驱动一个平轮（齿轮）和一个立轮（齿轮），立轮所在轴上装有砻，可以用以砻谷；平轮所在轴上装有磨，用以磨面①。

屯溪磨坊往往利用河道、沟渠的拐弯，或天然形成河滩的优势，在鹅卵石

① 许臻. 2009. 中国古代水能利用研究. 南京：南京农业大学：35-36.

河床上垒出槽口，把河水水位升高，被约束的河水就顺着石头砌的水槽冲到磨坊下的水道里，带动水碓舂米、水磨磨面。据说屯溪周边，如临溪、汊口、兰渡，均有这种磨坊。

5.5.2　屯溪磨坊的历史渊源及发展

据考证，屯溪磨坊最初是明代出现的。宋元以来，全国经济中心移至江南一带，也是促成屯溪磨坊形成的原因。通过对宋代张舜民的《水磨赋》中磨坊的形制进行分析，屯溪磨坊的形制可以追溯到北宋汉中磨坊的历史渊源；此外，元代以来“水轮三事”的发明，也是屯溪磨坊形制形成的又一历史渊源。

1．宋代张舜民的《水磨赋》

北宋张舜民在《水磨赋》中对当时关中地区某一水磨坊粮食加工场景进行了描述。以下援引《水磨赋》中有关于描述水磨坊的核心语句，根据赋文的描述可以一窥北宋汉中磨坊的工作图景[①]。

1）脱大车之左毂，障洪流之肆置，圭测深浅，审度面势。覆厦屋之沉沉，酾长溪之沸沸。徒观夫老稚咸集，麦禾山积。

2）碓臼相直，齿牙相切，碾磨更易，昼夜不息。

3）汹汹浩浩，砰砰磕磕；鼓浪扬浮，交相触击；飞屑起涛，雪翻冰析。

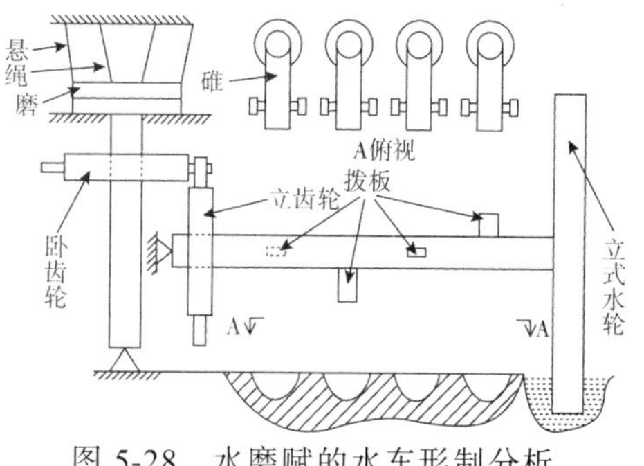

图 5-28　水磨赋的水车形制分析

4）仰而观之，何天轮之右旋？覆橑胶戾，蚁行分寸，迟速间隔。

5）俯而察之，何地轴之左行？消息斡运，楮撑挺拔，千匝万转而不差忒。

《水磨赋》集中展现了张氏所见水磨之形态构造和具体的生产场景（图 5-28）[①]。据此可以分析，宋代水磨坊具备多功能的构造特点，即工具机集磨、碾、碓于一体。宋代水磨的特点与屯溪磨坊形制基本相似，可以认为屯溪

① 方万鹏. 2015. 张舜民《水磨赋》与王祯“水轮三事”设计之关系再探.文物, (8): 92-96.

磨坊是宋代汉中式样的延续。

2．两种水轮三事

屯溪磨坊的渊源，也与元代以来发明的水轮三事有关。据元代王祯《农书》记载的水轮三事是一种通过水力带动轮轴转动，具有磨、砻、碾三种功能的机械装置[①]。这种机械可以兼顾磨面、砻稻、碾米三种工作，只要更换一下磨、砻、碾盘，就可以磨面、去皮、碾米[②]（图 5-29）。

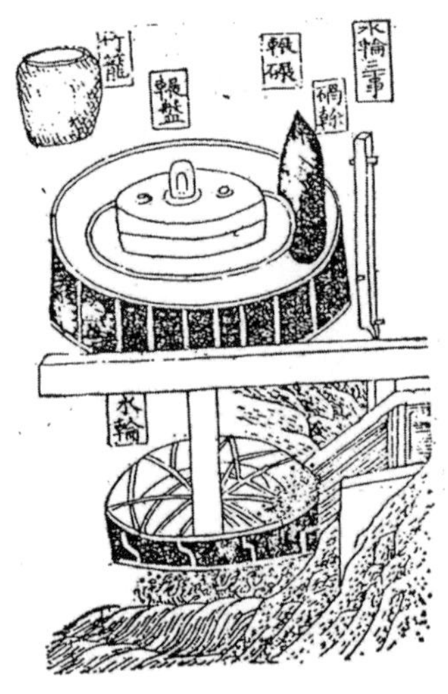

图 5-29　水轮三事

出自王祯《农书》

图 5-30　水轮三事

出自《天工开物》

《天工开物》中记载了另一种水轮三事，明确地说明了：一节磨面，一节“运碓成米”，一节灌溉，同时进行三种工作。这样的水利机械，立式水轮，通过粗大的长轴才能做到（图 5-30）。

根据对屯溪磨坊的调研分析，屯溪磨坊与《天工开物》中记载的水轮三事有相似之处，但是，屯溪磨坊内部没有灌溉用的水车。

3. 明清时徽州磨坊的运营

明清时期，磨坊（碓房）对徽州农产品加工具有重要作用。徽州丛山岖崎，江河溪水蜿蜒山间。徽州农民依溪河形势建造各种类型的碓房磨坊，以利用流

① 陆敬严，华觉明. 2000. 中国科学技术史·机械卷. 北京：科学出版社：251.

② 刘仙洲. 1962. 中国机械工程发明史. 北京：科学出版社：67.

水势能冲击水轮加工食米。“在中华人民共和国成立之前，屯溪区农村没有一台碾米机”[①]，全靠磨坊碾米。徽州休宁县“全县共有碓号一百七十户，每户臼数多少不一，多者二十余具，少者五六具”，全县碓号年共舂米 687700 石，有臼数共 1397 具[②]。富裕农家利用得天独厚的地理优势通过经营磨坊也增加了谋利的途径，形成了当地独特的碓房磨坊文化。

5.5.3 屯溪磨坊之美

清代诗人赵廷挥曾作诗介绍皖南泾县北乡加工造纸的盛况。其诗曰：山里人家底事忙，纷纷运石迭新墙；沿溪纸碓无停息，一片舂声撼夕阳。这首简短的七绝，生动地描绘出了水碓声声，勤劳的皖南人民从事宣纸生产的图景。虽然屯溪的磨坊碓房乃是加工米、麦、玉米等粮食作物的场所，与纸碓的使用方式都是一样的。

据说，屯溪磨坊（图 5-31）的“舂碓”大多是在夜晚进行，因为在白天，农民们还要上山下地干活。夜间的整个磨坊，就只见两三盏青油灯（当地人称油盏火）忽闪忽闪的灯光，磨坊外面是哗哗的水流，碓声“吱呀—咚!”“吱呀—咚!”很有规律，犹如一支催眠曲，周边的孩子们听着外婆的絮叨不觉地进入梦乡[①]。砻出的稻谷像小山一样堆在竹筐（当地人称皮篓）里。千百年来，磨坊的碓声一直有规律地唱着，唱出了山里农家的欢乐和辛酸，希冀和等待。

图 5-31 屯溪磨坊（拍摄于中国水利博物馆）

① 卢茂村. 2003. 黄山屯溪区的水碓与水磨. 农业考古, (3): 164-165.

② 殷梦霞, 李强. 2009. 中国经济志·安徽省休宁县//民国经济志八种. 第 2 册. 北京: 国家图书馆出版社: 507.

磨坊的主人整天守在那里，把一家家挑来的谷子倒进石臼里，水闸一开，水流就带动碓锤一上一下地在舂谷子，在“咚”“咚”的舂米声中，时光静静地流淌。等谷子上的糠皮被舂得和米粒分开后，就放进风扇里摇，靠风力把糠皮吹到一边，风扇下面流淌出来的就是白花花的大米了。

5.5.4 小结

今天的屯溪是黄山市市政府所在地，也是全国重要的旅游城市。当人们在欣赏秀美的黄山自然风景和悠久的宏村书院的人文景观之时，这里还有独具中华民族特色的乡村“原风景”。其实，在过去，这里的山村，村村都有磨坊碓房这种人们粮食加工的公共场所。黄山脚下的这些磨坊碓房与新安江畔秀丽的山水搭配得如此色调和谐，今天，提起磨坊，仍能唤起父辈们心头悠悠的乡愁和对故园的回忆。

5.6 水转纺车

水转大纺车（图 5-32）是以水力驱动的，麻纺或丝纺的传统纺纱机械。

图 5-32　复原的水转大纺车（拍摄于中国水利博物馆）

5.6.1 水转大纺车的构成及原理

王祯《农书》卷二十二，对大纺车的结构和工作有这样的描述（图 5-33）：“其制长余二丈，阔约五尺，先造地柎木框，四角立柱，各高五尺，中穿横桄，上架枋木。”[①]根据王祯的《农书》所描述的纺车推测，似乎是用水轮带动一个大绳轮，用一条大绳在纺纱架的另一端带动另一绳轮。在两绳轮之间的一端，绳索带动若干纺纱的锭子同时转动[②]（图 5-33）。

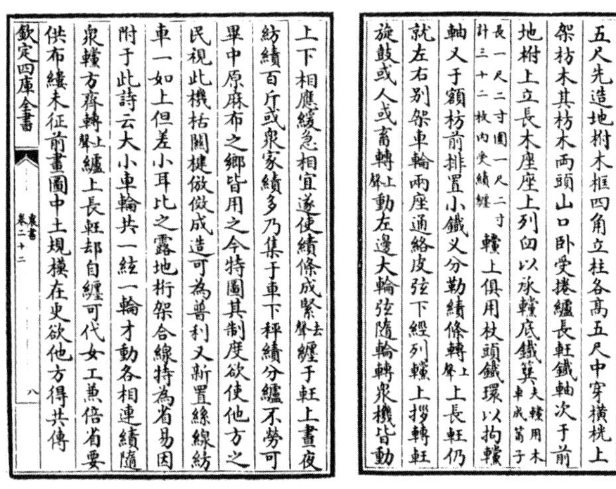
欽定四庫全書　農書 卷二十二　七

機杼年年絺綌為誰新　大紡車其制長餘二丈闊約五尺先造地柎木框四角立柱各高五尺中穿横桄上架枋木其枋木兩頭山口卧受捲纑長軖鐵軸次于前地柎上立長木座座上列臼以承鑊底鐵簨（簨用木車成筩子長一尺二寸圍一尺二寸計三十二枚內受績纑）鑊上俱用杖頭鐵環以拘鑊軸又于額枋前排置小鐵叉分勒績條轉（上聲）上長軖仍就左右別架車輪兩座通絡皮弦下經列鑊上撥轉軖旋鼓或人或畜轉（上聲）動左邊大輪弦隨輪轉衆機皆動

欽定四庫全書　農書 卷二十二　八

上下相應緩急相宜遂使績條成緊（去聲）纏于軖上晝夜紡績百斤或衆家績多乃集于車下秤績分纑不勞可畢中原麻布之鄉皆用之今特圖其制度欲使他方之民視此機栝關楗倣傚成造可為普利又新置絲線紡車一如上但差小耳比之露地桁架合線特為省易因附于此詩云大小車輪共一絃一輪才動各相連績隨衆鑊方齊轉（上聲）纑上長軖卻自纏可代女工兼倍省要供布縷未征前畫圖中土規模在更欲他方得共傳

图 5-33　王祯的《农书》中对大纺车的记载

《农书》中所介绍的人力大纺车，其原动部分是车架左侧的大直径竹轮，在竹轮轴端安装一个手摇曲柄，摇动竹轮即可带动整车运转。通过人力手摇竹轮从而带动 32 锭大纺车，因此，在水力资源丰富的地区，用水力驱动的水转大纺车设计就应运而生了。

水转大纺车没有牵引细条纱的棉纺功能。纺麻时候能用于加捻和卷绕两个动作同时进行，提高了麻纺效率。水转大纺车已采用与现代的龙带式传统相仿的集体传动。一昼夜可纺 100 斤，满足民间纺织专业户和大批量生产的需要。

水转大纺车[③]（图 5-34）是由水流冲击大水轮叶片（辐板）产生转动，水轮带动轮轴将转力传导到纺车机架左侧导轮（竹轮）上，带动竹轮旋转，进而推

① 王祯. 2008. 东鲁王氏农书译注. 缪启愉，缪桂龙，译注. 上海：上海古籍出版社：619.

② 刘仙洲. 1962. 中国机械工程发展史. 北京：科学出版社：69.

③ 李斌，李强，杨小明. 2011. 中英水力纺纱机形制的比较研究. 丝绸，48(7)：46-49.

动整台纺车运转。

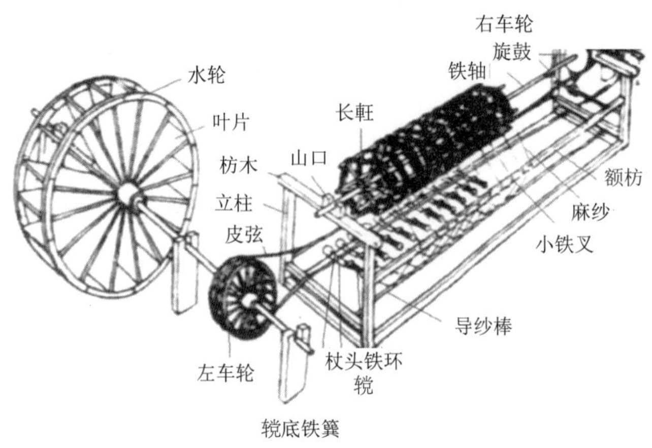

图 5-34　宋元时期的大纺车[①]

水转大纺车的传动机构包括两个导轮，通过“带传动”带动锭子和纱框，以加捻和卷绕麻缕。导轮分别装在车架的左侧和右侧，两轮之间用皮弦（即传动皮带）相连，左右两个导轮形成周而复始的圆周运动。同时，在右侧，导轮与纱框铁轴右端的旋鼓之间另有绳弦贯通。下皮弦直接压在锭杆上，通过摩擦带动锭杆，从而带动锭子旋转；上皮弦则通过摩擦带动纱框铁轴上的旋鼓，进而使纱框转动。纱框的转动则依靠一对装置相交的木轮（旋鼓）与绳弦相互作用。因此，纱框铁轴上的木轮与压在上皮弦下轴承中的木轮的转动方向是相反的。

水转大纺车的加捻卷绕机构包括车架、纱框、锭子、导纱棒 4 个主要部分。车架为木结构，上开两个山口形的轴槽，以承纱框的长铁轴。纱框呈四角形或六角形，与铁轴固定成一个整体。纱框长铁轴右端装着一个有凹槽的旋鼓（即木轮），以利皮弦（即传动皮带）摩擦带动旋转。车架下的长木板上装着 32 个锭子，锭子属于铁质，通过木轴承和杖头铁环固定在木板上，锭杆呈横卧状，顶端套着木质的纱管。锭子前方装着用细竹制成的导纱棒，同时车架上前方装着 32 枚小铁叉，“分勒绩条，转上长軖”。导纱棒和小铁叉可控制纱线不致纠缠在一起，保证在纱框上交叉卷绕[①]（图 5-34 和表 5-2）[②]。

① 张春辉，游战洪，吴宗泽，等. 2004.中国机械工程发明史(第二编). 北京：清华大学出版社：149-151.
② 李斌，李强，杨小明. 2011. 中英水力纺纱机形制的比较研究. 丝绸, 48(7): 46-49.

表 5-2 水转大纺车构造说明

水流位置	水流方向（水轮转动方向）	卷绕方式示意图
水流在大纺车的左侧	若水轮顺时针转动，则锭子置于皮弦远离水流的一侧。因为水转大纺车侧面左右两侧的导轮和压在上皮弦下的轴承中的木轮也是顺时针方向运转，此时纱线也是采取逆时针方向卷绕上纱框的，锭子给纱线的加捻也是逆时针方向	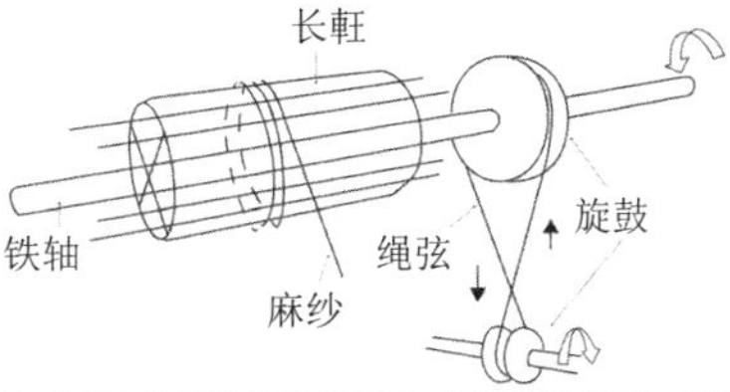 长軖 铁轴 绳弦 旋鼓 麻纱
	若水轮时而逆时针转动，即将锭子头移到皮弦靠近水流的一侧，而锭子的加捻方式和纱线卷绕方式则不改变	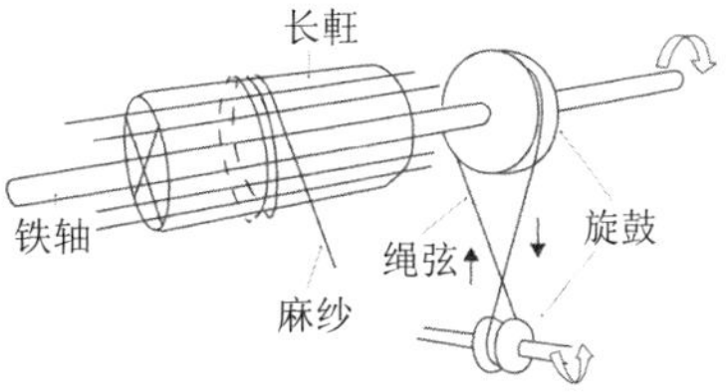 长軖 铁轴 绳弦 旋鼓 麻纱
水流在大纺车的右侧	若水轮是顺时针转动，其锭子头则置于皮弦靠近水流的一侧	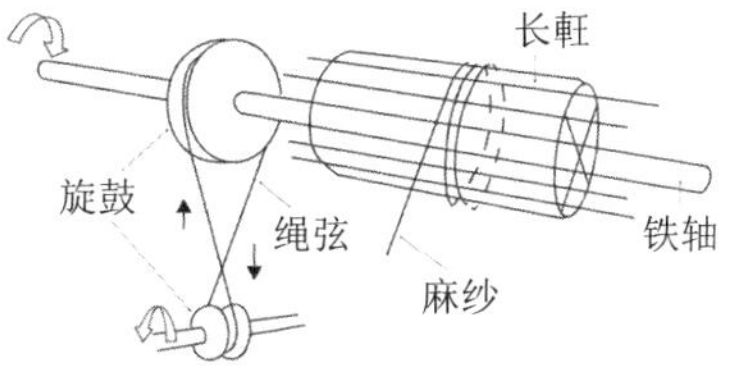 长軖 旋鼓 绳弦 铁轴 麻纱
	若水轮是逆时针转动，则锭子头要置于皮弦远离水流的一侧	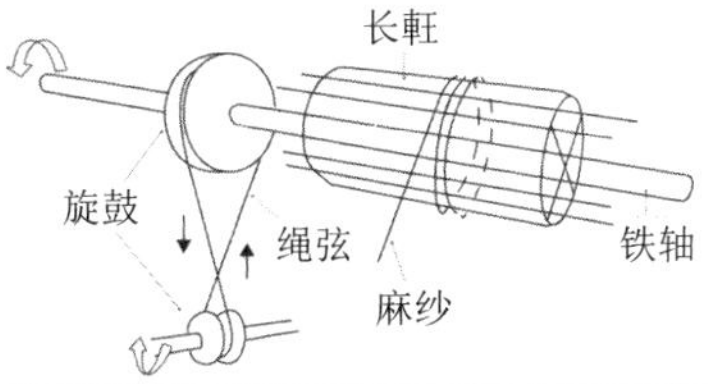 长軖 旋鼓 绳弦 铁轴 麻纱

元代的水转大纺车已经具备了近代纺纱机械的雏形。将水力运用到纺织上，不仅可以省去“手摇”“脚踏”之苦，还可以大大提高劳作效率①。

5.6.2 水转大纺车的历史渊源及发展

早在东晋时代就出现了足踏三锭纺车，这种纺车出现在顾恺之为刘向《列女传》“鲁寡陶婴”作的配画中，由此可以推测三锭纺车是东晋时期很普及的纺织机械。王祯《农书》中的“小纺车”在元代运用很广，“凡麻苎之乡，在在有之”。李约瑟认为：“在14世纪早期，（中华）纺车上已有3个甚至5个锭子，全体由一根绳传动，这似乎是成熟的特征，意味着它们已有很长的发展历史了”②。历史不断地向前发展，在各种纺车机具的基础上逐渐产生了一种有几十个锭子的大纺车。

① 王为华. 2010. 历史时期灌溉农具水车的演变及地域应用. 广州：暨南大学：43.

② 李约瑟. 1999. 中国科学技术史(第四卷)(物理学及相关技术). 北京：科学出版社：107.

水转大纺车始见记载于元代王祯的《农书》(图 5-35)。由于《农书》中没有记载水转大纺车创始的年代，就按书的年代说，至少也有 640 多年的历史了[①]。根据纺织史的研究推测，水力大纺车应为宋代的产物，它代表中国 12～13 世纪的麻纺织技术水平[②]。宋元之际，随着城市经济和商品贸易的较大发展，更多的纱成为商品，在客观上为高效高产的纺纱和线工具的出现提供了经济前提。

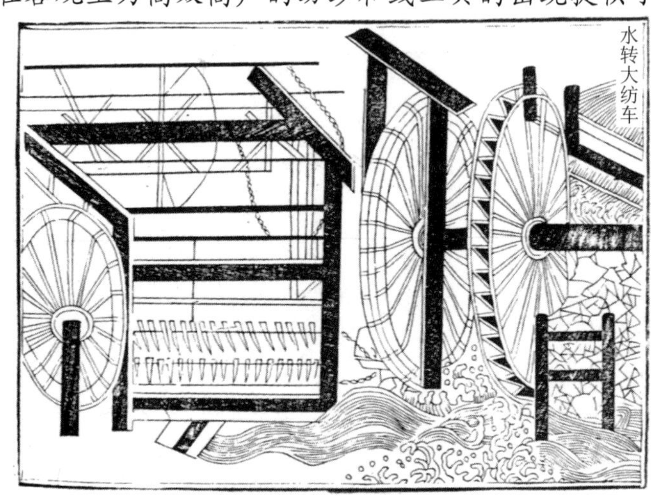

图 5-35　水转大纺车

出自王祯《农书》

水转大纺车的设置地点不仅为中原种植大麻、苎麻的乡村，川西岷江流域成都平原也不少见。元人揭傒斯《大元敕赐修堰碑》记都江堰“今缘渠所置碓、磑、纺绩之处以千万计。四时流转而无穷。” 由于水转大纺车在纺麻时可使加捻和卷绕两个动作同时进行，进一步提高了纺麻产量，而且也用于捻丝。水转大纺车已经具备了近代纺纱机械的雏形。

宋元以后，水转大纺车呈明显衰减之势。明朝徐光启的《农政全书》中有水转大纺车的记载，然而，其内容与王祯的《农书》所载基本相同。可以推测明代的此种水力机械用的是立式水轮，连着木架，上装纺车的构造[③]。明代的棉纺织品产量增多，且性能好，取代了产量低、劈绩费事、保暖差的麻纺品。由于水转大纺车没有牵伸机构，无法牵伸纤维短的棉纱条等，因此只有极少地域

① 刘仙洲. 1962. 中国机械工程发明史. 北京：科学出版社: 69.

② 谭徐明. 1995. 中国水力机械的起源与发展及其中西比较研究. 自然科学史研究, 14(1): 89-90.

③ 林声. 1980. 中国古代各种水力机械的发明(下).中原文物, (3): 17-19.

还沿用水转大纺车。

由清代的棉纺机械推测，清代或许有更为先进的（棉纺）水转大纺车。朝鲜李朝学者朴趾源于 1780 年（乾隆年间）在华北旅行的回忆中写道：“当我路过河北三河市时，我看到各方面都是使用了水力，熔炉和锻炉的鼓风机、缫丝、研磨谷物——没有什么工作不是利用水的冲击力来转动水轮进行的。”[①]除此之外，没有发现任何有关于水转大纺车的确凿证据。

20 世纪 50 年代湖北江陵地区使用的木铁结构的丝纺车，与王祯《农书》中介绍的水转大纺车有许多相似之处[②]。

5.6.3 水转大纺车的没落与李约瑟之谜

古中国在元代之前就出现了水转大纺车，并将其广泛地应用于丝麻的纺纱过程中，而欧洲直至 1769 年在英国才出现具有实用价值的阿克莱特（Arkwright）水力纺纱机。这两种类型的水利纺纱机械在形制上虽有很多相似之处，却有着不同的命运。英国以阿克莱特水力纺纱机为契机，建设了欧洲第一座水力纺纱厂，由此展开了工业革命，给世界的工业发展带来了深远的影响；而元代的水转大纺车却如昙花一现，对中华传统的农耕社会并没有产生深刻的影响，就默默地消失在历史的长河里。元代的水转大纺车和棉花革命没有引发中国的工业革命，有其深刻的社会制度等多方面原因（图 5-36）。

传统的水权制度规定河道要遵循“航运—灌溉—碾磨”的规则，例如，唐代《水部式》规定了水磨每年只准有 4 个月时间……这是水权制度对水转机械使用的限制无法促成水力工场制度形成的重要原因。水转大纺车式纺棉机的技术革新需要解决锭子直立的问题，只有将锭子直立后，才能有效地解决纺棉过程中加捻和卷绕的同向过程。然而，在水权制度的限制下，社会缺乏技术革新的动力，使得水转大纺车的原料无法从麻、丝向棉转变。

---

① 原出于朴趾源《燕岩集》卷 16，转引自《中国科学技术史(第 4 卷)(物理学及相关技术)》. 北京: 科学出版社: 456.

② 祝大震. 1985. 我国水转大纺车的结构特点和演变过程. 中国科技史杂志，6(5):20-23.

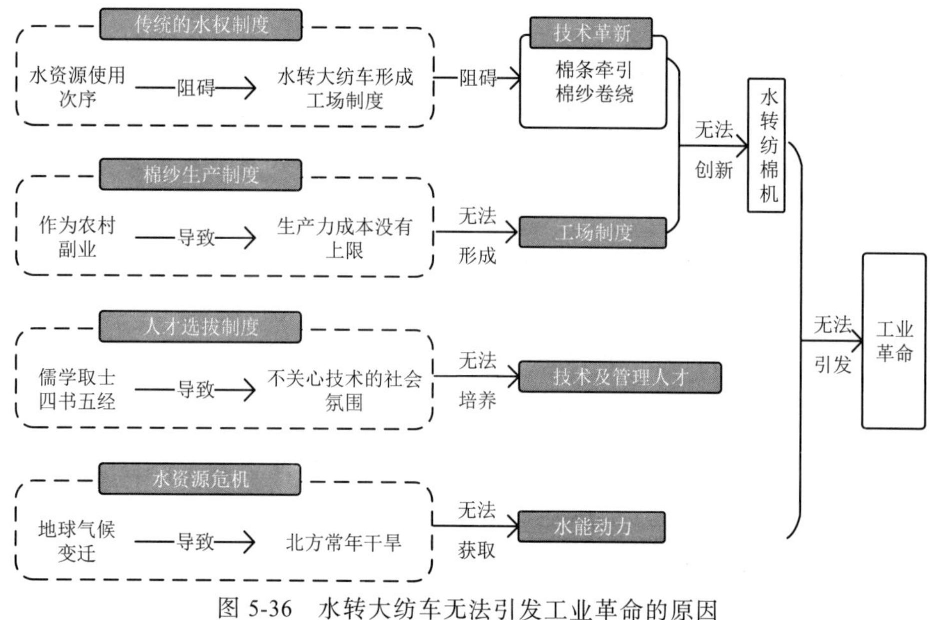

图 5-36　水转大纺车无法引发工业革命的原因

明清时期，棉纱作为农村副业的形式长期存在，导致棉纱生产力成本没有上限，没有技术竞争的机制，无法形成工场制度。

隋唐以后科举制的考试内容限定于四书五经等文史类知识，以儒学取仕，由于崇尚“学而优则仕”、鄙视匠人的技术并将其视为“奇技淫巧”的价值观，因此，大多数知识阶层对技术漠不关心，整个社会缺乏的正是重视技术的氛围，也没有培养和储备技术和工场管理人才。

近年来的研究发现，地球气候变迁对中华文明史的发展有诸多方面的影响。明清小冰期带来了令人猝不及防的极寒天气；中华文明的腹地常年干旱缺水，也是导致水转机械停运的重要原因（表 5-3）。

总体看来，元代的水转大纺车无法引发中华史上的工业革命，纺纱技术上的技术瓶颈是次要的，社会制度上的阻碍似乎更为明显。

英国学者李约瑟（1900—1995 年）曾提出“中国古代有如此丰富的科技成果，为什么近代科学和工业革命没有在中国发生”的问题，即著名的“李约瑟之谜”。对元代水转大纺车衰落及消失的原因进行分析，或许可以回答一部分李约瑟问题。

表 5-3　明末干旱天气统计表
（明末我国持续 4 年以上发生旱灾的地区）

地区	干旱持续年份	持续时间/年	地区	干旱持续年份	持续时间/年
大同	1637～1641	5	太原	1637～1643	7
临汾	1633～1641	9	长治	1633～1640	8
银川	1636～1641	6	平凉	1636～1641	6
延安	1637～1641	5	西安	1637～1641	5
汉中	1635～1641	7	安康	1635～1641	7
郑州	1634～1641	8	洛阳	1634～1641	8
唐山	1639～1643	5	北京	1637～1643	7
天津	1636～1642	7	沧州	1636～1642	7
保定	1636～1643	8	石家庄	1633～1640	8
邯郸	1637～1644	8	德州	1637～1644	8
菏泽	1637～1644	8	济南	1638～1641	4
临沂	1638～1641	4	九江	1639～1644	6
长沙	1640～1646	7			

资料来源：国家防汛抗旱总指挥部办公室，水利部南京水文水资源研究所（中国水旱灾害）.

5.6.4　水转大纺车之美

今天，我们只能凭借博物馆中水转大纺车的复原模型，品味和想象水转大纺车之美。1959 年王振铎先生根据王祯《农书》的记载，首先复原了一台水转大纺车，陈列于中国国家博物馆。今天，北京市朝阳区的中国科技馆新馆——华夏之光展厅、杭州萧山的中国水利博物馆中均有水转大纺车的复原展示（图 5-32）。

由博物馆中的水转大纺车和今天的传统手工作坊可以联想宋元时代的水转纺车作坊的情景：伴随着潺潺流水声，水轮吱嘎、吱嘎地转动，作坊里，麻线在空间中交织，大纺车的竹轮、纱锭皆有秩序地转动，光影婆娑……大纺车展现出木制机械的柔和之美，水转纺车的作坊中还有纺工们忙碌的身影。

今天，人们常用于夏季衣着，凉爽适人的“夏布”，就是以苎麻为原料编织而成的。当我们在使用这些素材时，是否可以领略到中华先民精致的生活和消失在历史长河中的水转大纺车。

5.6.5　小结

700 多年前的宋元时期，中华先民就设计制造出形制成熟的水转大纺车，具备了近代纺纱机械的雏形。然而，由于制度等多方面的原因，宋元的水转大纺车没有引发中华文明史上的工业革命。

中华民族有悠久的麻纺品加工的历史。《诗经》上有“东门之池，可以沤麻。彼美淑姬，可与晤歌。东门之池，可以沤纻。彼美淑姬，可与晤语”的诗句，描绘了阳光明媚、柳绿花繁的青山碧水之间，姑娘和小伙在护城河里一起浸麻、洗麻、漂麻、嬉戏追逐、谈笑风生的生动生活画面。

今天，日本越后上布·小千谷缩、韩国韩山苎麻纺织工艺分别于 2009 年和 2011 年被列入联合国教育、科学及文化组织《人类非物质文化遗产代表作名录》。当我们在欣赏素雅、自然、生态的夏布之美时，是否能够回想一下封尘已久的中华水转大纺车的古老手艺，是否能够感悟到古老的中华纺织史的深厚文化底蕴。

5.7 筒车轮济

图 5-37　黄河大水车

筒车又称“水车”“灌车”“天车”“罐轮”“水轮”“筒轮”“竹车”“撩车”等，是利用水能冲击大水轮转动的提水机械（图 5-37）。

5.7.1 筒车的构成原理及架设条件

“筒车”是一种自行提水的灌溉机械，也用于城市供水。

传统的筒车是用木或竹制成一个大型的立轮，由一个横轴支起。轮的外周斜装有若干小木筒或小竹筒，轮的下部有小部分浸在水中。当水流冲击或畜力带动立轮产生转动时，转入水下的小筒瞬即被水灌满，当小筒随水轮旋转至轮的上部时，小筒角度的倾斜会自动地倾倒入上面的木槽（也叫天池），倒入木槽的水顺着竹筒流到需要灌溉的田间地头去[①]（图 5-38）。立轮越大，所产生的驱动力矩也越大，需要大的水流冲击；立轮重量越轻，筒车的动力性能越好[②]。

与筒车配套的输水器具有连筒、渡槽、竹笕等。连筒是将竹筒去节，竹管之间“用公母榫接逗”，外用麻、油灰缠缚连在一起而成的输水管通。传统的南方山村，“竹笕（将竹管剖开的槽状送水机构）”架设非常普遍。在云南红河哈尼族彝族自治州元阳县的哀牢山，在氤氲的山色与层层梯田的背景下，由细细的竹管架起的竹笕从远山将水送来，是一道优美的乡村原风景（图 5-38）。

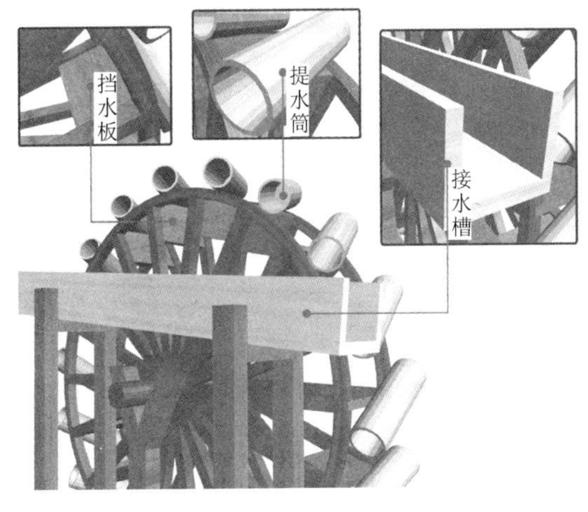

图 5-38　筒车信息图表现（蒋建定绘制）

筒车的架设受自然环境的限制。首先，筒车的转轮必须高于河岸，方可将水送到高处的水渠或田地之中。其次，筒车的运转需要足够的水力冲击。架设筒车最好选择水势陡急之处，当水流急速下泻冲击水轮受水板，带动水轮运转时，通过轮子外周绑缚的一圈竹筒或木筒的次第升降，将水提到高处。若要在水力不足之处使用筒车，需设破栏拦水或垒石束水，以增强水力，达到冲击水

① 刘仙洲. 1963. 中国古代农业机械发明史. 北京：科学出版社：54.

② 陆敬严. 2012. 中国古代机械文明史. 上海：同济大学出版社：174.

轮运转的效果。

5.7.2 历史发展及渊源

筒车是所有这类机械中最难追溯其来源的[①]。据古籍文献的调研发现，最早记录了有关筒车的文字是唐代陈廷章的《水轮赋》，由于陈廷章的《水轮赋》中描述的筒车的形制已比较完善和成熟，由此推测，在隋唐时期就已经发明了筒车。

《水轮赋》云："以汲引之道成于运轮为韵"，清楚地说明了水轮是提水机械；"鄙桔槔之繁力，使自趋之转毂"汲具系在水轮上，水轮既是动力机械，又是工作机，以水力为动力自动运转而提水。"水能利物，轮乃曲成。升降满农夫之用，低回随匠式之程。观夫斫木而为，凭河而引，箭驰可得。而滴沥辐辏，必循乎规准。"《水轮赋》中的"水轮"即为汲水上岸的筒车，由赋中的描述可以推测，在唐代，筒车的制作已具有一定的规程，并用于农业生产。

唐宋时期，随着山区农业的发展，尤其是水稻的登山爬岭，水利灌溉问题愈加突出。由于南方山区溪涧纵横，水资源丰富，创设或者引进筒车机械，挹取溪河之水，用以灌溉农田，成为当时山区水利最大的技术需求。

北宋梅尧臣的《水轮咏》中有"孤轮运寒水，无乃农者营。随流转自速，居高还复倾"的诗句；北宋李处权的《土贵要予赋水轮》对筒车做了"江南水轮不假人，智者创物真大巧。一轮十筒挹且注，循环上下无时了"的描述；范仲淹在《水车赋》中以"器以象制，水以轮济，假一毂汲引之利，为万顷生成之惠"来描述筒车。

自南宋起，这种提水机械被开始称作"筒车"，例如，南宋张孝祥有"筒车无停轮，木枧着高格。秔稌接新润，草木丏余泽。府公为霖手，号令行顷刻。愿持一勺水，敬往寿南伯"的诗句，描述了广西兴安地区的筒车。因为结构简单，造价低廉，且维修方便，筒车在宋代的民间已广为流行。

元朝时期丰富了筒车家族的形制。元代王祯的《农书》对水转筒车、畜力

① 李约瑟. 1999. 中国科学技术史(第四卷)(物理学及相关技术). 北京：科学出版社：402.

带动的驴（卫）转筒车、高转筒车、水转高车均有详细的介绍，并配有图谱。

明代，宋应星的《天工开物》中对筒车也有详细的记载。

清代的灌溉史，也是筒车运用的全盛时代。筒车的使用几乎遍及东南、华南、西南等各省区的“急流大溪处”。例如，在水资源丰富的古徽州地区，筒车（当地称作“撩车”）的架设极为普遍，并一直沿用到20世纪70年代。

筒车作为一种重要的灌溉机械，在今天的兰州、四川、广西等水能资源丰富的地区，或许能还见到筒车的身影。

5.7.3 筒车的形制

据推测，筒车之以下激立水轮为动力结构的设计，应是受到了魏晋以来的水碓的影响；而其以若干竹筒为挹水器的结构，自然又与高转筒车、井车有些继承关系。由于它在江河中能发挥高效率的汲水灌溉作用，自然远非上述架空索道辘轳汲取江水的效率所能比拟[①]。台湾学者赵雅书认为，元代王祯的《农书》记载由人工转动水轮的“刮车”是筒车的初始形态。

筒车的形制有水转筒车、驴转筒车（畜力筒车）、高转筒车和水转高车4种。我们通常所称的筒车是指“水转筒车”，它是唐宋以来丘陵山区不可缺少的灌溉升水器械[②]。

1. 水转筒车（普通筒车）

水转筒车也就是普通的筒车，是筒车中最常见的一种（图5-38）。水转筒车一直沿用至近代，也是南方山区农村中比较常用的水力提水机械[③]。

据王祯《农书》卷十三《灌溉门》篇中对筒车图文并茂的介绍，图说择要如下。

“筒车，流水筒轮。凡制此车，先视岸之高下，可用轮之大小；须要轮高于岸，筒贮于槽，乃为得法。其车之所在，自上流排作石仓，斜擗水势，急凑

① 李崇州. 1983. 中国古代各类灌溉机械的发明和发展. 农业考古, (1): 141-151.

② 吴卫. 2004. 器以象制 象以圜生——明末中国传统升水器械设计思想研究. 北京: 清华大学.

③ 顾浩，陈茂山. 2008. 古代中国的灌溉文明. 中国农村水利水电, (8): 1-8.

筒车，其轮就轴作毂，轴之两傍，阁于桩柱山口之内。轮辐之间除受水板外，又作木圈，缚绕轮上，就系竹筒或木筒于轮之一周；水激轮转，众筒兜水，次第下倾于岸上。所横木槽，谓之‘天池’，以灌田稻。日夜不息，绝胜人力，智之事也。若水力稍缓，亦有木石制为陂栅，横约溪流，旁出激轮，又省工费。或遇流水狭处，但垒石敛水凑之，亦为便易。”其装置法略如图 5-39 所示。

由元代王祯《农书》所绘“水转筒车”的图样可知（图 5-40），其设计的基本构造是由一个立轮、几对竹筒或木筒组成，“谓小轮则用竹筒，大轮则用木筒”。传统的筒车多为竹木构造，其大小由地势和提水的高度决定。先在水中打木桩兴建水陂，将水拦向浸在水里的下半部水轮，水轮上半部高出堤岸，然后在水流的作用下，水轮便可自由转动。绑在筒车上的斜口竹筒或木筒，依次潜入水中，装满水后，顺着水轮的旋转升上半空，转到水轮上方一定位置时，便自动将水倾倒向横在空中的架槽里，架槽连接几条竹笕，河水便顺着竹笕流向岸边的水圳（田边水沟）以灌田[①]。

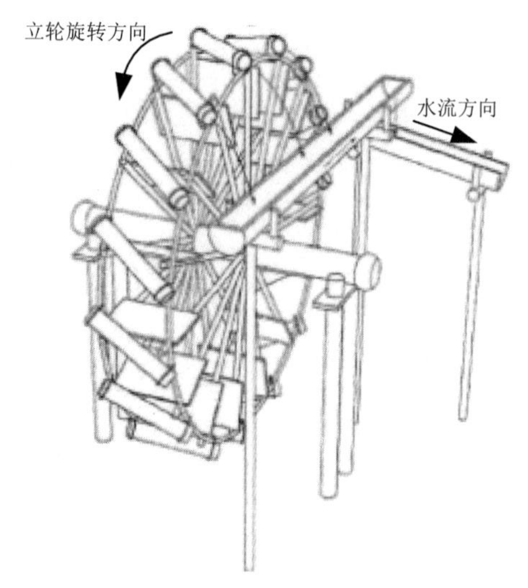

图 5-39　筒车结构[①]

图 5-40　水转筒车
出自王祯《农书》

水转筒车不假人、畜之力，只要有流水作为动力，就能日夜不停地取水灌田；其次，水转筒车是就地取材，制作方便。南方各地盛产竹材，筒车的扎制

① 吴卫. 2004. 器以象制 象以圜生——明末中国传统升水器械设计思想研究. 北京：清华大学.

能充分地利用当地的竹材来完成，尤其是利用竹材的中空特性，用天然竹筒作兜水筒，是充满匠心的生态设计。所以，在南方山区人们称筒车为“竹车”“竹龙”，夸赞它像龙一样吞吐水，润泽山田，惠及黎民①。由于筒车需要水力的冲击才能持续运转，所以其安装会受到一定的地势限制②。

2. 卫转筒车

卫转筒车即驴转筒车（“卫”即驴的别称）。

卫转筒车作为畜力筒车，其动力装置与畜力翻车相同，工作原理是，利用畜力拉动卧轮，卧轮带动与之咬合的立轮，立轮带动筒车的转轴，以达到转动筒车的目的。在没有水流冲击的地方，可以利用畜力来转动筒车③（图 5-41 和图 5-42）。

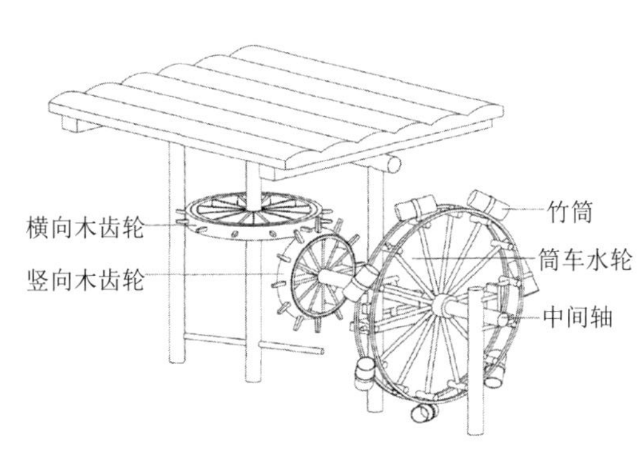

图 5-41　畜力筒车结构③

图 5-42　驴转筒车

出自王祯《农书》

卫转筒车的制作是在水转筒车的转轴外端另造一竖轮，在竖轮旁再设一卧轮，让牛、驴等牲口拉动卧轮，从而达到转动筒车的目的。卫转筒车的车水部分与筒车完全相同。卫转筒车的动力和传动部分则与牛转翻车完全相同。

元代王祯《农书》卷十三《灌溉门》载有驴转筒车一种，图说择要如下。

“驴转筒车，即前水转筒车，但于转轴外端别造竖轮，竖轮之侧，岸上复置卧轮，与前牛转翻车之制无异。凡临坎井或积水渊潭，可用浇灌园圃，胜于

① 方立松. 2010. 中国传统水车研究. 南京：南京农业大学.

② 王为华. 2010. 历史时期灌溉农具水车的演变及地域应用. 广州：暨南大学.

③ 方立松. 2010. 中国传统水车研究. 南京：南京农业大学.

人力汲引。”[1]其装置如图 5-41 和图 5-42 所示。

驴转筒车利用了齿轮传动转换力方向之原理，实现了在没有水力帮助的情况下利用驴力灌溉，节省了人力。驴转筒车的齿轮构件体现了木制机械的设计之美。

3. 高转筒车

高转筒车是“翻车”与“筒车”的综合装置，适合略高的特殊地形。因为筒索要比翻车的龙骨长，所以高转筒车整体较为庞大，在制作和架设上都需要匠人的技巧和丰富的经验。历史上，高转筒车在南方并不普及。

高转筒车是一种积少成多和循环往复的输水装置，利用了多个竹筒和环形锁链将水一点一点地运送传递，节省了空间上的占用和防止了材料上的浪费，另外，高转筒车架设的高度差可根据地势对支架进行高度调节，高转筒车虽然庞大，但结构极其简洁明了，利用最简洁的造型实现最必要的功能，这一点和现代的简约主义（minimalism）设计风格不谋而合[2]（图 5-43）。

高转筒车首次见于王祯《农书 · 灌溉门》的记载（图 5-44）：“其高以十丈为准。上下架木，各竖一轮。下轮半在水内。各轮径可四尺。轮之一周，两旁高起。其中若槽，以受筒索。其索用竹，均排三股，通穿为一。随车长短，如环无端。索上相离五寸，俱置竹筒。筒长一尺。筒索之底，托以木牌，长亦如之。通用铁线缚定，随索列次，络于上下二轮。复于二轮筒索之间，架剖木平底行槽一连，上与二轮相平，以承筒索之重。或人踏，或牛拽转上轮，则筒索自下兜水循环槽至上轮轮首复水，空筒复下，如此循环不已”(图 5-43 和图 5-44)。

高转筒车与水转高车（下）的主要工作构件相同，均有上、下转轮，下转轮底部需浸在水中，两轮之间以竹索连，竹索上每距 5 寸（约为 0.167 米）安装一尺长的竹筒。高转筒车的动力可以是人力或畜力，使用时，盛满水的竹筒循次而上。

---

① 王祯. 2008. 东鲁王氏农书译注. 缪启愉，缪桂龙，译注. 上海：上海古籍出版社：578.

② 方立松. 2010. 中国传统水车研究. 南京：南京农业大学.

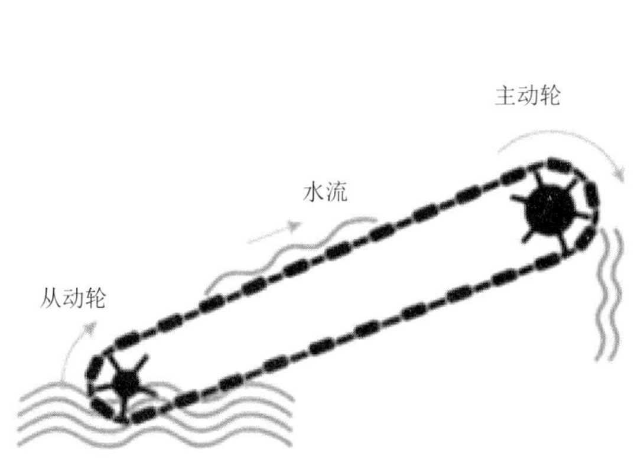

图 5-43 高转筒车原理示意图（彭思燕绘）

图 5-44 高转筒车

出自王祯《农书》

高转筒车由人力踏动或由畜力转动，再带动上转轮转动，随之锁链运动，竹筒也跟着循环移动，在下转轮的地方，竹筒吃水后继续往上一直到达最高点后，竹筒开始转向，倾倒水入农田，如此周而复始，循环往复。

4. 水转高车

水转高车，其形制上是融合“水转翻车”与普通筒车的发明。既利用了筒车的“水击轮转”，又应用了龙骨板槽的设计。与卫转筒车、高转筒车相比，水转高车的优势在于无须人力、畜力的推动。但水转高车既需“兜水循槽”，又需“水力相称”，所以，整体架构要相对复杂，安装上的要求也更高。水转高车不仅为灌溉之用，还是为满足都市楼阁用水的一种特殊装置[①]（图 5-45 和图 5-46）。

架设高车需有“水力上乘”的先决条件，在能够装置水碓、水碾等之处。王祯的《农书》说：“遇有流水岸侧，欲用高水，可用此车。其车亦高转筒轮之制，但于下轮轴端别作竖轮，傍用卧轮拨之，与水转翻车无异。水轮即转，则筒索兜水循槽而上，余如前例。又须水力相称，如打辗磨之重，然后可行，日夜不息，绝胜人牛所转。”王祯说，这种水转高车在当时还是“秘术”，是他写进《农书》才公开传播的（图 5-45 和图 5-46）。

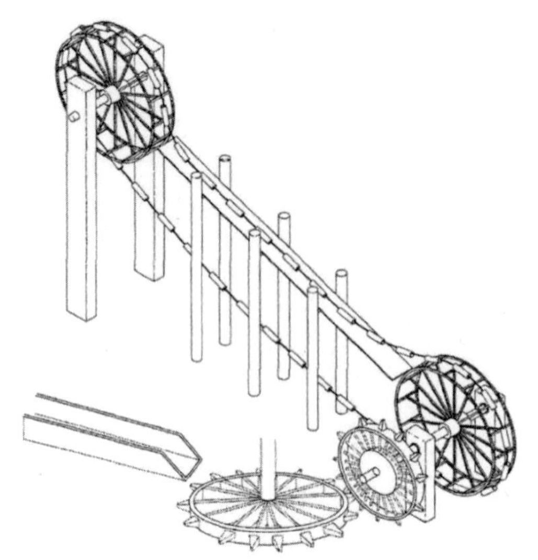

图 5-45　畜力筒车结构①

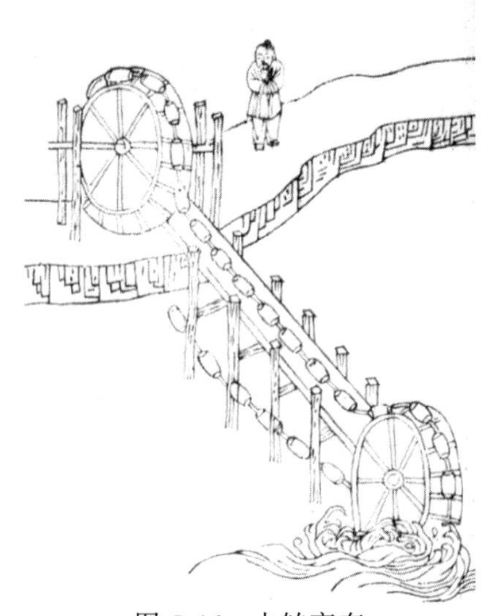

图 5-46　水转高车
出自王祯《农书》

5.7.4　筒车的灌溉效率

就灌溉效率而言，黄河水车是筒车中的王者。黄河水车的大立轮直径达 20～30 米，能直接从黄河干流中汲水。据 1943 年出版的《西北花絮》中记载："水槽穿过城墙，水车与城头并肩。"②据中华民国 30 年（1941 年）《新兰州·名胜古迹》记载："黄河上游两岸多系田高水底，田亩灌溉端赖水车，水车为木制亦设河岸，利用水的自然动力冲激轮板而运转汲水上升，经由木槽以灌田，此种木槽常以大木支架，离地数丈，绵延曲折，宛如空中游龙，俗名飞槽，水车轮径大小不一，最大者直径达七丈五尺，每具灌田最广者可至二百亩，甘肃一省共有水车二百余轮，皋兰一带占十之七。"文中讲到这一时期兰州水车每车最大可灌至 200 余亩（1 亩≈666.67 米²）。

关于筒车的灌溉效率，在我国南方省份明清地方志中的记载有较大的出入。

20 世纪 50 年代，湖南省为了改良旧式筒车，根据筒车轮径的大小，把筒车分为 3 种：①轮径 1.6～3 米的为小型筒车，灌溉能力 0.6～3 亩不等，多安装在小沟渠道内；②4～10 米的为中型筒车，灌溉能力 10～60 亩不等，多安装在

① 方立松. 2010. 中国传统水车研究. 南京：南京农业大学.

② 孟述祖. 1943. 西北花絮. 兰州：甘肃青年出版社.

较大的溪河内；③大型筒车直径在 10～20 米，最大达 30 余米，灌溉能力 5～200 亩不等。筒车是一种适合山地经济的水利灌溉器具，其灌溉效率是随地而宜的，水流量情况、制作精良与否，对灌溉效率都有很大的影响。

从水车的灌溉效率对比，筒车为最，其次为风车和牛车，再次为脚踏翻车，末为拔车。由于筒车无劳动力成本，比翻车具有较大的优势，但筒车灌溉受到外界因素影响大，而人力翻车具有较高的灵活性。在传统的农耕社会，由于人力资源成本低廉，在农田灌溉水利上形成了翻车与筒车互补的局面。

5.7.5　中华筒车之美

筒车自古就是文人反复歌吟的，具有自然生态之美的风物。古人关于筒车的赞美甚多，现摘录片断如下。

唐代贯休（832—912 年）《禅月集》《春野作五首》：“闲步浅青平绿，流水征车自逐。谁家挟弹少年，拟打红衣啄木。”南宋赵蕃在《淳熙稿》卷十九《激水轮》中有赞美湖南湘江筒车的：“两岸多为激水轮，创由人力用如神。山田枯旱湖田涝，惟此丰凶岁岁均。”

南方丘陵山区水力资源丰富，径流量和水流落差大，为架设筒车灌溉的理想之地。丘陵山地溪流边，架设水轮灌溉，成为南方丘陵山地的一大水利景观。

自明代起，南方水车制造技术被引入西北地区，一种大型水车矗立在甘肃兰州的黄河岸边。与秀美娇小的江南水车相比，兰州水车形制巨大，被称为“老虎车”“天车”。由于自然环境不同，南北筒车风格迥异，是人们因地制宜的杰作。

筒车在视觉上符合点、线、面相结合的设计原理，实现了空间上运动的美，且点和面有规律地在一个圆周上排列着，形成了独有的秩序美感，运动的点和面有种空间感和层次感，在功能上给人以机械之美的感受。筒车的结构简单，采用自然的素材与周围环境的动静结合，只要有流水作为动力，就能日夜不停地取水灌田，在视觉上能与周边的自然环境很好地融为一体，形成恬静优美的视觉画面，体现出生态之美的设计原则（图 5-47）。

欧洲及中东地区，历史上也使用类似筒车的提水装置——戽斗车（noria），

图 5-48 为架矗立奥龙特斯河（Orontes）上的哈马（Hama）的巨型叙利亚水车。然而，中华筒车一般架设在环境优良的山区丘陵，而且中华筒车的制作均采用素朴的自然素材（如竹、木等）（图 5-47），体现与自然和谐的生态设计之美的，非传统的中华筒车莫属。

图 5-47 中国山区的水车①

图 5-48 叙利亚水车

图片来源：全景，http://www.quanjing.com/

5.7.6 小结

筒车作为中华传统水利机械中最重要的农田水利灌溉工具之一，是南方丘陵山区农业开发过程中，中华先民们为解决山田水利问题而采用的技术和方法。筒车的发明，对历史上南方丘陵地区的农业发展有着举足轻重的影响。

筒车主要是木质结构和竹质结构，在支架和水槽部分一般采用木质结构，而在筒车主体框架部分和蓄水桶部分以及连接用的绳索，采用的主要是竹质结构，素材各自发挥自己的特性，将两者很好地结合在一起，是筒车的一大特点。

由于南方山区竹材丰富，筒车的制造可就地取材，成本较低。筒车这种因地制宜、省力高效的灌溉机械在丘陵山区应用十分广泛，所谓“凡有急流大溪处，皆可仿而行之”。

兰州段黄河大水车，利用黄河水对巨轮的冲击力，使巨轮转动倒挽黄河之水上岸，灌溉农田，开创了在黄河上架设水车的先例。

随着科技进步，筒车逐渐退出了灌溉的历史，然而，筒车对整个中华民族意义深远，它体现了中华先民解决农田水利问题的智慧，也承载着今天人们思乡的情感。

① 张柏春，张治中，冯立升，等. 2006. 传统机械调查研究. 郑州：大象出版社：30.

第 6 章 木质链传动之美

今天的人们可以利用便利的水泵式抽水机，非常高效地抽水进行排涝灌溉作业，因为现代的水利机械及其设备背后有庞大的社会工业化体系的支撑。各行各业中，有的完成了材料加工，有的制作了某个部件……今天任何一项稍复杂的产品，其生产及制作都不是由某个企业单独完成的。

然而，如果穿越回农耕时代的传统乡村，工匠们凭借着有限的材料，如木材、竹材等，以及简陋的生产工具，如锯子、刨子、凿子等，就能完成令今人惊叹的伟大的民具——传统水利机械（井车、翻车等），解决了取水、升水的问题，其中所蕴含的生态智慧及博物技能值得今天的机械工程师们思考和借鉴。

本章介绍了两种木质链传动机构的传统水利机械——井车、翻车，这两种机械是传统水利机械中的杰出代表。

井车由于取水量受限制，在王祯的《农书》上尚未记载，属于生活用水范畴的传统水利机械。但在清代，在西北缺水地区推广井车汲取地下水进行灌溉，事半功倍。

翻车也就是通常所说的“龙骨车”，是在中华大地上使用最广、作用最大的传统水利机械，对农田水利的排涝灌溉发挥了巨大的作用。翻车有人力、畜力、水力、风力 4 种基本形态。实用的翻车是中华先民爱用的工具之一，也是传统文人赋予情感的器具。翻车除了在形制上具有设计美感之外，人们在使用翻车时还能反映出劳作的生活美。翻车的精巧设计是中华古代工业设计的典范。

6.1 井车链传

井车又称“井轮”“汲井轮”，是通过安置在井上方的卧轮传动立轮，立轮带动井口的立水轮使一串盛水筒做上下循环往复运动，从深井中提水进行灌溉的一种传统水利机械。

6.1.1 井车的构成及原理

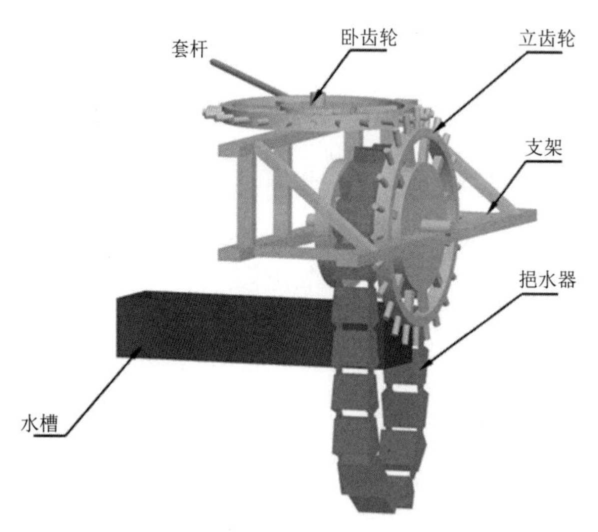

图 6-1　井车模型

井车（图 6-1）是为人力或畜力提取井水而设计的提水装置。井车由卧齿轮、立齿轮、立水轮和一串木桶链等构件组成。

卧齿轮被人力或畜力驱动后，啮合立齿轮，由于立齿轮与立水轮连接在一个轴上，且立水轮恰置于井口，立水轮上挂着带有一串挹水器的链索，链索另一头下垂于井水中；人畜通过卧齿轮传动立轮之后，立水轮随即带动链索做循环往复运动，从而使挹水器不断把井水提升到井上[①]。

井车在明晚期发展为适应北方的特点的，以辘轳、筒车、龙骨车的意象为一体的“立井水车”，徐光启称之为“龙骨木斗”（图 6-2）。它的构造是将多数水斗用许多小横轴连接成一串，像一条大链，套在井上边的一个大轮上。在这个大轮轴的一头装上一个大齿轮，和上部的一个大卧齿轮相衔接，用马、驴、骡等拉动套杆，带着大卧齿轮，则大立齿轮随着转动，套着水斗的大轮也随着转动，满装水的水斗就连续上升，把水带上来，倾泻在横放大轮内的一个

① 李根蟠. 2011. 水车起源和发展丛谈(上辑). 中国农史, (2):3-18.

水槽里边，继续流淌到田里或生活用储水池，空水斗则由另一边下降，如此循环往复。

由于井车的汲水量有限，更适合生活取水，很难满足农业生产的大量灌溉取水。

图 6-2　龙骨木斗

图片来源：西瓜视频

6.1.2　井车的历史渊源及发展

深井的提水机械，最早出现的是滑车，之后是辘轳，然后是井车，其间演进的轨迹是比较清楚的[①]。井车约产生于隋唐时代，属于北方井灌工具之列。

《太平广记》引《启颜录》中记载了唐初的："邓玄挺入寺行香，见水车以木桶相连，汲于井中。"根据文字推测，邓玄挺所见可能是辘轳和滑轮综合而成改良后的井水水车。

唐朝前期，由于华北、西北一带地区较为干旱，伴随着均田制的推行，农田水利的需水增多，为了高效率地汲取地下水灌溉农田，人们在高转筒车结构原理的启示下，创造了一种比一般辘轳汲水量更大的、用于井汲水的水车——井车。由于唐代井车的普及，刘禹锡的诗歌中也曾提及井车。

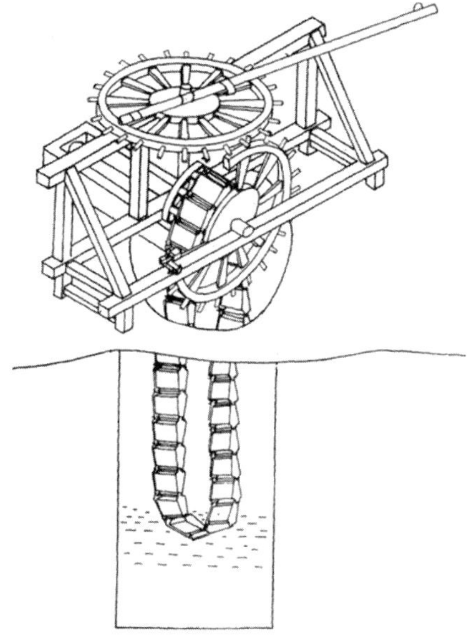

图 6-3　戽斗式机轮水车复原设计

出自《析津志》

唐代的牛转井车或许是中华灌溉机械史上最早的畜力水车。这种以畜力代替人力的动力改革，对缺乏水力资源的广大地区来说具有特殊的意义。

据史料记载，1294～1364 年元大都普遍使用戽斗式机轮水车。元末明初的熊梦祥在《析津志 · 施水堂》中写道："顷年有献施水

① 李根蟠. 2012. 水车起源和发展丛谈(下辑). 中国农史, (1): 3-21.

车……其制，随井深浅，以荦确水车相衔之状，附木为戽斗，联于车之机，直至井底而上。人推平轮之机，与主轮相轧，戽斗则倾于石枧中，透于阑外石槽中。”该水车（图 6-3）[①]的特点是，以戽斗链代替龙骨水车中刮水板链和高转筒车中的竹筒链。由圆木上绞缠绳索，且索系水平，圆木旋转，带动绳索，水斗随之起落以取水。

明末农学家徐光启在《农政全书》中记载了“木斗水车”：“近河南及真定府，大作井以灌田……其起法，有梧棒，有辘轳，有龙骨木斗，有恒升筒，用人用畜。”由于木斗的链带很像龙骨水车的刮水板链带，木斗水车在《农政全书》里被称为龙骨木斗，畜转龙骨木斗井车具有能适应雨水缺少、地下水位低的特点，近代依然在洛阳和其他一些地方肩负着汲水灌田的任务[②]。图 6-4 是 20 世纪 20～30 年代使用的木斗水车示意图。

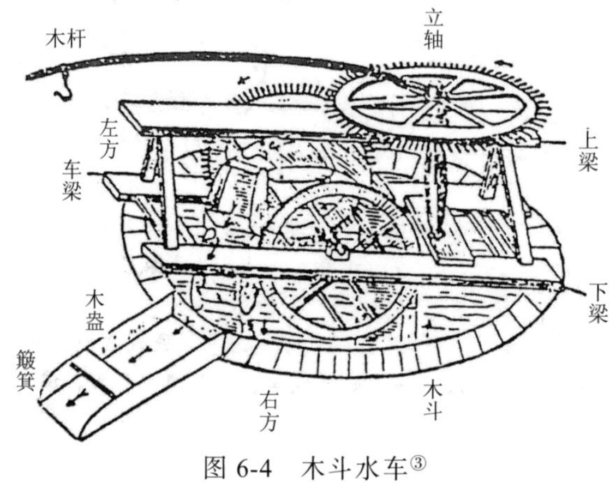

图 6-4　木斗水车[③]

清代，北方灌溉受到了清朝皇帝及朝廷的关注。道光皇帝曾下谕：“如有民间不知此法，即于颁发式样后，劝令按井制车试行。”在井车灌溉的推动下，北方一些地区的农田水利得到了一定的发展。

6.1.3　井车的形制

唐初的井车，其形制是把辘轳组成串，再由许多水斗组成一条长链，装在

① 陆敬严，华觉明. 2000. 中国科学技术史・机械卷. 北京：科学出版社: 82.

② 李崇州. 1983. 中国古代各类灌溉机械的发明和发展. 农业考古, (1): 141-151.

③ 陆敬严，华觉明. 2000. 中国科学技术史・机械卷. 北京：科学出版社: 83.

井口一个大的立齿轮上，大立齿轮和另一卧齿轮相啮合。提水时只要用动力拉动卧齿轮上的套杆，井水就会由水斗连续不断地提上来。

清代文献《新绘中华新法机器图说》中记载了结合古代水车和唧筒装置特点的管链水车——转水机器，“于井阑上安一木架，用瓜楞轴，轴有曲柄可转，将长棕绳一条，绳上连贯皮球数十个，形如鸭子，球中包棉絮，每个相去五六寸。用铅管如杯口粗，下端入于井水内，而口湾转旁向，其上口在木架之中，凑于瓜楞轴下，其棕绳球穿于铅管中，两头环转接牢，套绕于轴上。用时手转曲柄，则水自由管内上升于架中木盘内，木盘有嘴口向下，受以桶，其水源源而来矣。”图 6-5 为《新绘中华新法机器图说》中记载的管链式水车图形。

由于管链式水车在 20 世纪 50 年代的中国北方流行，李约瑟在《中国科学技术史》中也介绍了他在中国看到的这种提水工具（图 6-6）。

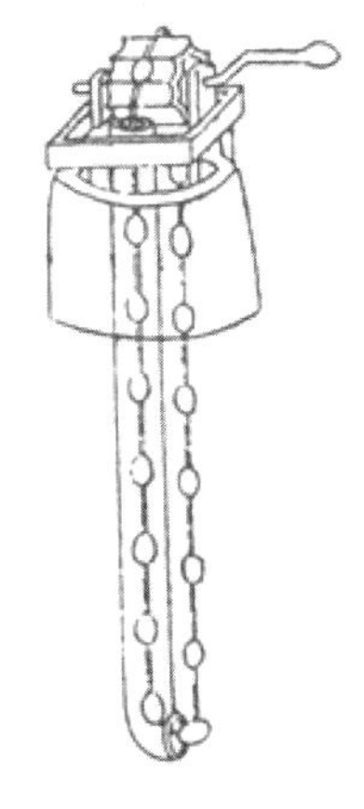

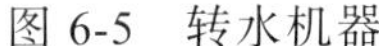

图 6-5　转水机器

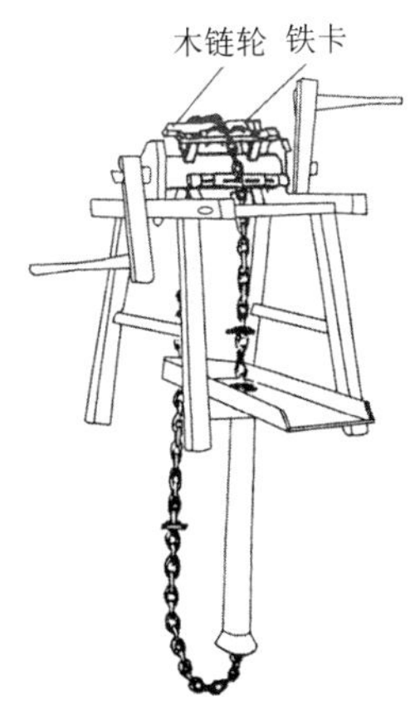

图 6-6　管链式水车①

6.1.4　井车之美

唐代诗人刘禹锡的诗歌中有“何处深春好，春深种莳家。分畦十字水，接树两般花。栉比栽篱槿，咿哑转井车……”的诗句，描述了在美丽的春天里转动井车的场景；宋代葛胜仲《丹阳集》卷《次韵德升惠新茶》中有“双迭红囊贮拣芽，旋将活火试瑶花。半生未有阳侯厄，喜听咿哑转井车。”两首诗中的“井

① 陆敬严，华觉明．2000．中国科学技术史·机械卷．北京：科学出版社：83．

图 6-7　古罗马抽水机的复原①

经修改

车”皆与美好的季节、美好的事物和谐地融合在一起，具有生态之美的设计特质。

井车是结合齿轮传动、链传动的传统水利机械，具有木制机械之设计美感。2002 年英国伦敦博物馆复原了罗马抽水机①（图 6-7），罗马抽水机是古罗马时代由奴隶们集体劳作使用的汲水机械，其汲水原理与中华井车相似。相比于罗马抽水机，中华灌溉史上记载的井车是普通的农耕民、一般市民使用的，形制更为小巧、形式多样，具有素朴秀美的特质，没有彰显出征服自然的意志。中华井车被文人附上美好的意境，是诗歌中吟诵的风物。

6.1.5　小结

由于井车在灌溉上使用得颇少，所以，元代王祯的《农书》中省去了井车相关内容的介绍。在今天使用抽水泵取水非常便利的时代，早已不需要井车汲水了，但井车采用齿轮传动及链传动的设计构造，其垂直汲取井水的特点，仍然可以作为人类重要的博物技能得以保留。

6.2　翻车龙骨

翻车（图 6-8）民间也称“踏车”“水车”“龙骨车”“水龙”“水蜈蚣”“龙骨”“蛇骨”“木龙”“田车”“拔车”等，水车属统称（包括其他灌溉机具），除了翻车，其余皆为龙骨车的专指。最初发明它的时候就被称为翻车，元代王祯

① 迈克尔·伍兹，玛丽·B. 伍兹. 2013. 古代机械技术. 蓝澜，译. 上海：上海科学技术文献出版社.

的《农书》、明代徐光启的《农政全书》及清代乾隆年间的《钦定授时通考》也都称为“翻车”。翻车或龙骨车是采用木质链传动的刮板式的连续提水机械，是中华传统水利机械中应用最为广泛、效果最好的排灌机械。

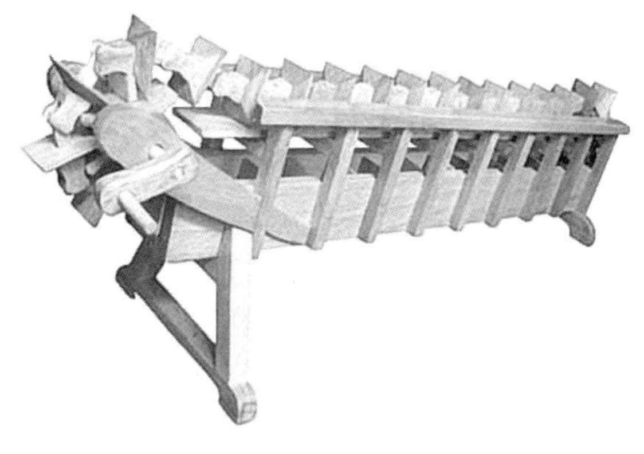

图 6-8　翻车/龙骨水车

图片来源：

http://blog.sina.com.cn/s/blog_50e9323b0100cgwc.html

6.2.1　翻车的机械结构及传动原理

翻车（龙骨水车）由大小龙头、龙骨、刮水板、车厢（木制水槽）、曲柄（车舞手）等构件组成，这些复杂的构建全是匠人们用木头制作而成的（图 6-9）。

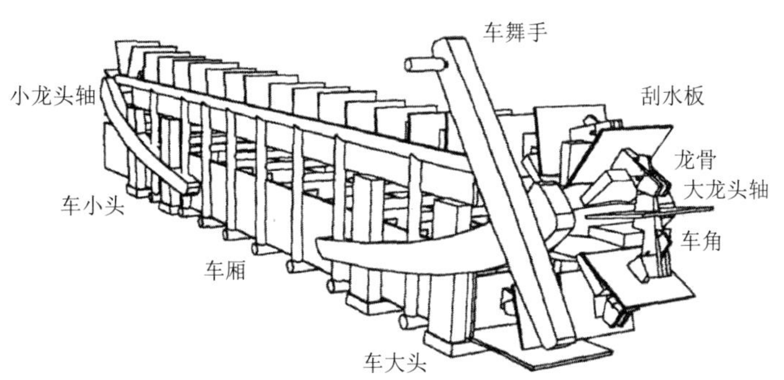

图 6-9　翻车（龙骨水车）的构造图

传统翻车的工作原理是利用链轮循环传动，带动水槽内的刮水板由低向高平行移动，从而使低处的水沿着水槽引向高处（图 6-10）。

翻车具体的工作方式是，在水槽内部顺序排列与水槽宽度相称的刮水板（图6-11），刮水板由链轮带动旋转，水槽两端各有一副齿轮的转轮（大小龙头）。转轮上齿轮（车角）的形状是与木链条接触的部位宽于后面与轮轴接触的部位，这样的设计方便各齿轮与木链条咬合。提水时，先将翻车安放于河边，水槽尾部浸入水中，通过手摇曲柄或脚踏的方式转动龙头的转轮，带动链条整体转动。

链条上的刮水板同时在水槽内部由下向上方平行移动，带动了浸入水槽内部的水也由低向高移动，水行至水槽口部时会自动倾灌而出，从而达到提水的目的[①]。

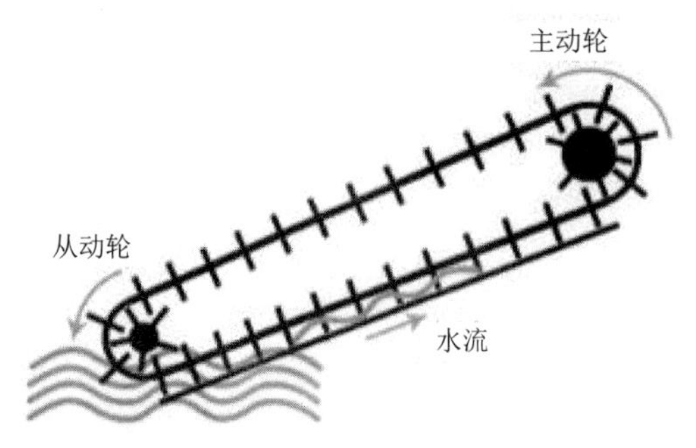

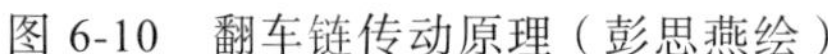

图 6-10　翻车链传动原理（彭思燕绘）

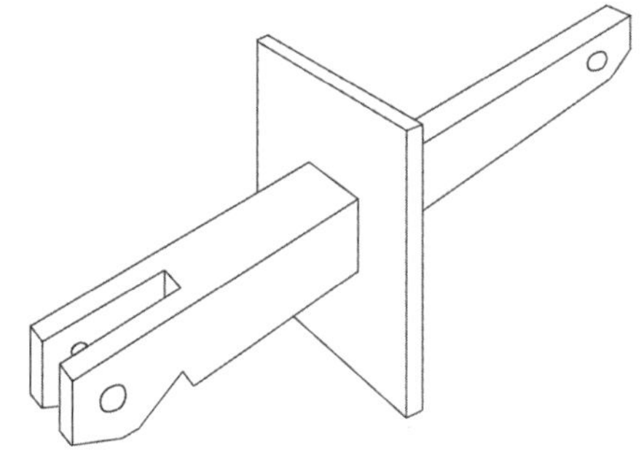

图 6-11　龙骨与刮水板

在手摇曲柄或脚踏拐木的作用下，木链条周而复始地翻转，刮水板也不断地把水槽中的河水提升到岸上，对地势较高的农田进行灌溉。

6.2.2　翻车的历史渊源及发展

翻车是过去的 1700 多年间，中华民族的先民应用得最为普遍、效果最好的一种灌溉或排水机械。

“翻车”一词最早出现在东汉。据《后汉书 · 张让传》记载，汉灵帝中平三年（公元 186 年），“又使掖庭令毕岚……铸天禄、虾蟆，吐水于平门外桥东，转水入宫。又作翻车、渴乌，施于桥西，用洒南北郊路，以省百姓洒道之费”。天禄、虾蟆是动物形的铜铸的水道口，引水入宫中。唐朝章怀太子李贤注云:“翻车，设机车以引水。”可以推测翻车是将水从低处提升到高处的机具。

《三国志 · 杜夔传》中关于“翻车”的记载:“（魏明帝）时有扶风马钧，巧思绝世。傅玄序之曰……居京都，城内有地，可以为园，患无水以灌之，乃作翻车，令童儿转之，而灌水自覆，更入更出，其巧百倍于常。”

上述两则古文是最早记载了有关于翻车信息的史料，由史料可以推测翻车的发明者是毕岚，最初用于道路洒水。几十年之后，三国发明家马钧改良了翻车，功效大为提高，可用于洛阳城里园圃的灌溉；经马钧改良后的翻车容易操

① 王为华. 2010. 历史时期灌溉农具水车的演变及地域应用. 广州：暨南大学.

作，儿童也能驱动提水。由于上述史料透露出的信息有限，关于翻车是何种灌溉器具引发过技术史专家的争议。

据元代王祯在其撰写的《农书》中记载：“翻车，今人谓‘龙骨车’也。”学术界比较认同“元人王祯说翻车是后世龙骨车”的观点。翻车自东汉发明之后，历朝历代在民间一直延续使用。

据《旧唐书·文宗纪》中记载：“太和二年三月丙戌朔，内出水车样，令京兆府造水车，散给缘郑、白渠，以溉水田。”其大意是，朝廷颁发了水车式样于京兆府，令该府依样制造，散发给郑渠白渠一带百姓，用水车来灌溉。之后，京兆府必须向朝廷报告执行诏令之情况，其原委记录在《册府元龟》中。据史料推测，水转翻车或在唐代就已经出现。

宋代文人苏轼的《无锡道中赋水车》中有“翻翻联联衔尾鸦，荦荦确确蜕骨蛇”成为描绘翻车经典形象的词句；元代王祯的《农书》上详细记载了水转翻车、牛转翻车等水车形制；明代宋应星的《天工开物》也记载了包括拔车在内的各式翻车。

清代学者麟庆在他所著的《河工器具图说》上对翻车有详细的叙述：“其制除压栏木及列槛桩外，车身用板作槽，长可二丈……其在上大轴两端，各带拐木四茎，置于岸上木架之间。人凭架上踏动拐木，则龙骨板随转循环，行道板刮水上岸。”[①]

据《歙县志》记载，直至20世纪60年代，安徽省歙县全县还有翻车3000多架，在抗旱过程中发挥过巨大作用。

千百年来，翻车一直是中国传统乡村中的主要灌溉机具，并对朝鲜、日本、东南亚等周边地区的农业生产起到了很大的促进作用[②]。

6.2.3　翻车的形制

元代王祯《农书·农器图谱》中对翻车的形制做了详细的描述。根据王祯

① 刘仙洲. 1962. 中国古代在农业机械方面的发明.农业机械学报, 5(2): 6.

② 陈民新. 2009. 龙骨水车的形制与审美文化研究.美术大观, (11): 204-205.

《农书》的记载，元代脚踏龙骨车（翻车）的形制是，用木板做一个长约 2 丈（1 丈约为 3.33 米）、宽 4～7 寸（1 寸约为 0.03 米）、高约 1 尺（1 尺约为 0.33 米）的木槽，在木槽的一端安装一个比较大的带齿轮轴，轴的两端安装可以踏动的踏板；在木槽的另一端安装一个比较小的齿轮轴，两个齿轮轴之间装上木链条（即所谓的龙骨），木链条上拴上串板。这样，灌溉农田的时候把木槽的一端连同小齿轮轴一起放入河中，人踏动大齿轮轴上的踏板就可以使串板在槽里运动，刮水向上连续把水从低处带到高处灌溉农田。翻车采用木结构完成了齿轮和链的机械传动结构，并在链上加上刮水板，是充满匠心的巧妙设计。元代《农书》中所描述的翻车与后世的翻车在形制上已没有明显的区别。

2007 年日本关西大学的学者绪方正则等对无锡吴文化公园的龙骨水车（文物）进行调研发现，龙骨水车的制作是采用距今 3000 年商（殷）时期的长度规格[①]。翻车其长度一般为 1～2 丈，是按照 1 尺≈173 毫米的基准制作的（图 6-12），揭示了中华文明 3000 多年前的工业规格在后世一直脉脉承传的事实（表 6-1）。

今天采用公制单位，需要对起源于商周时代的市制有必要的了解。战国时期归纳创作而成的《周礼·考工记》是战国时期记述官营手工业各工种规范和制造工艺的文献，也是世界最古老的技术书。以传统市制为基础形成的包括翻车在内的中华造物规范是今天设计学值得研究的课题。

翻车是用榆树做木链条；用栎树做刮水板（图 6-11）；用楂树做车轴齿；用杉木做车厢、大小龙头轴、车桥，这样的安排可以减轻翻车的重量，便于搬运。翻车由乡村的碓匠制作完成后，还要对车槽等重要部件进行桐油处理，以防止车身因长时间浸泡在水中而腐烂，延长了车身的使用寿命。

由于历史上水稻种植的推广，自东汉翻车发明以来，江南一带逐渐形成普遍使用人力翻车的状况，称为“龙骨车”。在宋元时期，翻车的制作技术成熟，已经具备了各种翻车的形制，奠定了翻车家族的基本格局[②]。根据所采用的动力

---

① 緒方正則など. 2007. 中国に残る龍骨水車の実地調査による長さの単位の考察. 日本機械学会, 7-97.

② 王为华. 2010. 历史时期灌溉农具水车的演变及地域应用. 广州：暨南大学.

进行分类，明代翻车有 4 种形制，即人力、畜力、水力和风力[①]。

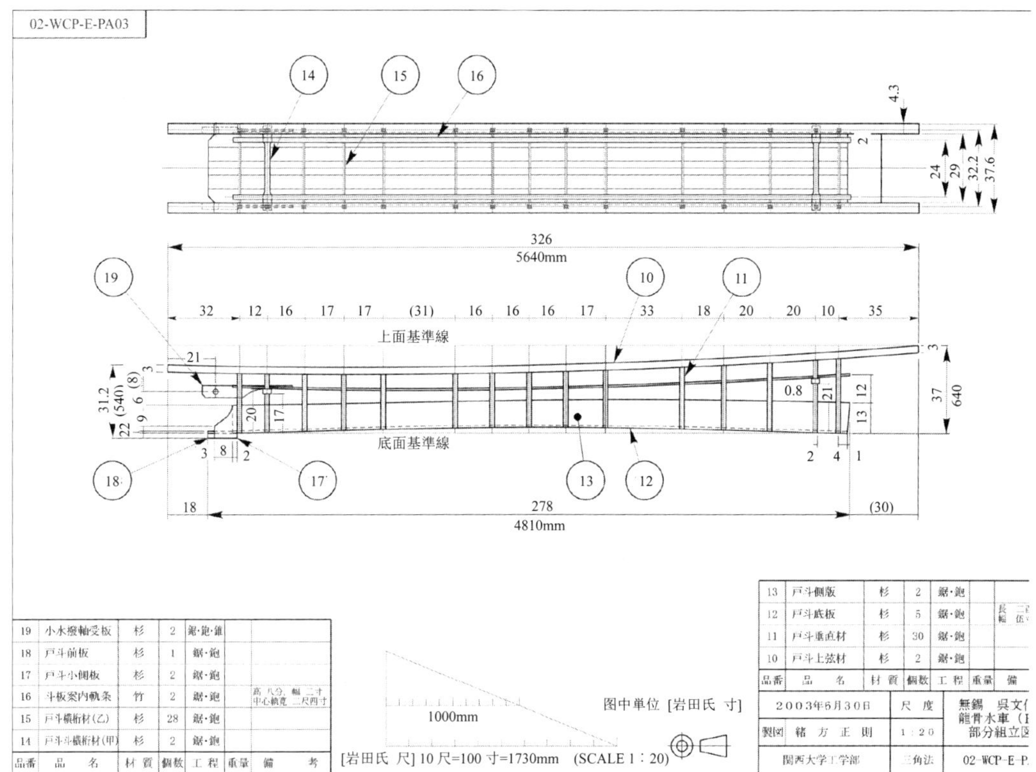

图 6-12　江南龙骨水车的形制比例[②]

表 6-1　传统市制尺度表

毫	厘	分	寸	尺	丈	里
	10 毫	10 厘	10 分	10 寸	10 尺	150 丈

1. 人力翻车

人力翻车有“手摇”和“足踏”两种。手摇翻车（图 6-13）又称“拔车”“手车”，相传三国马钧制作的就是手摇翻车。明代宋应星《天工开物》中有拔车的记载（图 6-13）。用手摇动拔车的曲柄，以带动转轮转动，再由转轮带动链条，链条带动刮水板，进而将水由低处引到高处。拔车的构造轻便灵活，适用于水源浅、提水距离近及高程较小的地区。

① 刘仙洲. 1962. 中国古代在农业机械方面的发明. 农业机械学报, 5(1): 6.

② 緒方正則など. 2007. 中国に残る龍骨水車の実地調査による長さの単位の考察. 日本機械学会, 7-97.

图 6-13　手摇翻车

出自《天工开物》

图 6-14　脚踏翻车

出自《农政全书》

脚踏翻车（图 6-14）又称“踏车、人车”，其与拔车的区别是，踏车用横木带动轮杆，轮杆上的齿轮与链条相咬合，链条循环转动，进而带动刮板车水。横木上设有踏板，每组踏板上有 4 个拐木。使用时，由人脚下蹬踏板，使横木转动，进而带动轮杆和链条转动。

踏车一般分 2～8 人每组，在人腰部以上还设有扶手杆，顶上设有遮阳挡雨棚。当下蹬踏板时，可借助于人的自身重力，因而节省体力。由于脚踏所产生的力较大，所以其灌溉效率也高，“大抵一人竟日之力，灌田五亩……”

2. 水转翻车

元代王祯的《农书》中明确记载了以水流为动力的翻车形制——水转翻车，书中文字明确了水转翻车有“立轮”或“卧轮”两种。水转翻车是利用自然界昼夜不息的水能带动水力传动部分进行提水灌溉，水转翻车是翻车在动力应用上的发展。

如图 6-15 所示[①]，水转翻车的装置结构与翻车相同，只是原动力是一个大水轮。水转翻车（图 6-16）是利用水流的冲击力量带动轮轴旋转，进而将力传动至翻车链轮上，带动刮水板将河水刮入水槽，并车水上行，汲水能力相当大[②]。

① 方立松. 2010. 中国传统水车研究. 南京：南京农业大学.

② 李干，周祉征. 1996. 元代的农具. 中南民族学院学报(自然科学版), (2): 85-91.

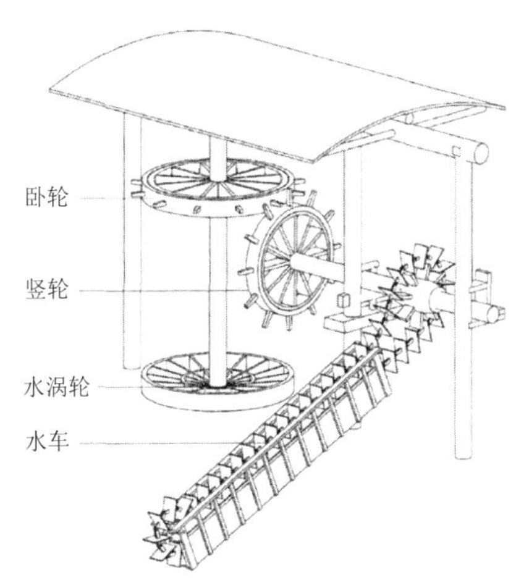

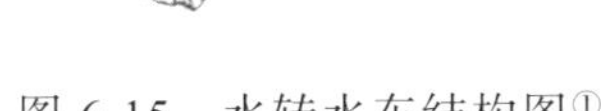
图 6-15　水转水车结构图[1]

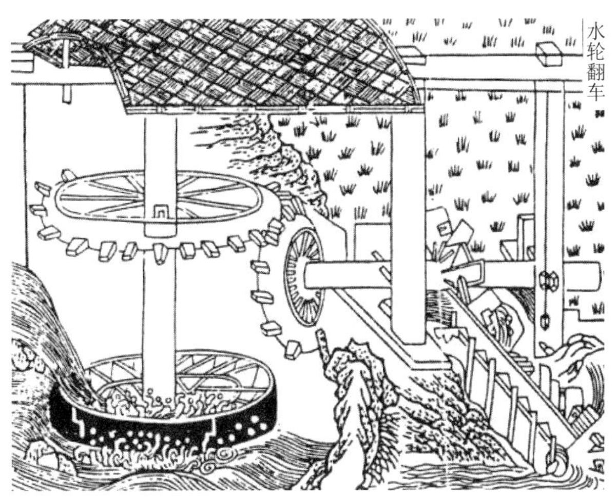

图 6-16　水转翻车
出自《农政全书》

卧式水转翻车有三轮。先立一竖轮与踏车同轴，又在流水处立一同轴上下两卧轮，上卧轮与竖轮上的辐支相交。下卧轮受水流冲击转动带动上轮，上轮带动竖轮，由于上卧轮和竖轮是互相咬合的木齿轮，遂使翻车翻转提水上岸（图 6-15）。

若水源较高，也可以采用立式水轮，省掉两个齿轮[2]。立式水转翻车的大立轮与翻车的大龙头同轴，立轮被水冲击转动时可直接带动大龙头转动，翻车即可车水。相比之下，立轮式水转翻车比卧轮式水转翻车结构简单。

水转翻车需要稳定的水流，太强的水势易使龙骨板破裂；水势太弱又无法使水轮转动。由于水力翻车只有在水流有落差的地方才能使用，因此，它的使用范围极为有限[2]。

3. 畜力翻车

畜力翻车（图 6-17 和图 6-18）是指由畜力（耕牛或驴）带动翻车链轮转动的翻车，在元代王祯的《农书》中又称为“牛转翻车”。牛转翻车与卧式水转翻车十分相似，将卧轮式水转翻车上的下卧轮卸掉，用牛来代替，拉动立轴转动即可。

牛转翻车与人力翻车、水转翻车相比，其汲水量更大，比水转翻车有了更强的适应性。由于牛转翻车必须配备相应的畜力，所以其在我国经济发展较好

---

① 方立松. 2010. 中国传统水车研究. 南京：南京农业大学.

② 刘仙洲. 1962. 中国古代在农业机械方面的发明. 农业机械学报, 5(1): 6.

的东南一带农家使用较多[①]。

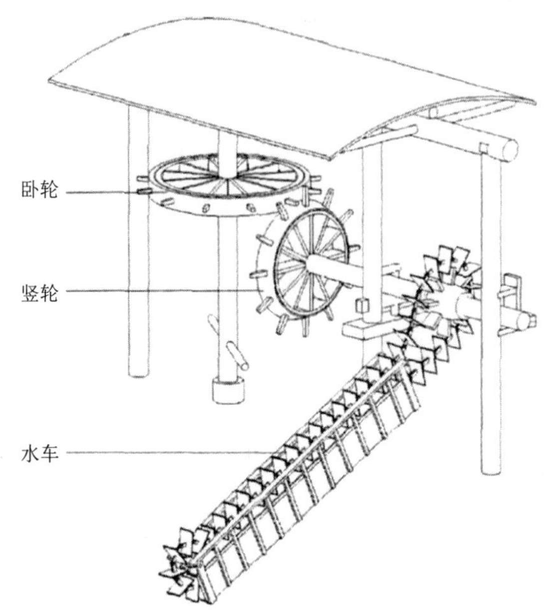

图 6-17　牛转翻车结构图[①]

图 6-18　牛转翻车

出自《天工开物》

畜力翻车是在踏车的基础上改进了带动链轮的传动装置，传动装置是用畜力拉动水平卧轮旋转，再由水平卧轮咬合竖向立轮，进而带动链条循环车水。

元代王桢在《农书》中有："牛转翻车，如无流水处用之。但去下轮，置于车傍；岸上用牛拽转轮轴，则翻车随转，比人踏功将倍之……欲远近效之，俱省工力。"[②]畜力翻车需在场地较宽阔的地带操作，其使用效率较人力翻车翻倍，可用于灌溉需求量大的区域。

4. 风转翻车

风转翻车（图 6-19）是利用风车带动翻车提水的灌溉机械。

风转翻车由风车、传动装置和翻车三部分组成（图 6-16）。风车大致分为立轴式和卧轴式两类：立轴式风车由风帆推动桅杆，使立轴和平齿轮转动，驱动翻车；卧轴式风车的轴是斜卧的木杆。

① 方立松. 2010. 中国传统水车研究. 南京：南京农业大学.

② 王祯. 2008. 东鲁王氏农书译注. 缪启愉，缪桂龙，译. 上海：上海古籍出版社：571，575-577.

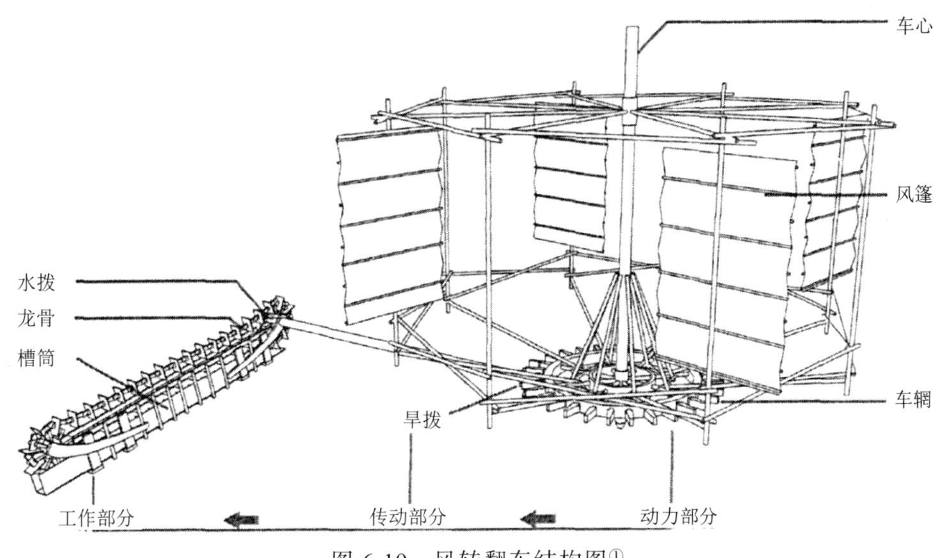

图 6-19　风转翻车结构图①

由于中国山东、江苏沿海一带风力强劲，过去风转翻车在山东沿海、江苏盐城一带使用得非常普遍，是齐鲁大地及苏北大地上的一道乡村风景。

6.2.4　翻车在排涝灌溉中的作用

翻车可将水提升至离水平面 2～3 米的高度，实践证明，水车安置斜度与地面成 10°角时，提水效能最大。如置车斜度达到 30°角时，提水效能就降低一半。翻车的长短不一，随地所宜；又因为其重量轻，方便搬运，所以翻车在平原、丘陵、山区三种地形均可架设，有较强的环境适应性。

南方的平原水乡地势平衍，沟渠塘坝处处皆是，水源充足，田水落差小，非常适宜翻车架设。常州水车用九人轴，苏州水车坐而踏之，这些传统的水车之乡，处处皆见人力翻车的身影。

踏车在平川沃野除灌溉和抗旱功能外，还具有排涝作用。太湖流域地势低洼，水网纵横，易患涝灾，历史上在长期排涝过程中形成一种大棚车制度，是江南水乡特有的农业劳动协作景象。每遇大雨连绵，河水泛溢，则集合翻车引水以救，以集体的力量与大自然进行抗争①。据记载，历史上曾有调用 40 架翻车补充提升运河水位以便于通船。

① 方立松. 2010. 中国传统水车研究. 南京：南京农业大学.

6.2.5 翻车的复原实验

虽然大部分中华传统水利机械背后的原理皆有直观且一目了然的特点，然而翻车采用木质链传动机构需要高度的制作技巧，其制作是匠人长期木作经验的结晶，今天的木匠师傅大多不会制作了。

为了了解翻车形制、原理和制作过程，中国科学院自然科学史研究所与台湾南台科技大学等单位于 2006 年在苏北联合开展中国立轴式大风车的复原与调查[①]；河海大学工业设计系也曾联系民间艺人进行缩小比例的拔车复原实验（图 6-20）。这些复原实验对传统翻车技艺的记录与保存起到了非常有益的作用。

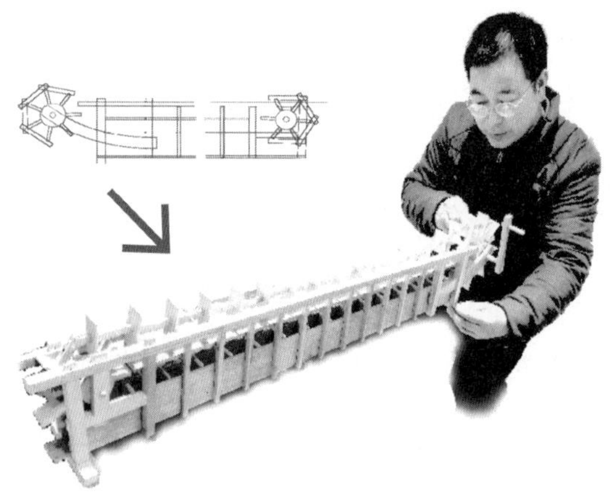

图 6-20 复原手摇翻车

6.2.6 翻车的设计之美

千百年来，翻车应用于农田水利事业，人们对翻车充满了泥土气息的印象，忽视了翻车是非常精巧的古代工业设计。翻车通体用木质板材制成，全部采用榫卯结构。例如，翻车的龙骨采用榫接和木销钉连接的方式以增强牢固程度；刮水板链的连接采用锥型木棒通过静力连接，翻车体现了中华民具的生态设计美学。

---

① 孙烈，张柏春，张治中，等. 2008. 传统立轴式大风车及其龙骨水车之调查与复原. 哈尔滨工业大学学报(社会科学版), 10(3): 11-19.

今天，荷兰已成为举世闻名的风车之乡（利用风力排水）。然而，在传统的齐鲁大地及苏北大地上的传统乡村，风转水车是一道被忘却的乡村原风景。

翻车造型线条优美，整体上呈现长方形，在大小龙头转轴处的转折突破了外观上的方正模式，其设计是实用木质结构与精巧外观的完美结合。刮水板链的重复和两头突出的圆周阵列的结合符合现代机械的设计美学；车厢外支架的整齐排列体现了现代设计的数列之美。翻车整体结构设计紧凑、有序，形成了一定的运动韵律感，是中华民族先民爱用的传统水利机械。

翻车也称“龙骨车”。其因形似龙骨而得名。在古代先民的心目中，龙是水世界的掌门人，人们会向龙王祈祷，可以祈求风调雨顺。苏东坡对翻车（翻翻联联衔尾鸦，荦荦确确蜕骨蛇）的经典描绘，龙骨水车（dragon bone water lift）因车形而得名。

翻车自古就是文人值得反复歌吟的，具有自然生态之美的风物。苏东坡在诗中对翻车做了“翻转起来像‘衔尾鸦’，刮水板节节相连似蛇骨”的精彩比喻。南宋陆游《春晚即事》中有“龙骨车鸣水入塘，雨来犹可望丰穰”的诗句。

传统的农耕社会，翻车的性能基本能满足当时的生产和生活需求。在农民眼中，传统水车（翻车）是习以为常的农具，是与他们的生活有密切的情感联系的不值钱的民艺品。

从江南到江北，从东南到西南边陲，过去农人在车水中却能吟唱出快乐的车水号子、车水歌，这些歌谣间虽相隔千重山万重水，然而却唱出了他们相同的最质朴的心声（图6-21）。

图 6-21 踏水车情景

图片来源：http://www.zs.gov.cn/main/live/newsview/index.action?id=65218

听父亲说，他们小的时候，苏北老家里有风车（风转翻车）和牛车（牛转翻车）。父亲记忆中的牛车是设置在房子里的。一夜风雨过后会有风车的风篷被刮倒的事情，来维修的师傅会笑盈盈地吓唬吵闹的孩子：雨夜有龙行经此处，风篷就是被龙爪打落的。风篷撕破的地方是龙爪的印记……

皖南屯溪阳湖农民邵博文氏曾向笔者介绍该村农忙时用翻车车水的场景。开始车水会因为不习惯而时常会被拐木触碰到脚踝，一旦习惯之后并不觉得很累，可以边踏水车边唱歌，留下了快乐的车水记忆，当时，村里的盲人也能参加踏水劳作。然而，无论是手摇水车，还是脚踏水车，皆是炎炎烈日下繁重的体力劳动。

6.2.7 小结

长期以来，设计史或美术史对于充满泥土气息的民用器具并不够重视，然而，在近代水泵发明之前，千百年来，翻车一直是世界上最先进的提水工具之一，在农田水利事业上发挥过巨大的作用。由于翻车的结构合理，可靠实用，所以东汉之后能一代代流传下来。直到 20 世纪 70 年代末，随着农用水泵的普遍使用，翻车才悄悄地退出历史舞台。翻车以提水灌溉、排涝等实用为目的，取自然之素材，其造型在设计上焕发了民具素朴的生态美感。

中华文明多处于亚热带季风气候区域，历史上频繁的旱涝灾害往往是利用翻车的灌溉、排洪保住了农作物，翻车是先民千百年来屡遭灾难而生存下来、救亡图存的法宝。

翻车在设计上结构简洁洗练，可以连续又快速地将低处的水提升至高处，这种连续式的、用齿轮带动链条的省力方法，是人类技术史上的重要发明，这种发明与指南针、火药相比，丝毫没有逊色。今天，翻车的链轮传动、翻板升水的工作原理仍有着不朽的生命力。例如，改良后的龙骨水车在电力不及的海外偏僻乡村或自然地质灾害突发场所可以临时发挥关键的作用；在海岸、港口能见到疏浚河道的斗式挖泥机，其中，一只只回转挖泥的泥斗就是从水车的提水翻板脱胎而来的。

在今天的一些民俗旅游项目中，偶尔可以见到翻车的身影。千百年来，翻车在中华大地上曾记录了我们的祖先为解决旱涝所做的不懈努力、他们的汗水和欢笑……今天提起翻车（龙骨水车），依然能够唤起父辈们心头浓浓的乡愁和对故园的美好回忆。

第 7 章
水力计时古机械

今天的人们已经习惯了便利的报时工具，手表、手机、电脑、公共场所的时钟都可以提醒我们所处的时间，钟表成为技术时代的象征①。

然而，漫长的农耕文明时期，人们是日出而作，日落而息。由于农耕民族的播种收割，需要对节气和时间有比较精准的把握，为了把握细微的时间，为此发明了各种方法。其中，水力计时古机械，如漏刻，有着悠久的使用历史；北宋年间研制的“水运仪象台”代表了公元 11 世纪世界最高的技术成就。水运仪象台从北宋之后失传了上千年时间，在近代学者不懈的努力下才得以复原成功。古代先民利用水的流动性特点创造了无比灿烂的古代计时文化，也影响了朝鲜、日本等周边地域。

虽然民间也曾短暂出现过“田漏”这种计时工具，但漏刻与水运仪象台都可以看作是典型的官具，其形制几乎代表了当时匠人最高的技术成就。水运仪象台不仅是报时及天文观测的装置，其内部的精巧设计与外部的营造样式反映了宋代的皇家美学追求极简的造型风格。

纵观中华技术史，宋代是技术发明比较活跃的时期。然而，即使是水运仪象台发明的宋代，当时的整个社会也不具备接纳发明的心理准备，由于战乱，导致其核心技术中断了 1000 多年。由于整个社会缺乏接纳发明的姿态，水运仪象台这样极高的技术和艺术成就只能看作是苏颂这样的天才们的孤独表演。

① 吴国盛. 2009. 时间的观念. 北京：北京大学出版社：85.

7.1　漏刻报时

“漏刻”又称如漏、漏壶、挈壶、刻漏、浮漏、铜壶滴漏等，是中国古代最重要的计时仪器之一[①]。其名称“漏”指漏壶（图 7-1），是底部带有一个泄水小孔的容器；“刻”指时间刻度。带有时间刻度的标尺叫“箭”“箭刻”或“箭尺”，“箭尺”与漏壶配合使用。根据漏壶或箭壶中的水量变化，漏刻通过观测“箭尺”上指示的时间刻度来度量时间。漏刻可以用来计时、守时，不受夜晚和天气变化的限制[②]。漏刻是最为悠久的中华古代计时仪器之一。

图 7-1　古代计时工具——漏壶

7.1.1　漏刻的构成及原理

“漏刻”的“漏”是指由泄水壶和受水壶组成，形成流水系统；“刻”则是显时系统。其基本原理是利用均匀水流导致的水位变化来显示时间（图 7-2）[③]。

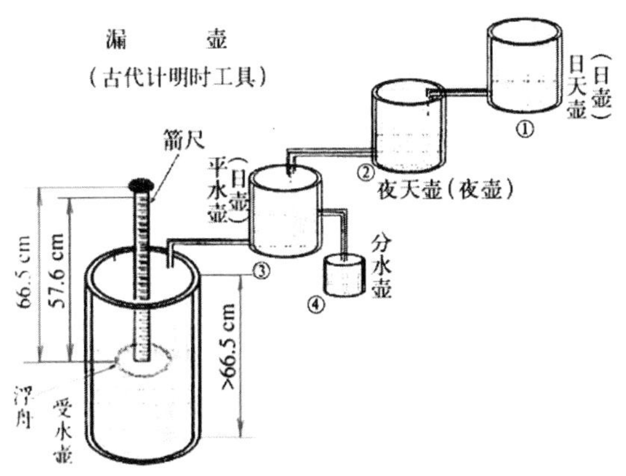

图 7-2　漏壶原理

图片来源：中国数字科技馆网页

① 李海，崔玉芳. 2002. 李兰漏刻——中国古代计时器的重大发明. 雁北师范学院学报, 18(2): 69-72.

② 卢敬叁. 2013. 漏刻计时一刻千金. 中国计量, (5): 62.

③ http://amuseum.cdstm.cn/AMuseum/time/04sjjz/0403_1.html.

漏刻以凿有规定大小漏水孔的壶盛水，让水慢慢渗漏到另一壶中，在承受漏水的壶中，有一支刻有表示时间刻度的刻箭，此箭置于一个可被水浮起的装置“箭舟”之上。随着漏下的水逐渐增多，箭舟慢慢上浮，箭上的刻度也渐次显现，就可以知道目前所处的时间了。“漏刻”之名也因此而得。

7.1.2 漏刻的渊源及发展的历史

根据《隋书 · 天文志》记载：“昔黄帝创观漏水，制器取则，以分昼夜”。书中认为漏刻是黄帝发明的，黄帝是传说中华夏文明的始祖，由于没有确凿史料的证明，对于这个说法，无法考证其真实性。

成书于战国时期的《周礼》，在其《夏官 · 挈壶氏》篇中有了关于刻漏的明确记载：“及冬，则以火爨鼎水而沸之，而沃之。”《注》：“悬壶为漏……以火守壶者，夜则以视刻数也，分以日夜者，异昼、夜漏也。漏之箭，昼、夜共百刻，冬夏之间有长短焉。”“冬水冻，漏不下，故以火炊水沸以沃之，谓沃漏也。”这说明西周宫廷中不仅有漏刻的各项细致管理，而且还专门设置了管理漏刻职掌报时的官员“挈壶氏”[①]。

图 7-3　西汉漏刻

图片来源：中国计量测试学会网页

早期的漏刻很简单，由一只泄水壶和一只受水壶组成。泄水壶泄出的水必须由受水壶盛接。只要把这两只壶调换一下位置，把箭改换，并把泄水壶的泄水嘴堵住，把受水壶的泄水嘴打开就可以继续计时。这就可以解释“昼漏上”“夜漏下”的说法[②]。

发展到西汉中期，漏刻得到高度的发展，其式样层出不穷，精确度也不断提高（图 7-3）[③]。漏箭上浮的漏刻是漏刻的主要形式，使用时期最长，又称为“浮漏”。当然还有别的形式。例如，“沉漏”即将刻箭直接置于盛水的漏壶中，以刻度的下沉计时。自两汉以来，历代均对漏刻有所改进，其方法

① 杨东甫. 1990. 漏刻考. 广西师范学院学报(哲学社会科学版), (3): 95-100.

② 李迪，邓可卉. 1997. 关于中国古代计时器分类系统的探讨.内蒙古师大学报(自然科学汉文版), (4): 66-70.

③ 中国计量测试学会. http://www.china-csm.org/kpxzs/768.html.

主要有两类：一类以增加泄水壶的数量以达到使流水系统稳流的目的，使计时更加准确；另一类则是改进显时系统，以使其更便于使用。

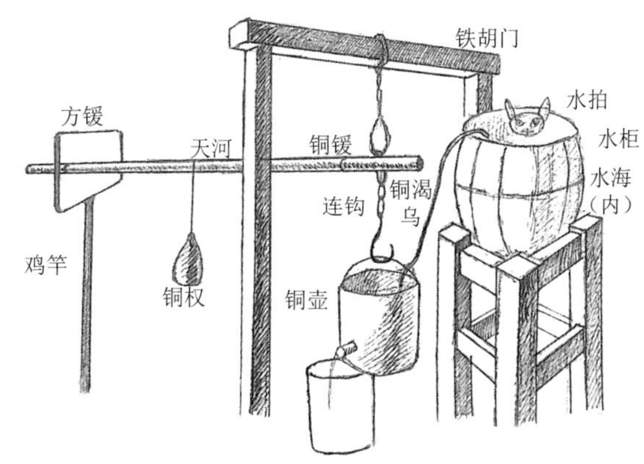

图 7-4　北魏李兰发明的秤漏复原图

北魏时期，道士李兰所发明的秤漏（图 7-4）则是以上两类改进的集成之作。根据李兰《漏刻法》中的记载："以器贮水，以铜为渴乌，状如钩曲，以引器中水于银龙口中，吐入权器。漏水一升，秤重一斤，时经一刻。""秤杆"作为显时系统，代表了南北朝时期完成了漏刻技术的一次重大改进。李兰在秤漏中使用"渴乌"（也就是虹吸管）技术可以达到稳恒出流的目的。秤漏发明之后多置于皇家天文机构，作为主要的天文计时仪器使用，而未能在民间更大范围地普及开来。

由于水的流速与受水壶的水位有很大关系，晋朝的 3 段漏到唐朝发展为 4 段漏。中华先民凭借经验发现 4 段漏之后，增加漏壶的数量对于稳定的水量的变化不大，因此，很少有 4 段以上的漏刻。隋朝的著名巧匠宇文恺和耿洵，发明了防止水分蒸发或冻结的可供路途使用的漏刻"行漏车"。由于水银是有毒液体，后世还是继续采用水。隋、唐之时，太史局设有"漏刻博士"，招有"漏刻生"，设置了周朝时掌管漏刻计时的官职"挈壶氏"，教授掌管漏刻之法。唐吕才改进后的刻漏如图 7-5[①] 所示。水海中放有人模样的造型。由于秤漏的精度和稳流较好，

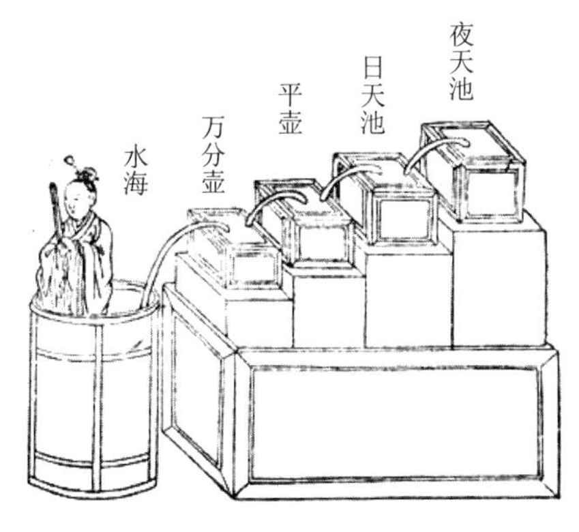

图 7-5　唐代吕才漏刻图[①]

① 中国古代的计时器——多壶式受水壶刻漏. http://luxury.Sohu.com/20130916/n386688312.shtml.

唐宋时期被用为最高级的计时器[①]。

北宋元祐年间苏颂做了 4 种漏刻进于朝廷——浮箭漏、沉箭漏、秤漏、不息漏。前三种古已有之，后一种“不息漏”至今则未知其制如何。北宋（11 世纪）燕肃所做的 2 段式的莲花漏图 7-6[②]。采用“渴乌”的虹吸管获取稳定的水量。

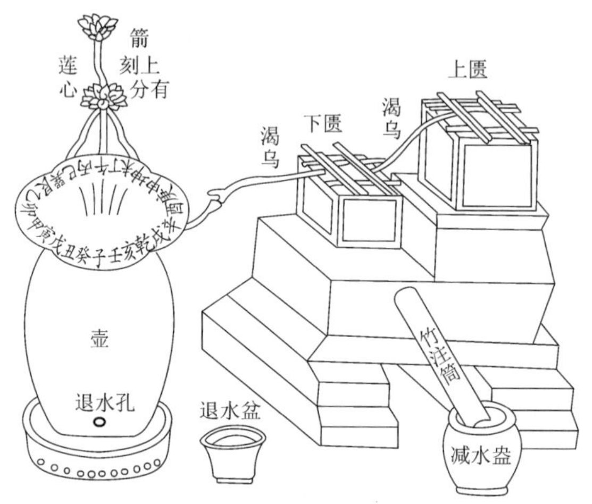

图 7-6　北宋燕肃莲花漏刻图

图片来源：北京文博网

元代（1279～1367 年）有三段式的漏刻，最下段为箭壶。史料记载著名天文学家郭守敬曾造成了一台冠绝前古的漏刻——“灯漏”，置于宫中。

清代中期制造的漏刻富有装饰性，中华民国时期故宫还存有一座漏刻，这座漏刻属于晚清时期比较完善的作品，但其基本形制及部件名称均脱胎于唐代漏刻[③]。清代漏刻的形制与唐代相比没有多少改变。

漏刻的发展从春秋战国，后历经了宋元明清，其总体变化是由沉箭式演变为浮箭式，由单级变为多级的发展规律。

7.1.3　漏刻的形制及古代的计时管理

漏刻有着悠久的历史。在不同时期，漏刻有着不同的名称，如漏、漏壶、挚壶、刻漏、浮漏和铜壶滴漏等。从材质上可分为玉漏、铜漏、玻璃漏等；从

① 李卓政. 2007. 漏刻——历史久远的计时工具. 力学与实践, 29(3): 88-91.

② 通州残碑考. http://www.bjww.gov.cn/2008/10-16/155431.html.

③ 杨东甫. 1990. 漏刻考. 广西师院学报(哲学社会科学版), (3): 95-100.

用途上可分为田漏、马上漏刻、行漏舆等；从结构形制上可分为秤漏、碑漏、几漏、灯漏、盂漏、莲花漏、宫漏、辊弹漏等①。

古代将一昼夜分为十二时辰，即子、丑、寅、卯、辰、巳、午、未、申、酉、戌、亥。每一时辰相当于现代的两个小时。中华先民根据传统十二生肖中的动物的出没时间来命名各个时辰。漏刻计时是将一昼夜的时间分为 100 刻。今天采用“刻”的概念来自漏刻。按照今天的计时单位换算，古时的一刻约合今天的 14.4 分，与今称 15 分钟为“一刻”基本近似。

古人根据对漏刻长期使用的经验发现，出水管长且内径小的漏刻比较实用，但容易有尘埃堵塞的情况发生。古人舀取井水或泉水，并用丝绸绢布过滤后使用。古代先民凭借经验知识发现了水的黏性与水温有密切关系，古人采用各种方法进行漏刻防冻，保持室内温度的恒定。漏刻的时间校正是利用日中的日晷的投影。

图 7-7　北京钟鼓楼②

古代每日的报时是当地政府职责的范畴，所以古代的漏刻是由国家管理的，钟楼、鼓楼就是担当着每日报时的场所（图 7-7）②。与统一文字、度量衡、历法一样，皇权专制的国家制度对时间有统一的管理。

7.1.4　小结

漏刻不仅是古代的计时工具，人们已经赋予其神圣的象征意义。故宫中的漏刻放在神圣的位置，是作为神灵一样对待的。古代先民利用了“水往低处流”

① 李海，崔玉芳. 2002. 李兰漏刻——中国古代计时器的重大发明.雁北师范学院学报，18(2): 69-72.

② https://lvyou.baidu.com/pictravel/photo/view/2e5b69b4c52bc1f07141e9dc#18.

的特点，发明了漏刻计时的方法，并流传到朝鲜和日本等周边地区，今天在日本一些寺庙里还供奉有神圣的“漏刻”。

古人有圭表、日晷、沙漏等计时方法，然而，在古中国的计时器中，漏刻一直扮演着重要的角色，其对水力的运用也充分体现出中华先民对经验知识的应用。在各个历史年代中，漏壶的构造有所不同，壶数也不一样，人们在控制漏壶流量的恒定性上做了各种尝试。纵观漏刻的技术发展史，其式样层出不穷，精确度在不断提高。

历史上虽有田漏的出现，由于其体积大、不便管理等，漏刻在民间始终未能得以普及。漏刻作为官具，其制作在一定程度上代表了当时工匠技艺的高水平。工匠们的改进使漏刻越来越精致美观，以至于离开了原本的计时目的，成为富裕家庭的奢侈品。官具的使用范围有限决定了官具不是中华传统造物发展的动力，不能够影响中华传统造物的发展趋势。

到了清朝中叶，南京、苏州、广州等地的工匠成功地制造出中国第一批小巧玲珑的自鸣钟表。至此，近 3000 年间给中国人指示时间的漏刻，退出了历史舞台，人们对时间的观念也发生了巨大的改变。

7.2 水运仪象台

水运仪象台是以水力为驱动，将浑仪、浑象、报时装置 3 个工作系统整合在一起的大型天文钟塔。水运仪象台中浑仪的四游仪窥管、水运仪象台顶部的九块活动屋板、擒纵控制枢轮的“天衡”系统三项为当时的世界首创，代表了公元 11 世纪世界最高的机械设计水平。

与其他文明相比，中华文明史上有最完整的天象记录，这与古代帝王信奉“天人感应”的思想有关；同时，农耕民族对节气和灌溉、播种之间关系的经验知识极为重视（关乎一年的收成），形成了中华民族特有的时间观念。

7.2.1　水运仪象台的形制及构成

根据《新仪象法要》的记载，水运仪象台（以宋代水矩尺计算）高 3 丈 5 尺 6 寸 5 分（约 12 米），宽度是二丈一尺（约 7 米），水运仪象台内部是以水为动力，集浑仪、浑象、报时为一体的，上窄下宽，呈长方形的木结构建筑（图 7-8）。

图 7-8　复原的水运仪象台（拍摄于中国水利博物馆）

水运仪象台的结构分为 3 层：顶层为浑仪，用于观测星空，上方的屋形面板在观测时可以揭开；中层为浑象，用于显示星空；底层为动力装置，以及计时、报时机构。通过齿轮传动系统与浑仪、浑象相连，使这座两层结构的天文装置环环相扣，达到与天体同步运行的目的（图 7-9）[①]。

① 中国机械工程学会. 2011. 中国机械史（图志卷）. 北京：中国科学技术出版社：71.

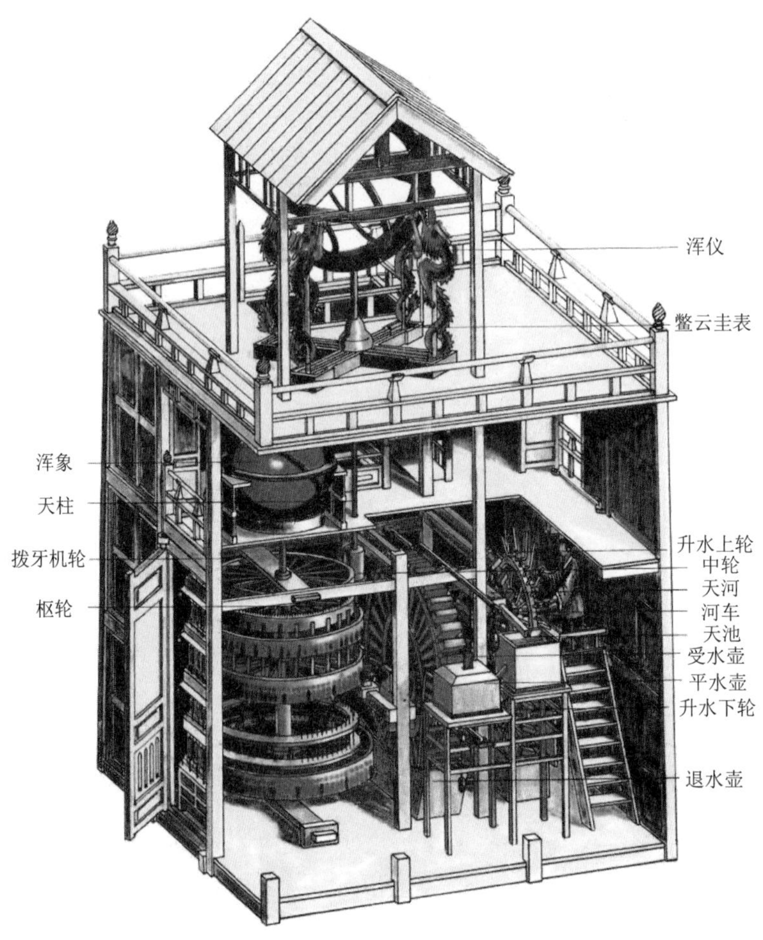

图 7-9　复原的水运仪象台结构图①

水运仪象台用木板做台壁，板面画有飞鹤的装饰图案。根据《新仪象法要》的记载推测，真实的水运仪象台以朱红色为外表，在蓝天、绿树的掩映下，会显得更加庄重而神秘。

7.2.2　水运仪象台的历史渊源及发展

北宋元祐年间（公元 1086～1092 年），苏颂领导了水运仪象台的研制工作，其团队成员包括精通《九章算术》和天文学的韩公廉等太史局技术官员，是他们在苏颂的领导下共同完成了水运仪象台的研制工作的②。水运仪象台建成之后，苏颂一度辞官，潜心撰写了《新仪象法要》一书，此书是水运仪象台的设

① 中国机械工程学会. 2011. 中国机械史（图志卷）. 北京：中国科学技术出版社：71.

② 张洁. 2008. 试论水运仪象台研制的历史经验. 自然辩证法通讯，30(3)：75-77.

计说明书。《新仪象法要》一书介绍了仪象台的结构、部件、部分零件的尺寸等[①]。该书共分三卷，卷上着重介绍其仪象台的外观、主要零件和性能；卷中主要介绍多种星图；卷下着重介绍其内部结构等。

苏颂等研制的水运仪象台建成之后，在开封使用了 34 年。公元 1127 年金兵攻陷汴梁（今河南开封），金政权把水运仪象台迁运至燕京（今北京），依图重新装配使用，但由于长途搬运，零件损坏或散失，又缺少有经验的能工巧匠；此外，因开封和燕京地纬度不同，地势具有差异（从望筒中窥极星，要下移 4 度才能见到），连一般观察也不能进行，所以搬运计划未能成功。之后，金与南宋都曾想复原水运仪象台，秦桧曾派人寻找苏颂后人并访求苏颂遗书；还请教过大儒朱熹，希望把水运仪象台恢复起来，但努力使用各种方法却始终未能恢复它，从此，水运仪象台只能作为史书上的记载见证着古中国天文仪器和机械制造曾经达到一个高峰[②]。

在近代，国内外都积极展开水运仪象台的复原活动。1959 年中国科学院的王振铎复原了第 1 个“水运仪象台”，陈列在中国国家博物馆中；20 世纪 70 年代初，英国剑桥大学李约瑟博士复制了第 2 个“水运仪象台”，陈列在英国南肯辛顿科学博物馆；1988 年举办纪念苏颂研制“水运仪象台”900 周年时，由陈晓、陈延杭两位科学工作者复制了第 3 个“水运仪象台”，陈列在苏颂的故乡厦门市同安区的苏颂科技馆里；1993 年台湾省台中自然博物馆复制了第 4 个“水运仪象台”，它与苏颂研制的那一台一样大小；日本精工等公司用了 8 年时间，耗费约 6 亿日元，按照实物大小完全复原了“水运仪象台”，它能够经久不息地运转，现陈列于日本长野诹访湖科学馆的“仪象堂”，于 1997 年对外开放。2007 年北京的科学技术馆复制了第 6 个“水运仪象台”[③]。近年来，多次有影响的复原实验说明了水运仪象台在科技史上的重要地位。

---

① 张春辉，游战洪，吴宗泽，等. 2004. 中国机械工程发明史(第二编). 北京：清华大学出版社：432.

② 邹彦群，戴海东. 2013. 关于苏颂铜制水运仪象台是否成功运转问题的讨论——与胡维佳研究员商榷.自然辩证法通讯，35(3)：122.

③ 林爱枝. 2011. 科学家苏颂. 政协天地，(10)：52.

7.2.3 水运仪象台的工作系统及驱动、传动装置

水运仪象台运用了水车、筒车、桔槔、凸轮、天平秤杆等一系列机械设备的原理。在结构上，水运仪象台把浑仪、浑象和机械性计时器都组织在一个仪象台里面[①]。

1. 工作系统

水运仪象台是一座上狭下宽的四方台形木结构建筑，工作系统分为上、中、下三层，可以实现天文观测、天象演示和计时报时等功能。

上层是一个露天的平台，设有“浑仪”一座，由龙柱支撑，浑仪下有水槽以定水平方位（图 7-10）。浑仪是一个天文观测校时装置，以天运环带动天球坐标系（三辰仪）在固定地平坐标系（六合仪）内随天球运转。窥管是附随在天球坐标系下的动坐标系（四游仪），可测得任一天体的位置。每当正午时，浑仪可与圭表配合以校正时间。浑仪上面覆盖有避免仪器日晒雨淋的木板屋顶，为了便于观测星象，屋顶可以随意拆卸开闭，这种设计已经具备了现代天文观测室的雏形。上层浑仪的转动是通过水运仪象台内部天柱的传动来实现的。

图 7-10　浑仪

图片来源：http://www.52rkl.cn/yike/0623W5292015.html

中层，露台到仪象台的台基有 7 米多高。是一间没有窗户的“密室”，里面

① 刘仙洲. 1962. 中国机械工程发明史. 北京：科学出版社：110.

放置“浑象”（图 7-11）。浑象是一个天文演示装置，以赤道牙距或天运轮带动天球仪运转，以演示天球的运动，并提供浑仪观测时的参考。天球的一半隐没在“地平”之下，另一半露在“地平”的上面，靠机轮带动旋转，一昼夜转动一圈，真实地再现了星辰的起落等天象的变化。据记载，制作这样的大型设备，其中浑仪的制作铸铜件就用了一万多千克的铜材。水运仪象台通过天柱传动实现浑象周而复始的运转。

图 7-11　浑象

图片来源：http://www.zwbk.org/zh-cn/zh-tw/zh-cn/Lemma_Show/202174.aspx

下层是水运仪象台的报时系统，由昼夜机轮和五层木阁所组成（图 7-12），五层木阁设有向南打开的大门。第一层木阁名为“正衙钟鼓楼”，负责全台的标准报时。到了每个时辰的时初、时正，就有一个穿红色、紫色衣服的木人分别在左右门里摇铃；每过一刻钟，一个穿绿衣的木人在中门击鼓。第二层木阁可以报告 12 个时辰的时初、时正名称，相当于现代时钟的时针表盘，这一层的机轮边有 24 个司辰木人，手拿时辰牌，牌面依次写着子初、子正、丑初、丑正等。每逢时初、时正，司辰木人按时在木阁门前出现。第三层木阁专刻报的时间，共有 96 个司辰木人，其中有 24 个木人报时初、时正，其余木人报刻。第四层木阁报告晚上的时刻。木人可以根据四季的不同击钲报更数。第五层木阁装置有 38 个木人，木人位置可以随着节气的变更，报告昏、晓、日出，以及几

图 7-12　水运仪象台的木阁

图片来源：日本“仪象堂”博物馆

更几筹等详细情况。水运仪象台的计时相当精确，一天一夜只误差一秒。五层木阁里共有 162 个木人，木人能够表演出精彩、准确的报时动作，是靠木阁后面的机械传动系统——一套复杂的机械装置“昼夜轮机”带动的。因整个机械轮系的运转依靠水的恒定流量推动水轮做间歇运动，带动仪器转动，由此而命名为“水运仪象台”。整个系统是科技与艺术高度融合的工程设计，是中华古机械中最经典的报时装置。

古代计时是按“日出而作，日没而息”的办法，以太阳出入作为计时的依据，报时系统必须随地区和季节而变化，且夜间报时方法与白天也不一样，致使苏颂研制的水运仪象台的昼夜报时机械系统比现代钟表要复杂很多。

2. 水运驱动系统

水运仪象台内部各机构传动的动力源是水，苏颂等可以以巧妙的机械设计获取稳定的水流，通过精巧的机构——枢轮和控制机构，实现等时精度很高的回转运动，借以计时，报时一体化。

水运系统是由（水轮等组成的）提水装置、水轮秤漏装置中的定时秤漏装置和退水壶构成的水流回路。水轮提水装置是由升水下壶、升水下轮、升水上壶、升水上轮、河车和天河组成的二级提水装置（图 7-13）。水运仪象台是以人力运转河车，将水由升水下壶逐级提升至天河，再注入天池，利用水的位能差来驱动“水轮秤漏装置”，水再落入退水壶中，如此周而复始，不断循环(图 7-13)。

水运仪象台是由枢轮（巨大的水轮）来驱动的。运转过程中首先要保证供水，其次要保证枢轮匀速运转，是在其供水机械（水轮）的作用下不停地提水、供水，以保证枢轮的运转的（注：图 7-14 中，供水水轮省略）。水运仪象台驱动的主要部件是，该机械设有一种俗称“铜壶滴漏”的仪器，它是在一个高低不同的壶架上，有两个方形水槽。又高又大的一个叫“天池”，天池起着蓄水池的作用。水再从天池流入“平水壶”中，平水壶接受天池的水源，同时设有泄水管和一定口径的渴乌（即壶嘴），使平水壶既可以保持固定的水位，又可以保持恒定流量，以保证枢轮具有恒定转速[①]（图 7-14）。

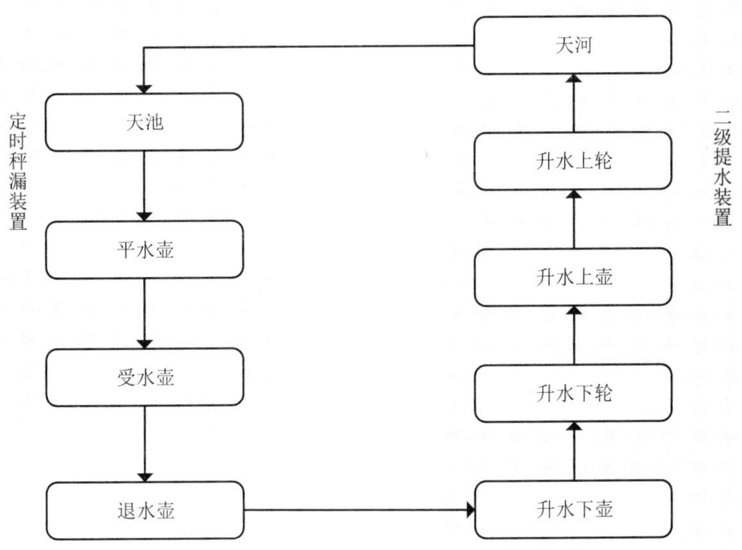

图 7-13　水运仪象台的水运系统示意图

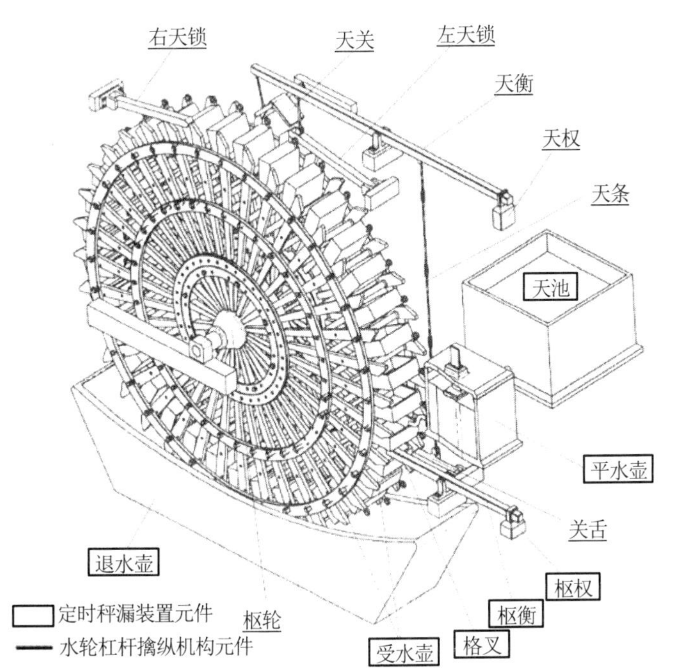

图 7-14　水运仪象台的水轮秤漏装置[①]

① 林聪益. 2004. 古中国机械钟——水运仪象台. 经典, 74: 34-38.

3. 天柱与天梯传动系统

水运仪象台有两套传动系统，分别是：采用齿轮传动的“天柱传动系统”，以及采用链条与齿轮混合方式传动的“天梯传动系统”。这两套轮系的起点都是枢轮，其终点分别是浑仪和浑象。传动系统带动浑象的轮系，同时也带动计时装置，轮系起着分动与减速的作用。

（1）天柱传动系统

天柱传动系统主要是以多个齿轮之间的啮合进行力的传导，从而驱动整个系统不断运转。天柱传动系统有两套子系统，第一套子系统由枢轮直接提供动力，在动力传动过程中会因为齿轮之间的摩擦阻力而消耗掉部分能量，而当力传递到第二部分子系统时，它的动力来源是第一套子系统。这样来自于枢轮的原始动力经过了二次传递，会损失较多能量。在天柱传动系统中，动力必须经过二级传动，天柱中轮和拨牙机轮是传动中的转点。整个天柱系统受力复杂，天柱在整个传动中起着重要的作用，也承受着很多力，这些力大小不等，方向不同。

枢轮的回转通过轴端的齿轮传向两路：另一路驱动浑象及昼夜机轮回转。

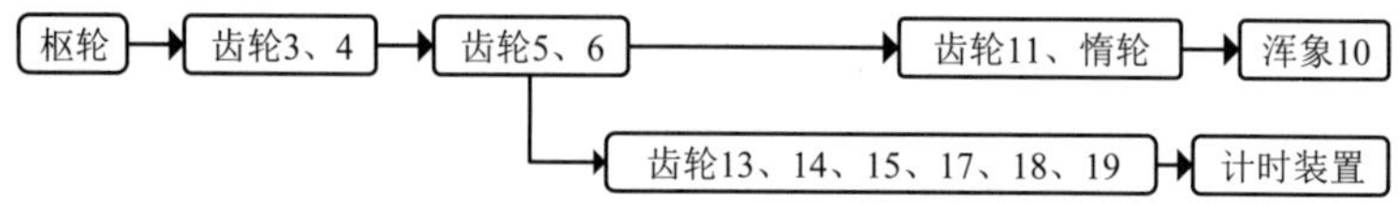

如图 7-15 所示，“齿轮 16”同时带动五层木阁动作，所以各层木阁中的齿轮也为每昼夜一周，它们分别带动了木阁中的木人动作（由于自动控制的需要，齿轮 18 与齿轮 19 重叠）。每当刻至时至，分布在钟鼓轮端面的剑箅拨动报时机构，使响器鸣响报时。此时，司辰木人依次出现在木阁（宝塔）门内报时、报刻。苏颂在《新仪象法要》中记载了各层木阁中木人如何开门表演等动作。

昼夜机轮轴上端有一齿轮，它驱动水运仪象台中层的浑象以跟踪天体星空的速度运转。驱动浑象的齿轮传动中，“浑象 10”与“大轮 11”之间由惰轮传动，影响“浑象 10”的运转。

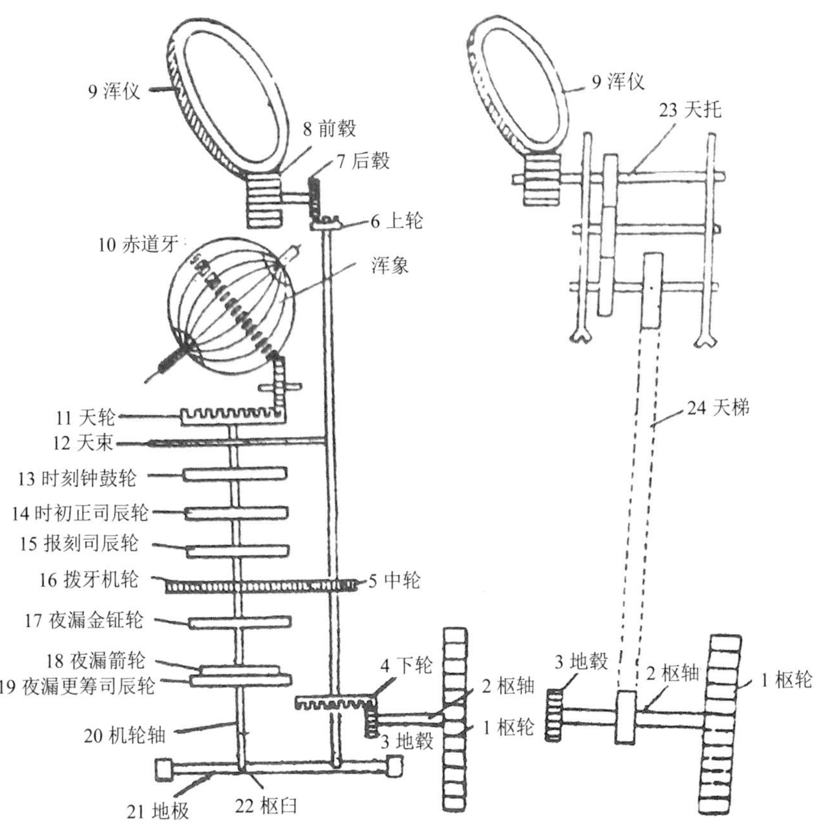

图 7-15　水运仪象台的传动过程①

枢轮的回转通过轴端的齿轮传向另一路，通过天柱顶端的齿轮传动通往顶层的浑仪，使浑仪与浑象以同样跟踪天体的速度回转。

（2）天梯传动系统

《新仪象法要》（卷下）中记载了天梯传动系统，其传动过程是

枢轮→链轮→齿轮减速→浑仪

天梯传动系统（图 7-15），它的传动是通过链传动和齿轮传动配合进行的。两套子系统（链传动和齿轮传动）都与枢轮直接相连，从枢轮处直接获取动力。与天柱传动相比，由于枢轮直接为子系统提供动力，天梯传动没有中间传动时

① 刘仙洲. 1962. 中国机械工程发明史. 北京：科学出版社.

的摩擦力造成的损耗。与天柱传动系统所不同的是，天梯传动系统的链轮机构在传动时可以得到非常精确的传动比[①]，传动效率高。

天梯自身不承重，不用考虑木材在潮湿环境下发生变形是否会影响传动效率。据记载，天梯本身是由铁制成的，不存在天柱系统中木材受潮变形的问题。

枢轮的传动最终实现了天文观测、天象演示和计时报时等功能。

4. 控制枢轮转动的装置——擒纵装置

水运仪象台以枢轮运转的机械动力，是以水的循环不止来驱动的。为保证枢轮能匀速运动，枢轮上有一自动控制系统，它与日后西方钟表中广泛采用的擒纵机构相同。通过轴与齿轮啮合，枢轮一方面带动浑象演示天象，同时带动计时装置准确报时报刻；另一方面枢轮还带动浑仪以观测天体，这样就组成了兼有浑仪、浑象和计时装置的水运仪象台。如图 7-14 和图 7-16 所示，擒纵装置安装在枢轮上方和近旁，由天关等零件组成，其具体结构描述如下。

在枢轮旁设置天条、格叉、关舌等零件，当枢轮停止转动时，枢轮圆周上有一突出部分，即勾状“铁拨子”架在格叉之上。当枢轮边缘受水壶内接受漏水未到一定重量的时候，天关所在的横杆的另一边“天权”和“天条”等的重力，阻止着枢轮从而不使它转动。当枢轮的受水壶接受漏水达到一定重量的时候，格叉处因压力增大而下降，同时经过天条使天关被提升，由格叉经天条推动横杆，使横杆右面下降、左面上升，这样就使枢轮转动。但枢轮转过一壶之后，格叉处所受的压力去掉，关舌和格叉等又上升，同时经过天条又使天关下落，枢轮又被阻止。这样，只要能保证枢轮受水的等时性，也就能保证枢轮转动的等时性（图 7-16）。

右天锁相当于一个止动卡子，正如《新仪象法要》所说的，它具有防止枢轮倒转的作用，而左天锁的功用，是防止天关升起过高，枢轮转动过快。其控制作用如图 7-16 所示。

---

① 陆敬严，华觉明. 2000. 中国科学技术史・机械卷. 北京：科学出版社: 298-304.

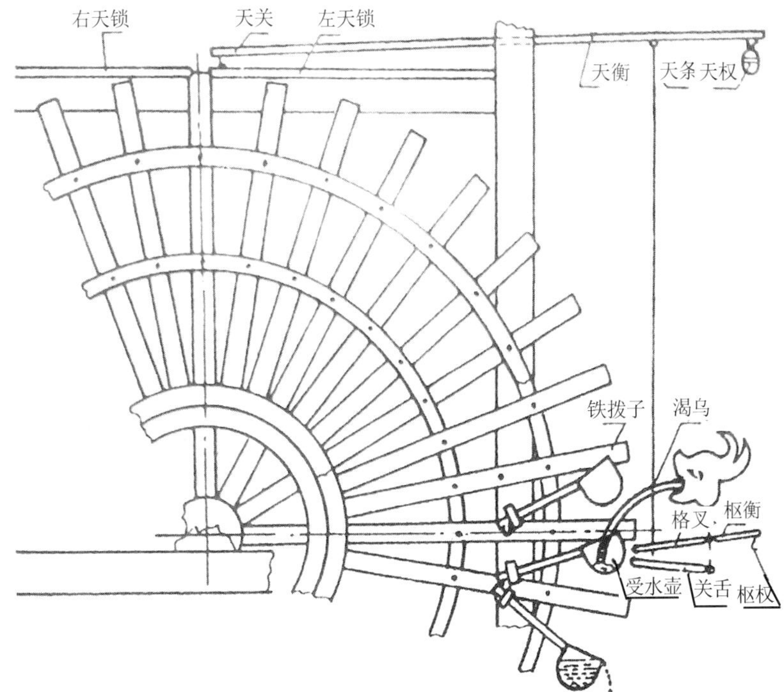

图 7-16　水运仪象台中控制水轮匀速转动的原理

图片来源：《李约瑟文集》

枢轮之下设有退水壶，以接受由枢轮下流的水。水运仪象台的动力水流经过二级提水装置经天河流入天池，然后流入平水壶，再经平水壶的水嘴注入受水壶。当受水壶的水到达设定水量后压脱格叉——铁拨子扣击关舌——关舌被扣击拉动天条和天衡杠杆的东端，天衡另一端将左天锁抬起，枢轮被放过一辐，枢轮回转 10°，然后继续下一个循环（图 7-15 和图 7-16）。

7.2.4　苏颂与《新仪象法要》

水运仪象台是由苏颂等研制的水力机械。苏颂是北宋时期的天文学家、机械制造家和药学家。苏颂撰写的《新仪象法要》（图 7-17）是中华技术史上现存最早的水力运转天文仪器专著，反映了古中国 11 世纪的天文学和机械制造的技术水平，也证明了

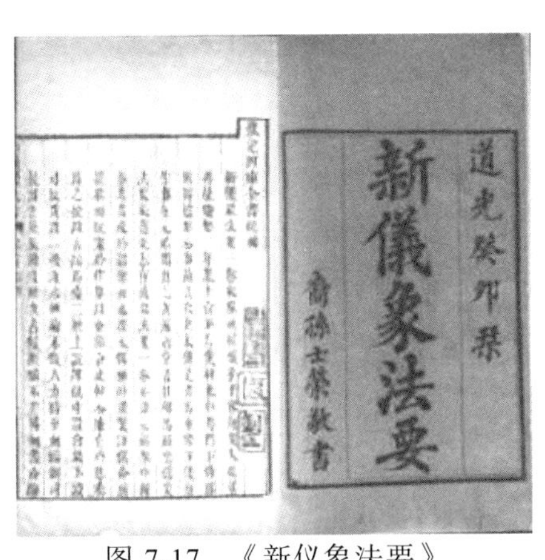

图 7-17　《新仪象法要》

近代机械钟表的关键性部件——锚状擒纵器，是中华民族的独创和率先发明。

《新仪象法要》共三卷。书首有苏颂《进仪象状》一篇，报告造水运仪象台的缘起、经过和它与前代类似仪器相比的特点等。正文详细介绍了水运仪象台的设计及使用方法，全书总计共有图 60 种。书中的结构图是中国现存最古老的机械图纸。它采用透视和示意的画法，并以标注名称来描绘机件。通过水运仪象台的复原研究，证明书中的图一点一线都有根据，与书中所记尺寸数字准确相符。另外附星图 63 种，记录恒星 1434 颗，比 300 年后西欧星图记录的星数还多 442 颗。近代，英国科学家李约瑟博士把《新仪象法要》译成英文在国外发行。

7.2.5　宋代的设计美学

水运仪象台巧妙的机械设计引起了世人的瞩目，然而，却很少有人关注过水运仪象台的设计之美。今天，我们可以从有关于水运仪象台的有限史料、宋代建筑的《营造法式》、宋代的绘画艺术（图 7-18）[①]等穿越至宋代的时空，追寻水运仪象台之美。

图 7-18 北宋徽宗的《瑞鹤图》

图片来源：辽宁博物馆的藏品

由于历史教科书上记载的是，宋代不断地与北方的金政权交战、赔款求和，所以今天的人们对宋朝的印象就是“积贫积弱”，仿佛这就是宋朝历史的全部，然而，事实并非如此。陈寅恪先生曾言：“华夏民族之文化，历数千载之演进，造极于赵宋之世”。这也是历史的事实。

宋代帝王对美的极致的追求，正如美学家蒋勋的观点：“心中的山水比权力更重要”，这种对美的追求反映到陶瓷、营造、陶瓷、绘画等各方面，体现了宋的时代精神。宋代张择端的《清明上河图》用几乎是白描的手法描绘东京汴梁

① http://www.lnmuseum.com.cn/（辽宁博物馆网页）.

的生活风情；宋代的诗词歌赋；优雅的宫廷文化……这些也会自然地反映在水运仪象台这样的官具设计上。宋代崇尚极简的美学，对设计元素绝对的单纯，圆、方、素色、质感单纯的设计追求，是中华文明史上美学的巅峰。

7.2.6　小结

水运仪象台的设计是利用水的动力，以巧妙的机械设计获取稳定的水流、通过精巧的机构——枢轮及控制机构，实现等时且高精度的回转，借以实现计时、报时一体化。英国的科技史学家李约瑟曾说：“苏颂把钟表机械和天文观察仪器结合以来，在原理上已经完全成功”，由于水运仪象台里边装置了全世界第一个擒纵器，所以其也被誉为“世界时钟鼻祖”。水运仪象台的设计和形制反映了宋代的极简的设计美学。

在皇权专制的时代，天文星象的观测为皇家所垄断，是不准民间私自观测的，水运仪象台所涉及的天文、历法等知识只是极少数人的学问。因此，在水运仪象台被金朝廷搬走之后，连苏颂的助手、儿子、大儒朱熹等都没有对此复原成功，以至于水运仪象台的相关技术失传了上千年。

另外，宋代有水运仪象台如此高的技术成就，自然与当时宽松的社会环境有必然的关系。宋元之后的中华民族，原本具备的巨大的发明创新的潜能突然萎缩了，这需要今天的学者做技术哲学的反思。

像水运仪象台这样大型水利机械的发明，需要机缘、技术与智慧，需要整个社会为此项创新做好准备，需要无数人千军万马的接力，才能将它的核心技术传承下来。然而，即使是中华文明史上文化繁荣的赵宋之世，水运仪象台这样的创新由于缺乏整个社会系统的支持，其最后的结局成为苏颂等天才孤独的表演，不禁令人唏嘘感叹，为之惋惜。

第 8 章 疏浚打捞及水闸之美

亘古以来，中华大地河网纵横。隋代开凿大运河通贯南北，古老帝国的行政管理、人员往来、商务运输、用于灌溉排涝的水利工程等设施都与河道有密切联系。古代先民与水的亲密接触，孕育了灿烂的中华文明。

在河流沟渠之间，为了保持河道的畅通，疏浚、打捞是必不可少的工作。传统的挖泥船已经具备了今天挖泥船的一些基本元素。宋代采用名为“混江龙”的器具，用搅动河床泥沙等方法缓解泥沙的沉淀，有些传统方法至今仍在使用。

宋代僧人怀丙发明了利用浮力原理的打捞船，解决了打捞铁牛的问题。怀丙发明的打捞船是近代打捞船的鼻祖。今天依然采用这种方法。

船的发明有 6000～7000 年以上的历史，其中，舵和橹的发明为中华民族所独创，且领先了西方许多世纪。今天可以从《清明上河图》等艺术作品中清晰地找到古代舵和橹的设计样式。然而，15 世纪之后，中华民族所原本拥有的巨大的创新发明能力就突然萎缩了。

水闸是重要的传统水利机械，本章介绍位于上海市普陀区志丹路与延长西路交界处的“元代水闸遗址”。通过对该水闸遗址的考察，可以发现元代水闸的基础是由木材整齐排列的“地钉”；铁锭榫牢固地卯住石板与石板间的缝隙等细节，无不体现了古代匠人精益求精的工匠精神。元代水闸处处设计之巧妙，具有与环境极为融洽的生态之美。

8.1　疏浚打捞

疏浚与打捞是传统水利事务的重要内容。传统的疏浚机械包括挖泥船、搅动河底泥沙的“混江龙”等。中华史上最早记载的打捞船是宋代怀丙发明的利用浮力原理，打捞出沉在河底大铁牛的打捞船。无论是挖泥船，还是打捞船，以及船的舵、橹的发明利用皆领先于世界许多世纪。这些发明后来传到欧洲，启发了他们对现代船舶的创新设计。

8.1.1　传统疏浚机械

疏浚是疏通、扩宽或挖深河湖等水域，利用人力或机械进行水下土石方开挖工程。传统的疏浚工程主要应用于：①开挖运河；②浚深、疏通河道、渠道；③开挖船闸等水工建筑物基坑；④清除水下障碍物等。

1073 年宋代湖北发生了灾难性洪水之后，政府成立了黄河疏浚机构。候补官员李公一提出了用铁龙爪抓河底淤泥的想法；1595 年的明末，为保持河道畅通，提出以私船来回拖动河床搅动犁，通过刮擦河底而使河泥不能沉淀下来，这个方法至今仍在使用。

如图 8-1 所示，《河工器具图说》中所记载的“混江龙”，逆流行驶的船只要从底部拉它，就会从河床翻出大量的泥沙。

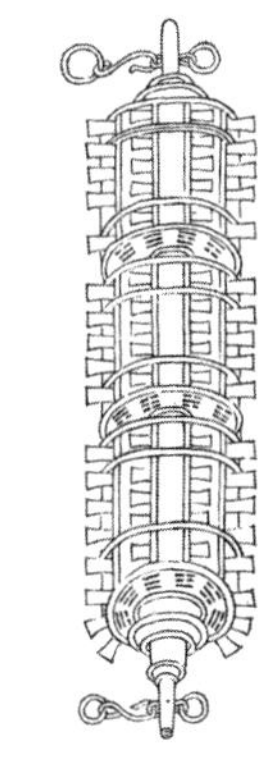

图 8-1　混江龙

图 8-2 是由技术史学家卡莫那（A.K.Carmona）于 20 世纪 50 年代绘制的中华传统挖泥船。该船的挖泥机械构造是：一个巨大的长方体挖泥篮被放在一根长圆木的尾部，这个圆木被加固了，而且用铁皮进行了包扎，这个挖泥篮沿着一个带有巨大船舱的驳船被放到水里。挖泥篮的前面被用绳索与船尾舵手所在的甲板室里的脚踏绞盘相连，并且当它装满的时候可以把它拉到水面。然后就可以用挂在杠杆上的一段铁链把它钩牢。当杠杆的另一端被拉下的时候，挖泥篮就会被拉进船里，并在船舱里被清空。

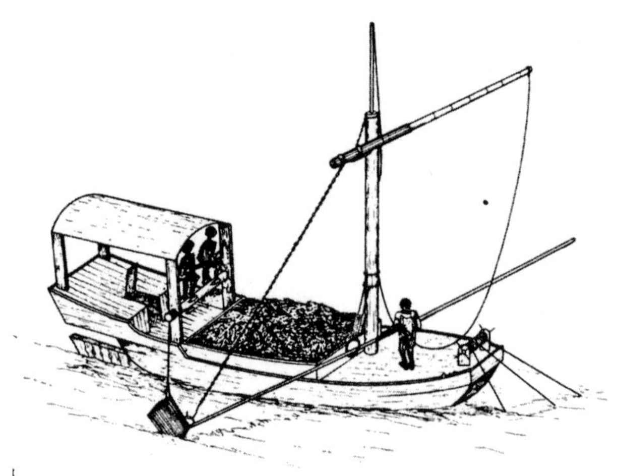

图 8-2　传统的挖泥船

8.1.2　传统打捞船

打捞船是一种工程作业船舶，多用于水下打捞作业。作业范围包括打捞水下沉船、沉物和水面漂浮物。

宋代僧人怀丙以浮力和杠杆原理发明了中华史上第一艘打捞船，该船是现代打捞机械船的始祖，是机械史上的一项重大成就（图 8-3）。

图 8-3　僧人怀丙的打捞船示意图

据记载，宋庆历年间（1041～1048 年），因河水暴涨，维系浮桥巨缆的铁牛被洪水冲入河中。由于每只铁牛重达数万斤，当时无人能将牛搬上岸。《宋史·僧怀丙传》写道："怀丙以二大舟实土，夹牛维之，用大木为权衡状钩牛，徐去其土，舟浮牛出。"①《宋史》卷四六二记载，怀丙利用浮力起重法，将装

① 中国古代机械工程.http://hk.chiculture.net/0811/html/c27/0811c27.html.

满土石的两只船开到黄河中心，两船间架上一排粗木梁，缠上粗铁链，怀丙派人潜入水底用铁链将数万斤的铁牛（图 8-3）绑好。船工将船上的土石铲到河中，船浮力托着铁牛悬在水中拉到岸边，众人再搭架将之扛出。这是利用舟浮力打捞铁牛的方法（图 8-3）。而南宋吴曾的《能改斋漫录》中记载：“真定僧怀丙，请于水浅时以系牛于水底，上以大木为桔槔状，系巨舰于其后。俟水涨，以土压之，（牛）稍稍出水，引置于岸。”根据此记载，怀丙用的是桔槔打捞法。可以推测，僧怀丙用这两种方法相结合打捞了铁牛[①]。

南宋镇江知府蔡洸打造了五艘抗风浪能力很强的兼具官渡、船体打捞与水上救助功能的大型渡船。以《周易·象传》的含义分别起名为：“利”“涉”“大”“川”“吉”。每当有沉船阻塞水道或贵重物品随船一起沉入水底而急需打捞时，官府就会派“大”“涉”和“川”三船一同前往打捞。宋淳熙年间（公元 1174～1189 年），一艘日本船在镇江沉没，后被“大”“涉”和“川”三船一同打捞起。官府将日本人救起后并帮助他们安全返回本国。中国的沉船打捞技术从此传遍东方，并传入欧洲[②]。

怀丙创造的浮力起重法曾于 16 世纪在欧洲由意大利数学家和工程师卡丹（Hieronimo Cardano，1501—1576 年）重复设计并使用。在今天，怀丙的方法仍是打捞机械船的实用方法。

8.1.3　舵与橹之美

辽阔的中华大地上有众多的河流湖泊，我们的祖先在六七千年前的新石器时代就已使用独木舟，采用木桨推进（图 8-4）。在 1500 年之前，中华先民的造船技术一直居于世界领先地位，其中舵与橹是我们祖先的独创性发明。

图 8-4　新石器时代船桨

① 陆敬严. 1982. 怀丙捞牛——宋代一项起重工程. 起重运输机械, (7): 39-40.

② 曹凛. 2010. 南宋救助打捞船. 中国船检, (8): 87.

舵与橹的发明时间现在尚无定论，早在东汉时就已经出现和使用。舵是船上控制航向的设备，位于船尾中央。历史上，人们根据航道的水文特征对舵的装置做了改良，逐渐演化成垂直舵和升降舵（图 8-5）。

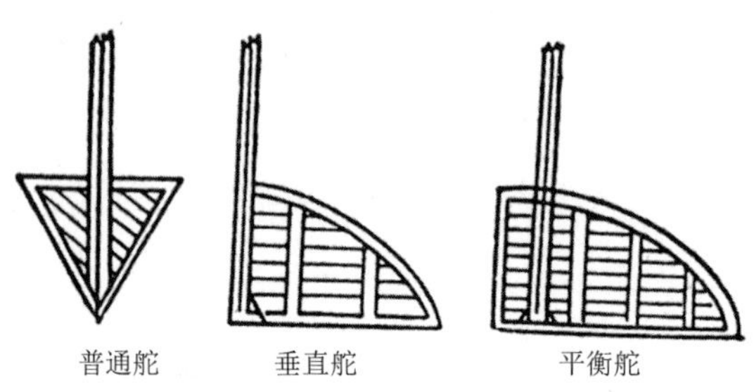

图 8-5　三种舵的示意图

宋代发明了平衡舵（图 8-5），这种舵是把一部分舵的面积分布于舵轴的前方，缩短了舵的压力中心对舵轴的距离，减小了转舵力矩，从而操纵起来更为轻便。在宋代画家张择端的名画《清明上河图》中，客舟货船都安装了平衡舵，平衡舵的设计与船的造型非常协调（图 8-6）。

图 8-6　清明上河图中的“舵”与“橹”

直到 12 世纪末、13 世纪初，欧洲才开始使用舵，舵的使用为 15 世纪的大航海时代创造了条件。而类似宋代使用的平衡舵，在欧洲要到 18 世纪末、19 世纪初才开始采用。而且这一技术至今仍是船舶设计中降低转舵力矩的一个普遍和有效的措施。

“橹”支在船尾或船侧的橹担上，入水一端的剖面呈弧形，具有符合流体力学之美的特征（图 8-7）。据东汉刘熙在《释名》中记载："在旁曰橹，橹，膂也。用膂力然后船行也。"可以推测橹在汉代已是船上重要的推进工具了。

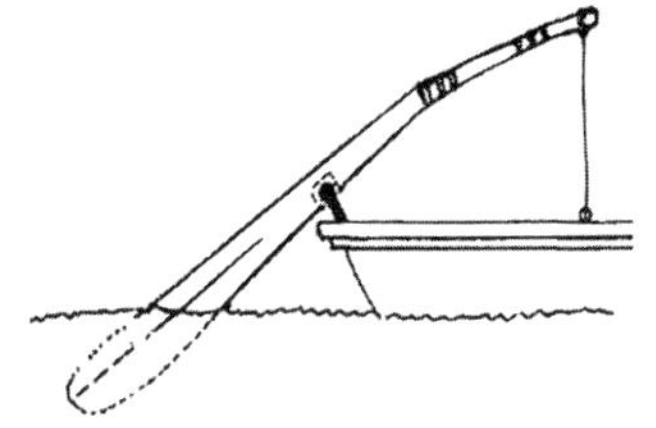

图 8-7　橹的示意图

橹的结构简单而又轻巧高效，据推测橹可能是模仿鱼摆动尾巴前进的原理而创制的。用手摇动橹担绳，使伸入水中的橹板左右摆动。当橹摆动时，船与水接触的前后部分会产生压力差，形成推力，推动船只前进。橹改变了桨的前后划水，为左右拨水，克服了桨入水划动时做有用功而离开水后划行做无用功的弊端，成为连续做有用功的先进推进装置。橹的发明在船舶力学或流体力学中具有很大的意义。

由于橹的功能先进，其很快得到推广，不但在内河船舶中被广泛使用，在海船中也得到应用。宋代以后的海船大都是帆、橹并用。大约在 17 世纪末，橹被传教士介绍到欧洲，近代船舶的主要推动装置螺旋推进器，就是受橹的启发而发明的。

8.1.4　小结

中华大地上纵横着无数的河流沟渠，先民在疏浚的过程中积累了丰富的地域知识，水工用极其简单的工具进行卓有成效的河流疏导工作。宋代僧人怀丙凭借对浮力的经验知识创造了打捞船，指导了铁牛的打捞。现代的打捞船技术已经比较成熟，内河打捞船配备吊杆、绞车、简易潜水设备，海洋打捞船有的排水量在千吨以上，配备大型起吊设备、水下电焊、水下切割等设备，这些先进设备都基于宋代打捞船技术的进化和发展。

舵和橹出现的具体时间已经无从考证，都有着悠久的使用历史。舵和橹不仅具有良好的使用效果，其形制已经与船体设计协调统一。在传统水乡中，姑娘们摇着舟橹，采莲南塘秋，莲花过人头……是充满诗意的劳动生活之美景，这些极其普通的民具设计蕴含着生态美学的价值。

中华民族是个早熟的民族，在疏浚打捞等水利事业上，很早就领悟出许多经验和实用性知识。古代匠人们凭借窍门、经验法则、师徒承传，缓慢地推动传统水利机械的创新发展。

8.2 水闸之美

水闸，又称“水门”“斗门”或“闸”，东南沿海称“楧”。水闸既属于水利工程的范畴，又是重要的水利机械（图 8-8）。水闸的功用是蓄水挡沙、泄水冲沙、拒盐保淡，以助河道的防淤和疏浚。沿海地区的防潮闸在涨潮时关闭闸门，使泥沙沉积在闸门外。退潮时开启闸门，利用水闸内外的水流落差将沉积的泥沙冲走。水闸能促进该地域农业经济及航运事业的发展。

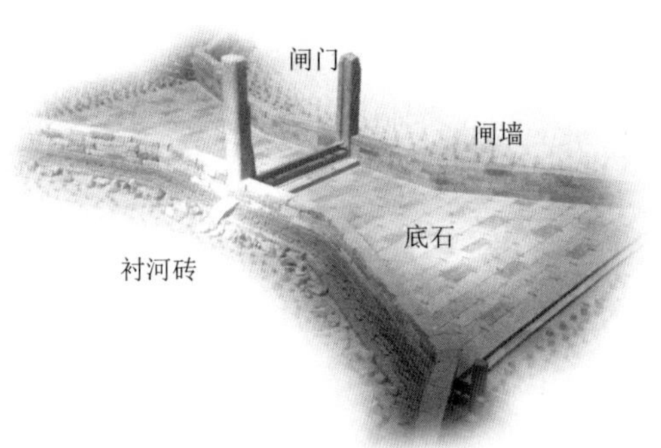

图 8-8　元代水闸门模型

8.2.1 水闸的历史

传统的水利工程的营造有涵管（又称水窦或简口）、鱼嘴（桦嘴，即分水导流堰）、飞槽（又称飞渠、授槽）、虚堤等，其中，水闸是出现较多的水利工程机械（或水利机械）。在西汉的典籍中已有水闸的记载，之后水闸分为进水、节制、分水、退水和排沙闸等；沿海灌区又有防潮闸。唐代有两渠道平交，用一组闸门控制的水闸枢纽。北宋至道二年（996 年）以前，郑白渠上已建有工作闸门 176 座。最晚在北宋时期，闸门已有工作闸门和检修闸门的区别。闸座多用石或砖砌成，闸门板或叠梁则为木质，其设计营造体现了中华民族先民在农耕文明进程中利用水的生态智慧。

8.2.2　元代水闸遗址

位于上海市普陀区志丹路与延长西路交界处的元代水闸遗址是 2001 年 5 月建造商品房（志丹苑）打桩时偶然发现的。根据水闸现场发掘出来的石板、木头、元代文字——八思巴文等遗物及文献记载，确实是与吴淞江有关的元代水闸遗址。这是国内已考古发掘出的规模最大、做工最好、保存最为完整的元代水闸。

距今 700 多年的元代水闸是在宋代水闸营造经验的基础上，在长江三角洲这一特殊地貌情况下建造的，是长江三角洲特殊地貌环境下具体应用的实例。元代水闸继承了宋代《营造法式》中的官式工程的设计规范，元代水闸的发现在中华水利工程发展史上有着极其重要的地位。同时，它又是长江口海岸水利工程的重要标志，从闸门到驳岸、外墙、固水的石面构造、用材，都可堪称是此类水利工程的先驱，也是 2006 年度中国十大考古新发现之一。

13 世纪末元朝定都于北京（元大都），江南成为元大都等北方重镇赖以生存的粮仓。元朝中后期吴淞江的淤塞严重影响了长江三角洲地区的经济发展。（元）朝廷和当地政府动用大量人力、物力、财力进行治理，把治理吴淞江作为江南地区水利的首要任务。因此，吴淞江流域建造了多个水闸。

据考证，这座上海元代水闸是元代著名水利专家兼书画家任仁发①设计的，古书记载任仁发在吴淞地区共设计建造了 10 处水闸，上述元代水闸遗址为其中一处，另外 9 处水闸至今尚未被发现。

这座元代水闸（埋在地表之下 7～12 米深处，面积 1500 平方米）由闸门、闸墙、底石等部分组成。闸门由两根长方体的花岗岩（也有人认为是青石）门柱组成，矗立在整座水闸的中心，门宽 6.8 米；闸墙砌筑在底石南北两侧，由青石砌筑而成。长 47 米，高 1.3～2.1 米。底石由一块块青石板平铺而成，石板间嵌入铁锭榫，防止渗水和石板移位。底石下铺满衬石枋，下面被龙骨承载，龙骨下面有整齐的地钉支撑（图 8-9）。

① 任仁发（1254—1327），字子明，一字子莊，号月山，松江人。元代画家、水利家。著有水利学专著《水利集》十卷。传世绘画作品有：《二马图》卷，《张果见明皇图》卷，藏故宫博物院；《秋水凫鹥图》轴，藏上海博物馆等。

图 8-9　水闸的地基构造

图 8-10　铁锭榫

水闸底部为平整的过水石面，石板之间为企口，并以铁锭榫嵌合（图 8-10）。石板下面为衬石枋，也用企口搭合，并以铁扒钉加固。衬石枋下面凿有卯孔的木梁，木梁之下是直接栽在河床底的木桩。“点（桩）、线（木梁）、面（衬石枋）”三者结合使得水闸的基础极为稳固。

8.2.3　元代水闸之美

材料之美：水闸的营造用木头、石材为建材制作。其中直径 30 厘米左右，长 4 米的木材大约使用了 3000 根以上。石材是以坚固的花岗岩、青石为主，辅以砖石加固，在外观上体现了石头的厚重及肌理效果，今天依然闪烁着 700 多年来被时光摩挲出来的光泽。

工艺之美：水闸两侧的闸墙，采用花岗岩石料按照“顺砌”的方式非常规整地排列，水闸底部的过水石采用青石板，也是按照顺砌方式排列，且石头与石头之间镶嵌了精巧的“铁锭榫”，素朴美观，反映了水闸的设计营造人员的匠心与美的意识。古代砌墙往往采用石灰、牛血、糯米做出灰浆胶合材料，有些缝隙中还嵌有铁或铜，因为铁或铜生锈后变为氧化铁、氧化铜，体积膨胀，更为牢固地粘接着相邻的石头。几百年过去，铁锭榫依然牢固地抓住石头，功能与审美巧妙结合。

元代水闸继承了宋代极简的设计美学。闸门两侧各用一整块花岗岩制成，坚固且不张扬，其设计与周边环境极易融合在一起。可以想象一下水闸两岸的四季景致：春天的水闸两岸开满了金黄的油菜花，一直延伸到很远；夏天的水闸两岸蛙声阵阵，稻花香里说着丰年，水闸周围会有许多螃蟹……秋天的水闸别有一番小桥流水人家之意境；冬天的水闸周围有零落成泥的梅花与枝头的残雪。水闸在朝霞中迎来一天，夕阳中送走过去的一日，不断地往复。

匠人精神：水闸处处体现了极为细致的、精益求精的匠人精神。虽然 700 多年过去了，水闸依然坚固地存在，焕发着匠心之美。

8.2.4　小结

如同维苏威火山灰盖住了庞贝古城(Pompeii)，今天的人们有幸能一睹 2000 年前古文明的原貌，如果没有房地产开发这种偶然的机缘，元代水闸将被永久埋在地下。重见天日的元代水闸遗址使我们能够完整且细致地了解中华先民在建造水闸时的营造技艺。从打地钉到铺设衬石枋，并采用铁锭榫相连……无不体现了令人感动的匠心之美，这种设计是不打破系统平衡的设计，符合竞争适生的生态美学。

由于地球气候变迁，元代的水闸早已淹没于历史的荒草丛中。然而，都江堰是至今还在使用，并发挥巨大作用的最著名的古代水利工程；还有徽州的渔梁坝；西递宏村的水利系统等，这些工程完全消融于自然环境中，没有彰显出人类改造地球的力量，却极大地造福于一代代后世子孙。

近年来，围绕京杭大运河的申遗，政府部门对京杭大运河七级码头、土桥闸、南旺分水枢纽等遗址进行了挖掘和保护工作。位于山东济宁市的南旺分水枢纽工程遗址是京杭大运河遗产中具有代表性的水利枢纽遗址。南旺分水枢纽工程由引水、分水、蓄调水的航运系统组成，解决了京杭大运河因“水脊”缺水（汶上段因地势过高而无水），船只容易搁浅的难题，代表了17世纪（工业革命前）世界水利工程技术的最高成就。位于山东聊城的土桥闸遗址，由闸口、迎水、燕翅、分水、燕尾、裹头、东西闸墩，以及南北侧底部保护石墙和木桩组成，是目前京杭大运河进行系统考古发掘中保存条件最好的古代运河水利工程之一（图8-11）[①]。

图8-11　土桥闸遗址

在科技进步的今天，人类有先进的工具能够轻易地开凿岩石、开挖深土。然而，土豪式的无序开发、蛮横的营造、盲目追求业绩的建设破坏了人与自然的和谐，例如，巨大的水库依然在建设，令人惋惜。中华先民的匠心和生态美的智慧值得后人学习和借鉴。

① http://daofaziranzhe.blog.sohu.com/165382182.html.

第 9 章
域外水利古机械与本土渴乌

本章介绍了域外传入的水利古机械及本土的渴乌，共 4 种水利机械。域外传入的水利古机械，即《泰西水法》中提及的龙尾车、玉衡车、恒升车，这 3 种水利机械都有西方古老的历史渊源。新技术在明清时期的传入没有引起当局朝廷的重视，士大夫文人更视为“奇技淫巧”，也预示着清末被西方列强用船舰利炮打开国门的历史结局。

由于本土的 “渴乌”与玉衡车、恒升车都是采用气压原理的水利机械，因此，将渴乌也并入此章内容。

由于龙尾车内部的螺旋构造是采用传统的髹饰工艺制作的，造价高；另外，明清时期的龙骨水车形制已非常成熟，龙尾车的升水效率没有胜过龙骨水车的优势。然而，龙尾车已具备今天水泵的雏形；极地破冰船推进器的结构也与龙尾车的螺旋形结构相似，此外，螺旋结构还有很广泛的用途。虽然，中华民族的先民在生活实践中创造了各种结构的机械，然而，在龙尾车传入之前，没有出现过龙尾车这种螺旋形设计，值得做设计学视角的深刻思考。

玉衡车、恒升车都是根据气压原理发明的抽水装置。恒升车还是后来“压水井”的原型。今天的自来水已经成为人们的家常便饭，但铸铁的压水井这样素朴的水利机械却唤起了许多远离故乡的人们对故园回忆和乡愁的情感。

据考证，“渴乌”一词代表了 4 类不同的中华传统水利机械，一般认为渴乌主要是指利用虹吸原理的气饮装置。渴乌作为古代典籍中记载的中华传统水利机械，多应用于军事、漏刻计时装置、隔山取水等，在 20 世纪 70 年代的黄河虹吸工程中也有类似于渴乌原理的应用。

9.1 龙尾螺旋

龙尾车就是“旋水而上”的螺旋式水车，为公元前 3 世纪古希腊科学家阿基米德（Archimedes）所发明，又称“阿基米德螺旋式水车”（Archimedean screw）。在使用时，龙尾车一端架在水中，另一端则靠于岸上（图 9-1），是通过旋转曲柄将水送往高处的水利古机械。

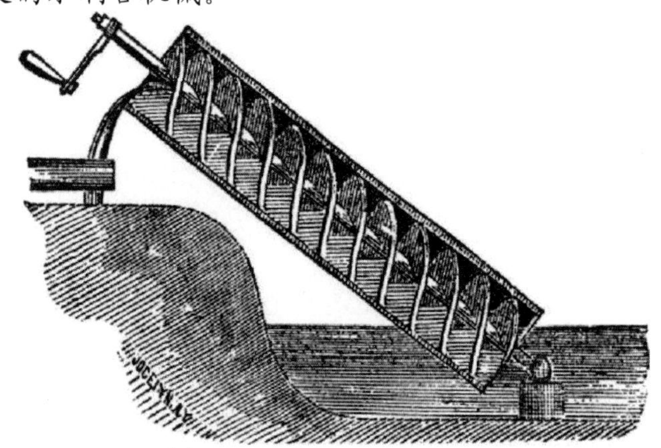

图 9-1 由曲柄驱动的龙尾车

图片来源：http://www.chinadaily.com.cn/hqgj/2007-11/04/content_6228771.htm

9.1.1 龙尾车的构造原理及传统制作工艺

龙尾车由轴、墙、围、枢、轮、架 6 个部分构成（图 9-2）[①]。

据《泰西水法》记载，龙尾车是以圆木做轴，利用勾股定理、等分线等几何方法在轴上绘成阿基米德螺旋线（Archimedean spiral），并沿螺旋线建立螺墙（叶片），用窄长木板围之形成围筒，再根据河岸以一定角度设立枢架即可。

龙尾车运用螺旋输送原理提水。当顺着龙尾车螺旋转动提水时，轴的旋转方向与螺旋的上升方向相反（图 9-2），所以当龙尾车稳定运行时，其内部水的

① 张柏春. 1995. 明末《泰西水法》所介绍的三种西方提水机械.农业考古, (3): 146-147.

轨迹是阿基米德螺旋线，其原理可以理解为水同时在做匀速圆周运动和匀速直线运动。螺旋面的任何一小段都可视为斜面，水沿斜面下流，却随螺旋而上升，相当于斜面托水向上平移（图 9-2）。

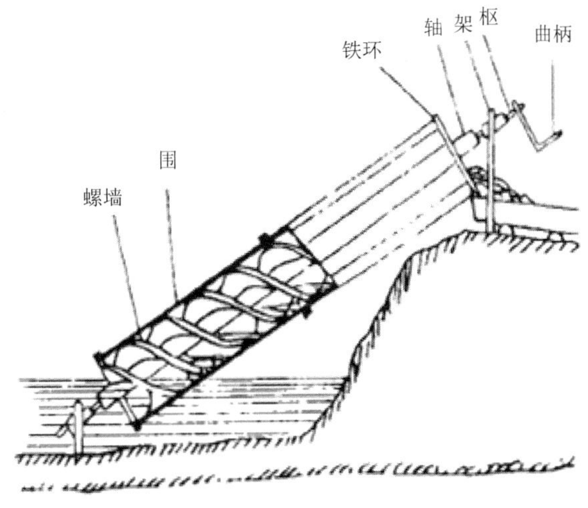

图 9-2　龙尾车构造图①

1）**轴**。龙尾车是以“圆木为轴”，轴的长短取决于提水扬程，又以轴长的 2/25 为轴半径。若轴长 1 丈，轴径为 8 寸。这个指数或许是由经验所得②。

如图 9-3 所示，先八等分轴端圆周，在轴端面用墨线画过等分点和轴心的径线，另在轴面画 8 根过等分点并平行于轴心的直线。以 1/8 圆弧所对弦长为度，等分轴面上的 8 根平行线。按“勾股求弦之法”，在轴面纵横线交点（*a*,*b*,*c*,*d*,*e*,⋯）之间画斜线，连成一条螺旋线，沿螺旋线立“螺墙”。

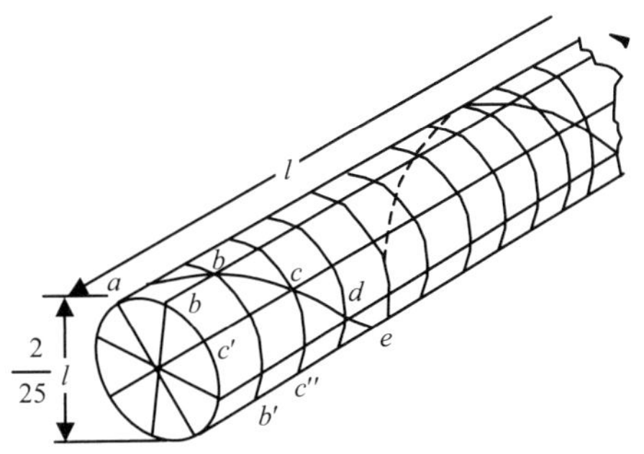

图 9-3　螺旋线画法①

① 张柏春. 1995. 明末《泰西水法》所介绍的三种西方提水机械. 农业考古, (3): 146-147.

② 周昕. 2010. 中国农具通史. 济南: 山东科学技术出版社: 738.

2）墙。“墙”是约束水流的螺旋面。根据《泰西水法》记载，立墙之法有“编制”和“累制”两种工艺。编墙时，沿螺旋线在轴上齐插一列与轴心线垂直并延长相交的竹柱，再以柱为经，以麻、纻、菅、布、蔑之类的绳为纬，顺螺旋线编墙（图 9-3）。累墙时，取桑槿之类柔木的皮，裁成宽度相等的条，用沥青和蜡，或熟桐油和石灰、瓦灰（油灰），或生漆和石灰沿螺旋线层层涂累。编制的墙要“密而平”，累制的墙要“坚而无堕”，但必须都涂上涂料，封住缝隙，以防漏水。墙高一般不超过轴长的 1/8。轴过长时，墙高与轴径相等，墙与墙之间形成螺沟。

3）围。“围”是圆柱形的盛装螺旋轴的管体。螺旋轴要在围内转动，所以其内径必须略大于墙。围的两端可以称为端盖，既要起支撑轴的作用，又要有进水口和出水口。围桶用铁环箍紧或用绳束紧（图 9-4），在围与墙缘之间、围板与围板之间及围外，均涂上漆灰、油灰、沥青、蜡之类的涂料，保证形成不漏的水道。虽然，中华桶匠对于日常所用的水桶之类箍法娴熟，但由于龙尾车粗细相同，与日常箍桶并不一致，且龙尾车多为 1 丈以上长度，围内壁的修整需要开发专门的工具。

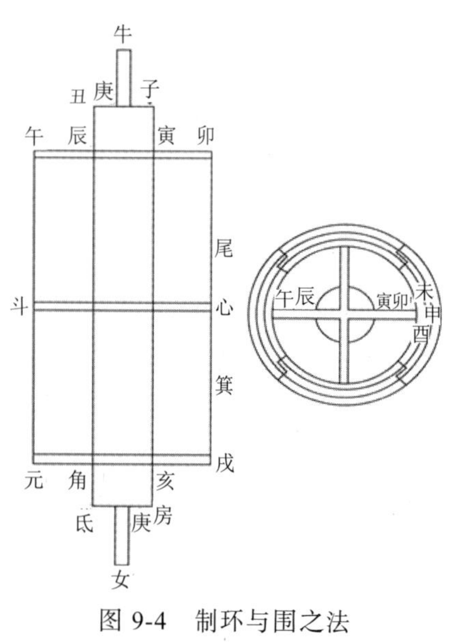

图 9-4　制环与围之法

出自《泰西水法》卷六

4）枢。在木轴两端装细铁轴，制成上枢和下枢。为保证龙尾车体的静平衡与动平衡，两个枢一定要与木轴同心。

5）架。“架”是安装龙尾车的车架。由木柱或砖石垒砌成上、下两架，分别设在水中和岸边，架的“山口”处装上与枢配合的半圆形铁管，即轴承的外圈，以承枢。下枢的铁管高度以保证水能进入螺旋水道入水孔为准则。

6）轮。若扬程过大，龙尾车又不便于制作得太长，可把几台车累接上。累接之法，可凭车两端的齿轮相啮合，从而“以一力转数轮”[①②]。

轮是指带动龙尾车转动并与动力机械相连接的齿轮传动系统。按《泰西水法》的记载，与龙尾车连接的齿轮安装位置可以有七种（即围的中间和两端、轴的两端、两个枢的端部），要视地势和动力源特点而定。

若车大而轴长，扬程高，则齿轮装在围的中间，称为围轮。若用立式水轮驱动，齿轮装在龙尾车的下部，与水轮卧轴一端的齿轮（他轮、接轮）啮合。若“平地受水”，而用人力、畜力、风力驱动，齿轮装在龙尾车的上部，与人车（即人踏拐木）或马牛骡车或风车的卧轴上的齿轮（他轮、接轮）啮合。若龙尾车较小，可不用齿轮，而在上枢的方端处装曲柄（衡、柱），再将连杆（棹枝）一端套在柄柱上一人或多人摇转，就像手摇翻车（即拔车）那样。

《泰西水法》中对龙尾车的齿轮传动做了“龙尾者，入水不障水，出水不帆风，其本身无铢两之重，且交缠相发，可以一力转二轮，递互连机，可以一力转数轮。故用一人之力常得数人之功”的描述。清初，纳兰性德在《渌水亭杂识》中描述了用风车驱动的龙尾车：“以风车转之，则数百亩田之水，一人足以致之，大有益于农事”，其描述的是齿轮传动的龙尾车。圆明园中海晏堂附近的喷水，最初采用法国教士蒋友仁设计的“水法”（齿轮传动的龙尾车），即用“龙尾车”向上输水送至储水池（锡海）储水（图 9-5），然后再利用地心引力使水经过铜管流向喷泉，从而使十二生肖头像得以向外喷射水柱。

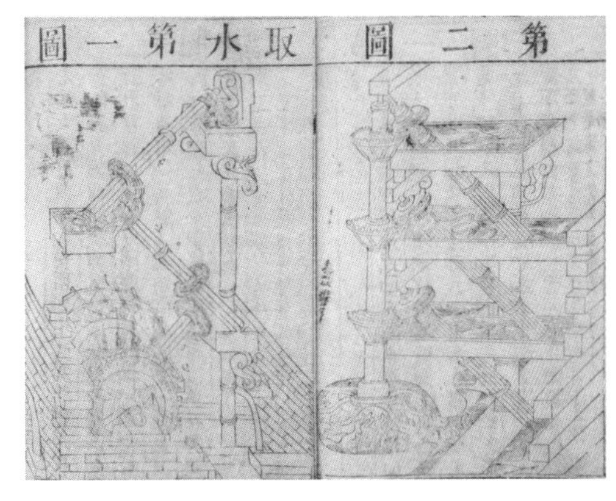

图 9-5　龙尾车的齿轮传动
出自《奇器图说》

《泰西水法》认为，龙尾车轴与水平面夹角不能过大，应按“三五之法准之”，即若“岸高九尺，轴长一丈五”。

1986 年联合国粮食及农业组织

① 张柏春. 1995. 明末《泰西水法》所介绍的三种西方提水机械. 农业考古, (3): 146-147.

② 陆敬严, 华觉明. 2000. 中国科学技术史 · 机械卷. 北京: 科学出版社: 374-376.

（Food and Agriculture Organization of the United Nations, FAO）出版了一本名为《提水器》（*Water Lifting Devices*）的著作，书中对自古以来世界各地的传统提水机械做了详细的调研和实验研究，以帮助贫困地区解决农业灌溉问题。根据联合国粮食及农业组织成员对于出现在罗马时代以前，从埃及流传下来的木制阿基米德螺旋提水机的调研和反复实验，认为作为低水头水利机械的螺旋提水机，使用时所摆放角度应为 30°～40°，且机械效率在 30% 以内。

9.1.2 龙尾车传入的历史与《泰西水法》

16 世纪 80 年代起西方传教士进入明朝内地活动，同时也将西方科学技术介绍到中国。1603 年，明代学者徐光启（1562—1653 年）与传教士利玛窦（Matteo Rieei，1552—1610 年，意大利人）相识，从此对西方科技产生兴趣。利玛窦去世后，徐光启邀请意大利传教士熊三拔（Sabbatino de Ursis，1575—1620 年）合作译著《泰西水法》六卷（1612 年，明万历四十年），介绍适用于本土的先进西方水利技术，以“富国足民”。

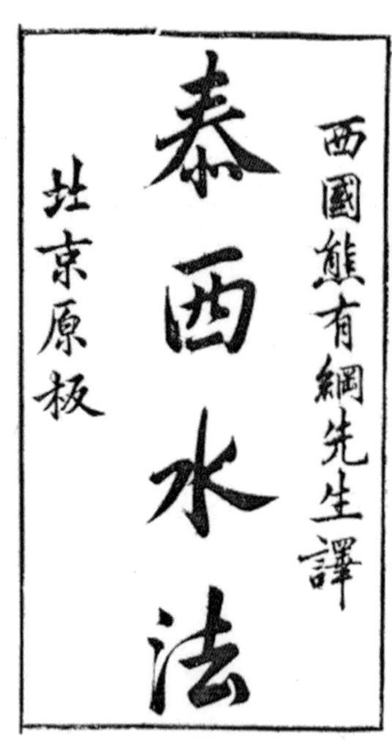

图 9-6 《泰西水法》封面

《泰西水法》古版本

《泰西水法》（图 9-6）[①]包容了欧洲古典水利工程学的精粹，体现了 17 世纪欧洲的先进科学技术，系统记录了 17 世纪欧洲的龙尾车、玉衡车、恒升车等提水工具和修建水库、寻找水源的技术和方法，是一部系统介绍西方农田水利技术的著作。当代学者，如李仪址等很重视该书的水利学价值和物理学意义[①]。《泰西水法》卷一（龙尾车）、卷二（玉衡车和恒升车）及卷六的部分运用物理学中的螺旋原理、气体力学、液压技术，

① 徐光台. 2008. 徐光启演说《泰西水法 · 水法或问》(1612)的历史意义与影响. 台湾清华大学学报, 38(3): 421-449.

可以说属于机械学专著[①]。《农政全书》《远西奇器图说》都收录了《泰西水法》中提水机械的部分内容。

9.1.3　龙尾车提水效能与发展状况

1. 历史上的龙尾车提水实验

清代的徽州学者戴震著有《嬴旋车记》，对龙尾车做了言简意赅的介绍；道光十三年（1833 年），徽州人齐彦槐在江苏荆溪县进行了一次影响很大的龙尾车实验，并留有《龙尾车歌》，其中有“无事静观龙取水，制为水车像龙尾”的诗句[②]；清代名臣林则徐对齐彦槐实验龙尾车的举动颇为赏识，认为龙尾车可以提水浇灌农田，可以在兴修水利工程中发挥重要作用，并奏请朝廷推广龙尾车，但未获清廷响应。

2. 龙尾车提水效能记录的矛盾

从龙尾车提水效能记录发现，其中充满了矛盾的记载。例如，徐光启认为使用龙尾车“人力可以半省，天灾可以半免，岁入可以倍多，财计可以倍足”。由于徐光启的大力推崇，龙尾车引起了明末学者的关注。据《明斋小识》记载，清朝嘉庆十四年（1809 年），精研西方数理的徐光启五世孙徐朝俊在松江府据《泰西水法》制成龙尾车，并称一个儿童即可运转，不存在脚踏水车的劳累。据《梅麓诗钞》记载，习研算学、倡导中西会通的江苏金匮县知县齐彦槐称龙尾车：“一车当翻车之五，人一当十，迅捷奔腾，靡有渗漏。”

然而，在制造和使用过程中，人们也发现了龙尾车的局限性和缺点。钱泳在《履园丛话》中说，（乾隆年间）有人在苏州制龙尾车，“不须人力，令车盘旋自行，一日一人可灌田三四十亩”。然而，“一车需费百余金，一坏即不能用。余谓农家贫者居多，分毫计算，岂能办此”。郑光祖《一斑录》记，道光十六年清江浦治河时，用“三千金”制成一台龙尾车，“车大四五抱，扛抬需百夫，坏墙垣以出，试于池沼，立刻告涸。然运转甚重，推挽亦必多人，乃才试一二，

① 熊三拔，徐光启. 2002. 泰西水法.长沙：岳麓书社.

② 郭怀中. 1993. 清代安徽科学家齐彦槐. 安徽师范大学学报（人文社科版），21(1)：105-109.

而关键已坏，然即不坏，亦全资人力，非果能自为行运也。卒归废弃焉”。除以上因素外，技术成熟、性能良好的传统中华翻车和筒车的广泛应用，也排斥着用途相同的龙尾车[①②]。清代中后期，由西方传入的龙尾车，就逐渐地淡出了中华传统水利机械的舞台。

9.1.4 龙尾车未能普及的原因

通过各种历史资料文献和科学研究数据的结果，认为有以下原因导致龙尾车没有得以普及。

1. 近年，对龙尾车与龙骨水车的提水性能的对比的研究

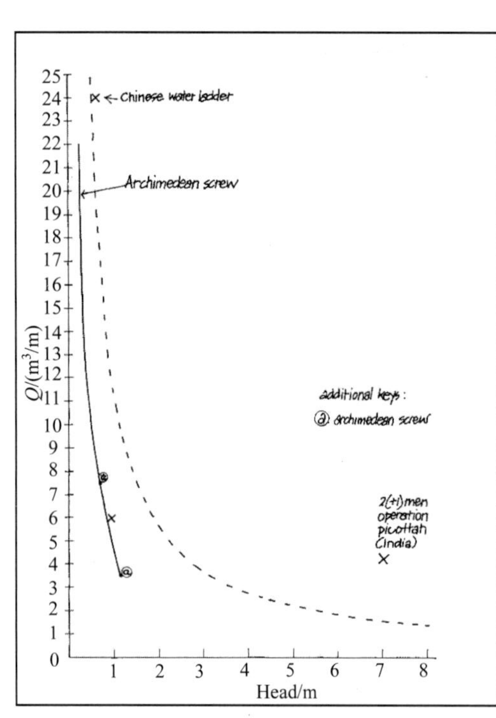

图 9-7 两类的提水机单位时间内提升的水量 Q 与提水高度 Head 的关系图

图片来自 *Human and Animal-power Water-lifting Devices: a State-of-the-art Survey* 一书第 5 页，笔者清除了原图中与龙尾车和龙骨车不相关的实验曲线

由于世界各地仍有很多贫困地区需要依靠人力进行农业生产，所以传统水车的提水能力问题在当代依然受到重视。总部在英国的“中间技术开发集团”（Intermediate Technology Development Group，ITDG）就是一家致力于援助贫困地区解决农业水利问题的慈善机构。20 世纪 80 年代，该机构对发展中国家农村地区农业活动中需要使用的人力、畜力提水机开展了详细调查，并在印度进行了相应的实验研究。调查和实验结果于 1985 年编著出版。他们以发展中国家农村地区成年人在提水机上连续工作数小时可输出的功率作为提水实验的输

① 张柏春. 1995. 明末《泰西水法》所介绍的三种西方提水机械.农业考古, (3): 152-153.

② 陆敬严，华觉明. 2000. 中国科学技术史・机械卷. 北京：科学出版社: 379-380.

入功率，利用控制变量法，让同样两位成年男性去踩踏不同种类的脚踏式水车，由此得出多组实验数据，并分析绘制成图（图 9-7）[①]。

作为小型制的人力提水机械，在机械效率方面，龙骨车（40% ~ 50%）高出龙尾车（30%）。实验证明，龙骨车的提水效能相对优于龙尾车。

2. 清朝的社会生态环境的保守

以龙尾车为代表的西方技术的传播并没有引起当局的注意，也没有在治水人员中传播，对传统的中华水利事业无任何触动。徐光启通过翻译《泰西水法》引进龙尾车期待能致用农田水利，而现实环境却赋予了它“奇技淫巧”的性质，它的实用性和科学性被抽离，这是热切介绍西洋科技的实学家徐光启等不曾想到的一个结果。通过龙尾车的命运可以一窥清初文化生态环境的僵化和保守，它基本上丧失了明末接受西学的开放胸襟和主动姿态，也预示着清末被西方船舰利炮打开国门的结局[②]。

3. 没有进行工艺革新，造价高，且效率低于龙骨水车

明清时期，对传入的龙尾车核心机械部件（螺墙）的制作手法是采用传统木工艺和漆匠髹饰工艺，耗时长，且并不适合龙尾车部件需要长期浸泡的特点。中华先民崇尚木作，对木材的使用已非常娴熟，因此，没有进行如铸铁等其他工艺制作龙尾车的尝试。

域外传入的龙尾车，由于其内部是螺旋形构造，外壁与内部构造需高度契合，因此增添了制造难度；另外，由于龙尾车非常沉重，有不易被搬动等问题。今天，通过各种测试发现，其性能没有明显优于中华水车（翻车）。

4. 匠人们很难掌握科学知识

明清两代，实际承担农业机械制作的乡村匠人依然是凭借口口相传的经验性知识来支撑他们手下的技能。西洋龙尾车的设计义理和科学化的设计思维已大大超出他们的经验范围。

---

① 苏云梦，石云里. 2017. 龙尾车提水效能研究——兼论明清时期欧洲龙尾车缘何未能取代中国龙骨车. 中国农史, (2): 125-134.

② 邱春林. 2005. 龙尾车的应用史及文化生态考评. 信阳师范学院学报, 25(5): 52-55.

龙尾车的设计已上升到科学理论，其设计思想符合几何学、力学的原理。由于龙尾车所有重要构件都密封于滚筒内，它们的工作原理无法通过直观来领悟，需要有一定的几何学知识才能揣摩清楚。相反，传统的匠人则始终停留在应用性技术阶段，其科技精神依然偏向对自然物理的直觉性把握。

以上原因导致了龙尾车没有在中华大地上普及。

9.1.5 东西方对待螺旋曲线的差异体现不同的造物思想

农具研究学者周昕认为，域外传入的水利古机械与中华传统水利机械不是一个思路、一种体系的东西，大众不易接受。笔者在赞同其观点的同时认为，思路不同，其根本在于东西方对于立体空间中螺旋曲线认识的差异，这种差异体现了东西方不同的造物思想。

古希腊人很早就会运用螺旋曲线，并发明了大型机械“螺旋压榨机”，用以压榨橄榄油和葡萄汁（图 9-8）[①]。公元 1 世纪，希腊学者希罗（Hero）改良了杠杆式螺旋压榨机。阿基米德（公元前 287—公元前 212）在其著作《论螺线》中对等速螺线的性质做了详细的讨论，后世的数学家把等速螺线称为“阿基米德螺线”，极坐标方程为 $\rho = a\theta$，这种螺线的每条臂的距离永远等于 $2\pi a$。可以认为，古希腊人对于螺旋曲线的应用与背后对其数学的理解有一定的关系。

与阿基米德同一时代，相当于中华史的战国后期，这个时代的战汉玉器是中华玉器史上又一个巅峰时期。战汉玉器中的“绞丝纹玉环”以斜阴线琢刻相互不交叉的粗线绞丝纹制作而成，因其纹线阴阳相间，形如扭曲的束丝而得名。玉环绞丝纹的优美螺旋曲线与“阿基米德螺线”极为相似（图 9-9）[②]。

然而，除了装饰上出现过类似的螺纹曲线之外，在龙尾车传入之前，中华民族的先民在生活实践中创造的各种机械，其中并没有出现过这种螺旋形设计。

① 迈克尔·伍兹，玛丽·B. 伍兹. 2013. 古代机械技术. 蓝澜，译. 上海：上海科学技术文献出版社：56.

② 中国国家博物馆官网 http://www.chnmuseum.cn/default.aspx?AspxAutoDetectCookieSupport=1.

图 9-8　古希腊的螺旋压榨机[①]

图 9-9　战国绞丝纹瑗

图片来源：中国国家博物馆

虽然中华民族在传统绘画纹样的表现上有复杂、流畅的曲线，如水波纹、敦煌藻井图案；有外形优美的紫砂壶；有建筑上的飞檐；有圈椅的靠背；有桥梁的圆拱……但是，探究中华文化对立体空间的造物思想，其主流是追寻中正、稳重、规矩的造型，曲线只是作为改变方形过于死板的陪衬而存在。即使是在避免不了曲线的情况下，例如，汉字的演化和发展，是由曲线丰富的甲骨文最终演变成了被无形的方框框住的“方块字”，以“无形的方形”束缚与规整乃是文化中的主流。西方文明的一路演化恰巧相反，一直有追求曲线的表现的。在字母文字的演变上，尽量展现出曲线的烂漫和柔美。

东西方对“自然曲线”理解的不同演变轨迹，并非孰优孰劣的问题，只是这种理解会潜移默化地衍生到东西方不同的造物设计思路中，形成设计师内心潜在的最初原的对设计的理解和习惯，从方方面面展现出这种深层的文化差异。

继 17 世纪微积分（calculus）的发展之后，人们对空间曲线的数学研究有了飞速发展，以至于今天已经能够应用电脑软件 UG、CATIA、SolidWorks 等广泛地进行立体曲面设计和数字化加工。笔者认为，在未来造物的外观设计中，例如仿生设计，对自然界立体空间曲线之美的洞察与数学理解是一个亟须重视的发展方向，也是可以拓展的巨大空间。

① 迈克尔·伍兹，玛丽·B. 伍兹. 2013. 古代机械技术. 蓝澜，译. 上海：上海科学技术出版社.

9.1.6 小结

近年来，通过龙尾车与本土的龙骨车的实证对比研究发现，龙尾车在效率上没有明显的优势。从典籍文献中也找不到历史上有工匠熟练制造龙尾车的记载。但是，龙尾车已经具备现代水泵的雏形，对于今天采用电机带动的液体搬运，运用得极为广泛。阿基米德螺线在生活中随处可见，在今天各种机械上常有应用。例如，等螺距的螺钉从钉头方向上看去是阿基米德螺线；极地的破冰船的推进器就是龙尾车的螺旋形结构运用（图 9-10）。

图 9-10 高纬度破冰船推进器

图片来源：http://inspot.jp/sample/spots/543

400 年前的万历年间，采用木作工艺和漆匠髹饰工艺完成龙尾车的制作是相当不易的，当时采用的工艺水平也决定了这种水利古机械容易被损坏。今天采取焊接、铸铁、钣金等工艺，制造一架龙尾车并不困难。因此，在一些现代的交互式景观设计中就采用阿基米德螺旋式抽水器，吸引周边的孩子们通过转动中轴达到旋水而上的效果（图 9-11）[①]，阿基米

图 9-11 交互景观中的阿基米德螺旋式抽水器[①]

① 张唐艺术工作室设计制作. http://www.sohu.com/a/121822991_556779.

德螺旋式抽水器封闭的内壳相对安全，因此，其在未来的水资源处理上还有很广泛的用途。

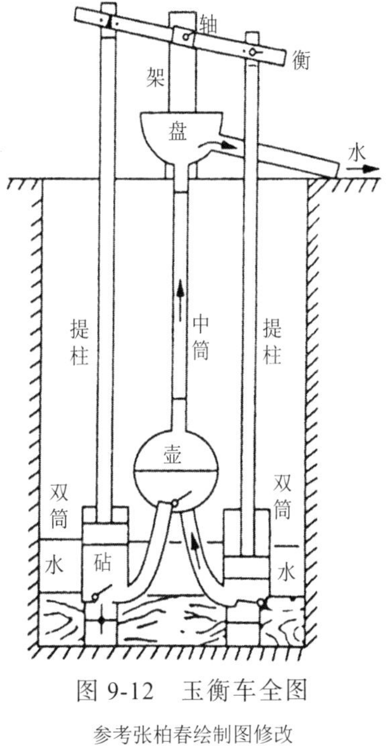

图 9-12　玉衡车全图

参考张柏春绘制图修改

9.2　玉衡水泵

玉衡车即一种双缸活塞式水泵（图 9-12）[①]。

9.2.1　玉衡车的结构和原理

玉衡车是两只并排放置的压力式抽水机，用一根横杆——“衡”带动两只活塞杆一升一降地动作。据《泰西水法》记载，玉衡车由双筒（缸）、双提、壶、中筒、盘、衡轴、架，七样构建组成，具体构造如下。

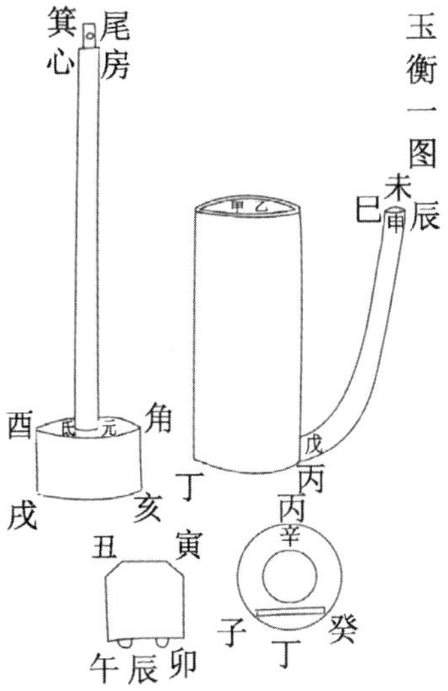

图 9-13　双筒与弯管

出自《泰西水法》卷六

1）**双筒**（缸）。“炼铜或锡为双筒”。双筒是一对直径相等的圆筒，筒高是筒径两倍（若筒径为 d，筒高则为 $2d$）。筒底开直径为筒径 1/2 的孔，孔上装一个用方铜板制成的舌（即活门），通过一组枢纽 · 舌铰接在筒底。筒面的底部锡焊两个直径为筒径 1/3 的弯管，弯管上口与筒口等高。双筒底部坐落于沉入水中的榆木梁上（图 9-13）[②]。

2）**双提**。双提就是活塞杆和活塞（砧），砧与筒“密切而无滞”，在筒内不得摇摆。用竖木作砧（活塞）。砧上接直径为筒径 1/3 的提柱，即“双提”。柱长视井深而定，柱上端削成方榫，铰接于衡（图 9-14）。

① 张柏春. 1995. 明末《泰西水法》所介绍的三种西方提水机械. 农业考古, (3): 149-150.

② 熊三拔，徐光启. 2002. 泰西水法. 长沙：岳麓书社.

3）**壶**。“炼铜以为壶”，壶像个球形，其容积为双筒的1.5倍。壶的纵截面为椭圆形，由底、盖两部分拼合而成，并用两交叉铁环束紧，再以锡补缝。壶底开两个椭圆孔，分别与两弯管的上口锡焊在一起。壶底两孔上各设一活门（舌），制法与双筒底部的舌相同，两舌的枢共用一纽（图 9-15）。所有的舌都是“恒入而不出”的单向阀，合时“密而无漏”，开时无滞。

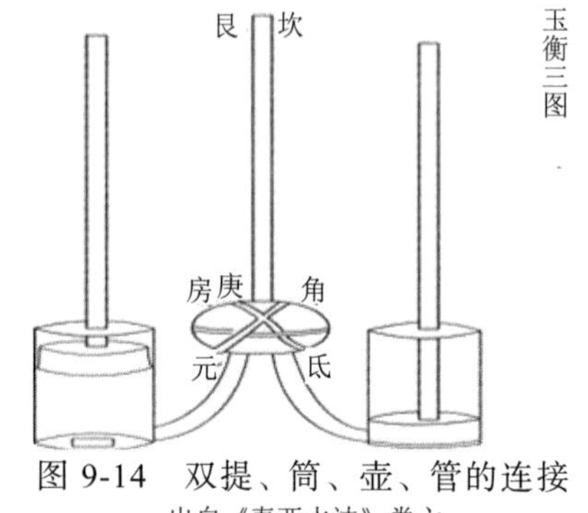

图 9-14　双提、筒、壶、管的连接
出自《泰西水法》卷六

4）**中筒**。中筒即水从壶中上升的升管。筒径是活塞筒（双筒）的 1/3，与弯管径相同，长度视扬程而定，下端与壶上口以锡焊相接。上口“宁缩无赢”（图 9-12）。“炼铜或锡以为中筒”。中筒也可以由三段组成，两端为数寸长的金属管，中间一段用竹木筒代替。

5）**盘**。“炼铜或锡以为盘”。盘的容积与壶相同，盘底有孔，与中筒上口锡焊在一起。盘侧有一孔，与弯管直径相同的出水管锡焊在盘的侧孔处（图 9-12）。

6）**衡**。衡是拉动双提以活塞（砧）上下运动的横杆。“直木为衡”，衡长不超过井口直径，两端销孔与提柱铰接。另作一轴，长于衡，两端截面为圆。衡与轴十字相交，以榫、凿固定在一起。轴的一端设长二三尺的小衡，小衡两端设二木杆，小衡为弦，其余为股。以一个小木杆为柄，摇柄转轴（图 9-12）。

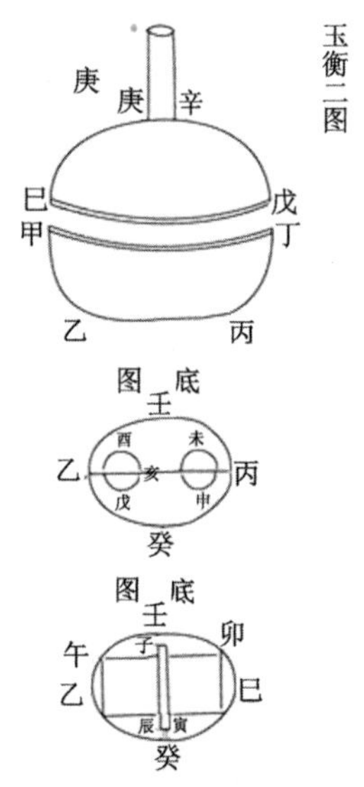

图 9-15　壶
出自《泰西水法》卷六

7）**架**。在井口两旁以木或砖石为架，轴就固定在架的“山口”（轴承）上。在井底水中设榆木梁，梁上有两个沉孔以承双筒，沉孔之内有通孔。

玉衡车是完全符合流体力学原理的设计。摇柄转轴，当左提柱带着左砧上升时，左筒内形成真空，壶的左舌关闭，左筒底的舌打开，大气压将井水压入左筒。同时，右提柱带着右砧下降，右筒内压力增大，右筒底的舌关闭，壶的右舌打开，右筒中的水被压入壶内（图 9-15）。左提柱升至最高点后转而下降，左筒的工作过程如上述的右筒。右筒的工作过程如上述的左筒。这样，两提柱和砧交替升降，“左右相禅”，水不断经双筒进入壶内，再经中筒、盘和出水管而溢入地上的承水器具内①。

9.2.2　玉衡车的历史渊源及其演化和发展

1. 希罗式水泵

玉衡车的历史渊源可以追溯到公元 1 世纪希罗（Hero）设计的双缸活塞式压力泵，从构造原理方面看，玉衡车肯定是希罗式水泵的后裔②。希罗是古希腊力学发展史上的核心人物，其传世的著作有《气动力学》《弓弩武器制造法》《自动装置》和《力学》等。希罗的著作中关注的完全是机械的设计和建造，其理论目标的核心是把所有复杂机械都归结为他所谓的五种典型的简单机械（杠杆、轮和轴、滑轮、楔子、螺旋）。根据其《力学问题》中的说法，把其中每一种最终归结为秤，秤就充当了一种有可能对五种机械进行解释的模型，把它们的运作追溯为自然原理③。

邓玉函（Jeannes Terrenz）、王徵在《远西奇器图说录最》（1627 年）中对类似玉衡车的水泵做了描述，并称之为“水铳”。以摇柄转轴法驱动玉衡车，力臂较小，不及水铳摇动延长的衡杆省力（图 9-16）。

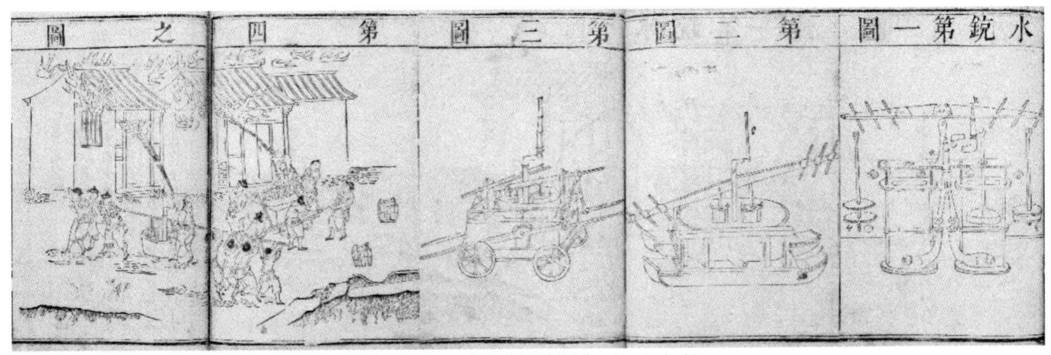

图 9-16　《奇器图说》中的水铳

① 张柏春. 1995. 明末《泰西水法》所介绍的三种西方提水机械. 农业考古, (3): 149-150.

② 陆敬严, 华觉明. 2000. 中国科学技术史 · 机械卷. 北京: 科学出版社: 376-378.

③ 张卜天. 2014. 希腊力学的性质和传统初探. 北京大学学报(哲学社会科学版), 51(3): 132-142.

2. 水铳在消防中的作用

图 9-17　中华民国时期救火用的水铳（拍摄于屯溪博物馆）

作为希罗式水泵的后裔——水铳，与玉衡车构造和原理相同，是利用气压原理制造的手动机械消防泵，水铳是明末清初从西方和日本传入的，就是后来沿用 300 多年的“洋龙”[①]。在消防事业上发挥过巨大的作用（图 9-17）。

虽与宋代的竹质唧筒相似，但水铳的巧妙之处在于，利用了两个唧筒协同工作（两个筒之间有一连杆相连），一筒喷水，另一筒吸水，如此循环。该器械能连续喷出用于灭火的水流，犹如当时的火器发射弹丸，速度很快，故称水铳（图 9-17）。

在中华古村落中是鳞次栉比的木构古建筑，与之形成了窄密街巷，传统古建筑除了设置马头墙、鱼池、太平缸、唧筒等消防措施之外，“水铳”就是传统的消防车。由于水铳体积小，行动方便，非常适合传统村落的街巷空间尺度。清代，紫禁城的防火器具中的唧筒就是水铳[②]。清末至中华民国时期水铳在木构建筑中的消防经验，对于今天旧城镇和传统村落的防火器具设置有积极的参考价值（图 9-18）。

图 9-18　通州水会忙灭火图（郑希成绘）

---

① 段耀勇. 2005. 水铳的传入及其在中国消防史上的意义. 内蒙古师范大学学报(自然科学汉文版), 34(3): 328-330.

② 刘宝健. 1997. 紫禁城内清代防火设施. 中国紫禁城学会论文集（第二辑）.

9.2.3　欧洲对机械概念内涵的演变

希罗式水泵产生于轴心时代的古希腊，当时，机械属于“力学（mechanics）”概念的范畴。“mechanics”一词源于拉丁词 mechanicus，这个拉丁词又源于希腊词 mēchanē，其本义是“机械”，也有“技巧、装置、方法、巧妙的设计”之义，此外，还含有“欺骗、诡计”的意味。

希腊力学分为 4 种传统:亚里士多德传统、阿基米德传统、希腊化时期的理论传统和希腊化时期的技术传统。

亚里士多德传统非常轻视实用的技术。亚里士多德传统认为，对纯粹数理的探讨才是自由高贵人的事业；实用知识是一个较低层次的知识，特别是在强调实用性和功利性时，mēchanē 一词经常被称为“奴隶的”“掺杂的”，因为它们之中掺杂着实用和身体的需要①。

阿基米德发明的螺旋提水器、起重机、投石机等机械则属于技术传统。阿基米德对杠杆原理给出了严格的公理化证明。阿基米德传统使力学服从于纯粹的几何推理和严格的数学证明，成为后世许多著作的模板。

希腊化时期的理论传统以希罗的《力学》（*Mechanics*）中的部分内容和帕普斯（Pappus，290—350）讨论力学的《数学汇编》（*Collections mathematicae*）第八卷（包含大量数学定理和对机械的描述，是古代力学的重要文献之一）为代表。希罗挑战了亚里士多德传统对实用知识的蔑视，并将实用知识从实践者较低知识层次中的境地拯救出来。

希腊化时期的技术传统包括在亚历山大里亚出现的讨论实践力学或应用力学。有两个显著特征:一是设计和制造武器，这是力学思想在希腊化时期得到运用和发展的主要领域；二是用自动机来模拟生命体的运动，其实用性体现在娱乐价值，或者产生奇妙效果为宗教服务。其代表著作有：拜占庭的菲洛的《力学汇编》（*Mechanical Collection*），希罗的《自动机》《论武器构造》（*On Artillery Construction*）和《论水钟》（*On Water-Clocks*）等。

---

① 张卜天. 2010. 从古希腊到近代早期力学含义的演变. 科学文化评论, 7(3): 38-51.

在欧洲漫长的中世纪时期，mechanica 一词除了专指“机械技艺”之外。此时 machane 原义中“欺骗、诡计”的意味有所减少，但其地位仍然很低，仍包含有负面含义。希罗的《力学》虽然以各种版本在阿拉伯世界流传，但在中世纪的拉丁西方并不为人所知。

文艺复兴时期，力学从一门卑贱的技艺被提升为一门介于数学与自然哲学之间的理论科学。力学逐渐开始脱离技艺，从而成为一门属于几何学的科学，并且为诸多技艺提供原因和原理，而各个时期的力学传统依然都与机械有关，仍然注重机械的人工性和有用性。

直至波义耳在《力学学科对自然哲学的用途》（*Usefulness of mechanical disciplines to natural philosophy*，1671）中把“力学”（mechanicks）定义为一门科学学科，才实现了力学的现代科学上的含义①。

9.2.4 小结

以徐光启的水利思想，《泰西水法》中对玉衡车的介绍，其初衷是希望用于农田排灌。但是，由于玉衡车的制作对于传统的工匠来说过于复杂，制作难度极大，在水下安装麻烦，且容易出故障②。玉衡车这样精巧的设计与民具（或民艺品）“粗用”的性质相距甚远，其制作成本过高，对于明末及清代传统的农耕民来说是极不划算的事情。所以，历史上并没有玉衡车大规模用于一般生产生活的记载。

玉衡车的制作使用了金属管的锻造技术，而钢管生产技术的成熟是 19 世纪之后的事情，无缝钢管更是百年之内的产物。因此，在玉衡车的制作中使用金属管的锻造，在技术上很难达到预定的效果。由于玉衡车的制作工艺使用了锡焊技术，决定了制作出来的机械并不坚固耐用。《泰西水法》所介绍的玉衡车制作所采用的，如铜、铁、锡等材料，皆有容易氧化的特点，不宜在水中长时间浸泡。

---

① 张卜天. 2010. 从古希腊到近代早期力学含义的演变. 科学文化评论, 7(3): 38-51.

② 周昕. 2010. 中国农具通史. 济南: 山东科学技术出版社: 741.

受希罗水泵和玉衡车样式的影响，后世在欧洲演化为水铳的设计。水铳的传入，并与中华传统的唧筒相互融合，在中华传统木建筑、民居、宫殿的消防史上发挥过重要的作用。在水铳传入的 300 多年间，水铳除了沿用希罗水泵的原理之外，其外观木箱样式的设计逐渐本土化、地域化（图 9-17）。

古希腊对于纯粹数理的哲学，认为那才是自由高贵人的学问。自轴心时代起，对技术有着很长的压抑的历史，力学“mechanics”一词，明显带有“欺骗、诡计”的意味。与西方轴心时代相当的是中华史上的春秋战国时期，《庄子》中记载了子贡向老翁介绍了省力的机械——桔槔，老翁却认为，有机械者必有机事。大意是，有了机械之类的东西必定会出现机巧之类的事，有了机巧之类的事必定会出现机变之类的心思。东西方对于技术的警惕有着极为相似之处。

如今，取日常用水已经成为许多非洲儿童每天的工作，由于普通的压水井非常适合成年人使用，因此，将压水井设计成跷跷板的外观，其内部的水泵可以采用玉衡车的原理及构造，跷跷板来回摆动时，水井下的活塞会把水引上来，取水的同时可以给非洲的孩子们带来娱乐（图 9-19）[①]。

图 9-19　2017 国际设计 IF 奖作品——水泵

9.3　恒升压水

恒升车，即单缸活塞式压水机（图 9-20）。

① http://www.sohu.com/a/166562351_203947.

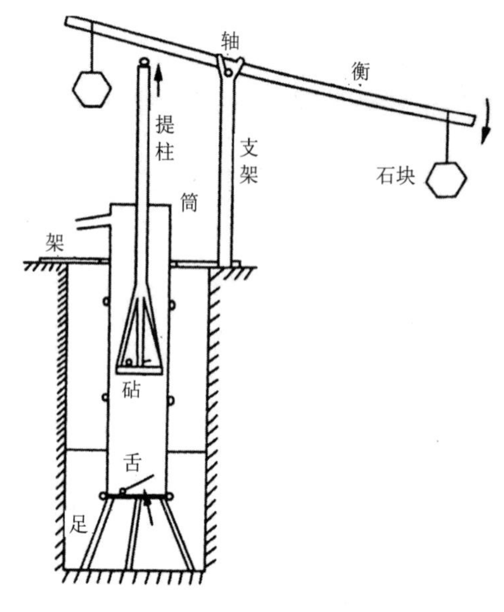

图 9-20　恒升车视图

9.3.1　恒升车的结构及原理

据《泰西水法》介绍，恒升车由筒、提柱、衡轴、架 4 样构件组成，其构造如下。

1）**筩（筒）**。“刳木以为筩（筒）”。筒可制成圆形或方形截面，外用铁环箍紧，筒长则环多。筒径取决于井的大小，以及汲水之多少。筒长视井深而定。筒的下端以四足之盘托在水中。筒的上端出井口以架夹持固定（图 9-20）。筒底开孔，圆筒开方孔，孔的边长为筒径的 4/7；方筒则开圆孔，孔径为筒的边长的 5/7。舌（活门）装在底孔之上，合时，密而无漏”，开时无滞。筒的上端接一出水管（图 9-21）[①]。圆筒可用竹管制成。

2）**提柱**。提柱就是与砧（活塞）连为一体的拉杆。“炼铜以为砧”，砧（活塞）的中部开孔，孔的形状与大小与筒底之孔相同。孔上装舌（活门），构造与筒底之舌相同。“直木为柱”，柱径为筒径的 1/5。柱底接 4 根铜杆或铁杆与活塞相连，杆接在活塞上成四足状，不妨碍舌的开合（图 9-22）。为了使活塞与筒壁“密切而无滞”，可以在活塞的四周附以皮革、毡罽之类的材质。

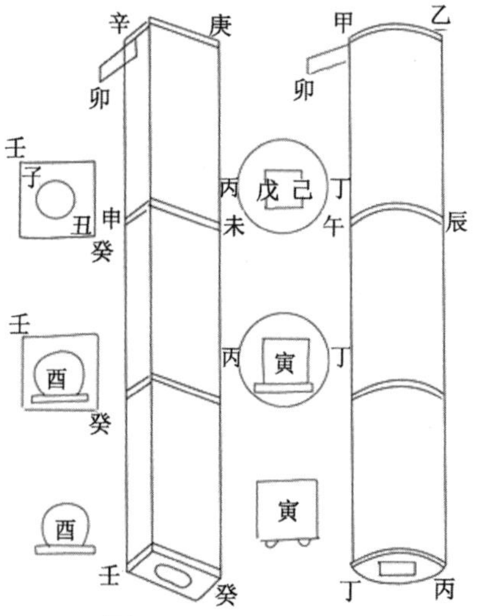

图 9-21　筒的结构
出自《泰西水法》卷六

3）**衡轴**。“直木以为衡”，衡被分成比例为 2∶3 的两段，短臂与提柱上端铰接，手摇长端作为手柄提水（图 9-20 和图 9-23）[①]。两端架在支柱的“山口”中，为了

① 熊三拔，徐光启. 2002. 泰西水法. 长沙：岳麓书社.

省力，有的还在衡轴两端缀以重石块。

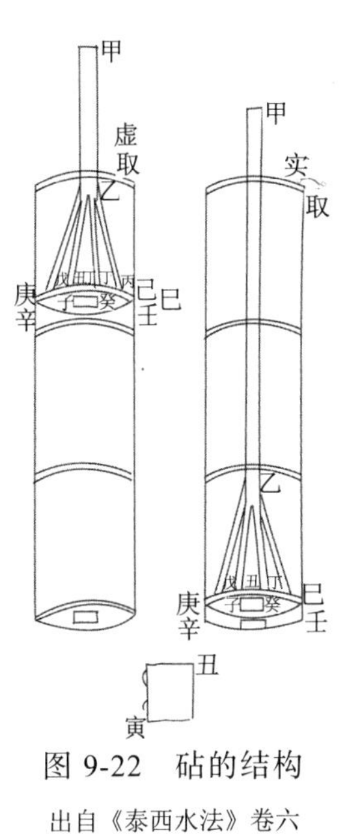

图 9-22　砧的结构

出自《泰西水法》卷六

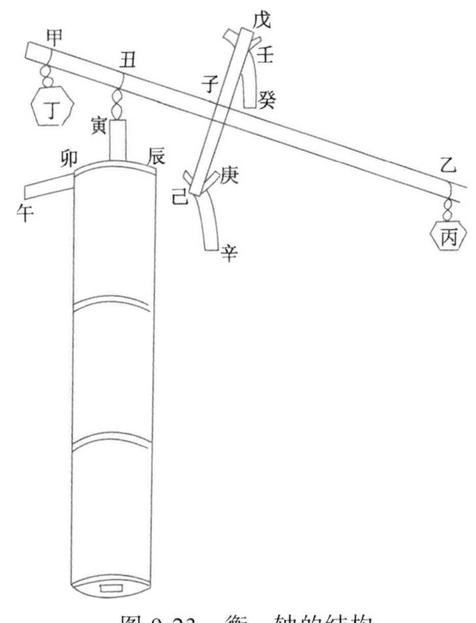

图 9-23　衡、轴的结构

出自《泰西水法》卷六

4）**架**。架对恒升车并不是一个完整的整体，一部分是支撑筒的四足托盘，一部分是固定筒的上端的井型架，还有一部分是支撑衡杆的山口木架[①]（图 9-24）。

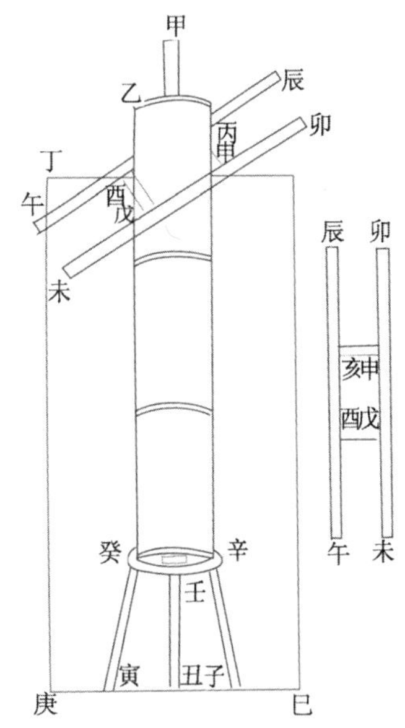

图 9-24　筒的固定法

出自《泰西水法》卷六

恒升车的工作原理与玉衡车相似。压下衡的长端（即图 9-20 中的右端），提柱带动活塞上升，活塞上的舌关闭，活塞下面形成真空，大气压将井水压入筒内，筒底的舌被推开。当抬起衡的长端时，活塞下降，筒底的舌关闭，活塞上的舌打开，筒内水升入活塞上部。提活塞时，水随之上升至出口时随即流出。如此循环往复地压水，水即断续地流出[②]。

① 周昕. 2010. 中国农具通史. 济南：山东科学技术出版社：741.

② 张柏春. 1995. 明末《泰西水法》所介绍的三种西方提水机械. 农业考古，(3)：151-153.

9.3.2 恒升车的形制

恒升车有“实取”和“虚取”两种，因此，活塞上的提柱也有两种，长者用于实取，短者用于虚取。井浅用实取，井深用虚取。实取时，活塞下降到筒底，上升至出水口。虚取时，先在活塞上部注入几寸深的水，以保证筒与活塞之间、舌与活塞孔之间不透气。活塞最多下降数尺，《泰西水法・恒升车记》中说：“升降于无水之处，以气取之”“气尽而水继之”。从现代流体力学的规律来看，活塞必须先抽出空气，再抽出水。按“实取”和“虚取”的分法，宋代的唧筒、域外传入的玉衡车、水铳皆属于实取式水泵。

清初纳兰成德认为恒升车的原理与传统的风箱相似①。风箱与恒升车、玉衡车在具体结构和流体的性质上虽有明显不同，但在活门、活塞的运用方面却有着极为相似之处。

9.3.3 记忆中的压水井

若将虚取式恒升车的筒缩短，下面再接细的直管至水中，支架固定在筒上，就演变成了后世中国民间所用的“洋井”。张柏春等认为，恒升车可能在中国经历了类似的演变过程①。然而，史实记载，清末出现的“洋井”却是海外成熟形制的舶来品，这其中经历了一些近代事件，也有着曲折的过程②。

恒升车演变的“洋井”即“压水井”，压水井是能将地下水引到地面上的一种取水工具。过去的压水井多由生铁铸造而成，压水井地面部分的底部用水泥牢固，上面的井头有出水口，其形制一般是后粗前细式样。压水的手柄（衡）是和井心（提柱）铰接在一起的杠杆，约有二三十厘米长，其支点设置在筒口边缘。如果经常使用，手柄会磨得锃亮，井心下的活塞固定了橡胶材质的引水皮。一般在压水之前需要先往筒中倒进一些水，随即迅速地上下反复提压手柄，手柄带动筒内的活塞上下运动就能将地下水压上来。

---

① 陆敬严，华觉明. 2000. 中国科学技术史・机械卷. 北京：科学出版社: 378-380.

② 吴建平. 2015. 旧京话供水之二——老北京的水井和供水服务. 城镇供水, (3): 3-6.

今天的自来水已很普遍，故园的压水井却成了人们乡愁的记忆。记忆中的压水井是孩子们时常聚集、游戏、玩耍的场所。炎炎夏日里，压上来的冰凉的井水可以洗脸、冰西瓜、打水枪（图 9-25）等，有着孩子们的欢笑。那时，许多小学的一隅设置有压水井，也是小朋友们课间喝水休憩的地方。

图 9-25　今天的孩子体验压水井

9.3.4　小结

恒升车与玉衡车的原理相同，虽然在出水的连续性上比玉衡车更胜一筹，但恒升车演变为压水井后，其构造简单且不易损坏，完全符合民具（民艺品）“粗用”的特性。所以，压水井普及得很广，给各地人民的生产生活带来了便利。

过去，有压水井的地方，往往有一块大小不一的水泥地，写完作业的孩子会来寻找小伙伴，或帮大人提水。今天，许多远离乡村来到都市打拼的人们，他们中的许多人对老屋的压水井充满怀念，压水井的地方有着美好童年的回忆，是他们心中“故园的风景”。

与域外传入的水利古机械不同，中华民族的先民在利用气压取水输水上，往往是利用自然的素材，如竹、木、桐油等，通过“渴乌”之类的器具完成，展现其注重实用的功能和生态价值。

9.4　渴乌气引

渴乌，古人对其的称谓有“注子”“偏提”“过山龙”“漏”等，根据考证分析，渴乌可以指 4 种传统水利机械，分别是：①利用虹吸现象引水向上的曲筒；

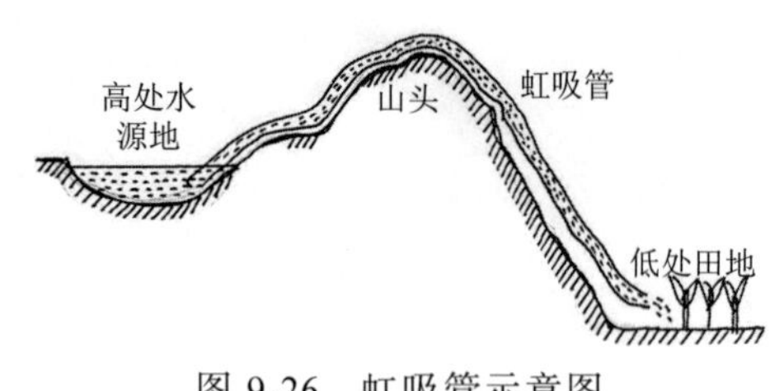

图 9-26　虹吸管示意图

②输水管；③除汲水洒水外还可消防的唧筒；④辘轳。虽然有许多装置都被称为渴乌，但是，认为渴乌是利用虹吸现象引水向上的管状导水器具是比较普遍的观点（图 9-26）。

9.4.1　渴乌的取水原理（虹吸）

虹吸是利用液面高度差的作用力现象，可以不用泵而吸抽液体的现象。运用虹吸原理达到取水、运水目的的渴乌，是一种以竹筒为主，辅以麻漆等材料制成的内部完全封闭的管状导水器物。管的一头安置在高山的水源处，通过管管相连将渴乌管翻过山头，另一头安置在地势低于水源处的地方（图 9-26）。

在使用时，先用燃火以燃烧管内的氧气，使管内形成类似真空状态。此时的竹筒内产生负压，水依靠大气压强的压力及高低落差势能的引力，被压到虹吸管顶端（山顶）后下落，再流到山下，这样便完成了虹吸的全过程。

渴乌管是直接利用大气压力与落差势能作为运行的总动力，从进口处到竹管顶端是靠大气压对水面的作用力，将水压到处于真空状态的虹吸管最高处，然后由势能牵引下落，实现隔山取水。因此，虹吸管并非升水装置，它只能将水从高水位翻越一定的高度后引向低水位，也就是虹吸管的出水口一定要比其引水口水面低才能正常工作①。

9.4.2　渴乌的历史渊源

南北朝时就有渴乌的相关记载，范晔（398—445）所著的《后汉书》中卷七十八宦者列传第六十八中有记述："……又使掖庭令毕岚铸铜人四列于仓龙、玄武阙，又铸四钟，皆受二千斛，县（悬）于玉堂及云台殿前。又铸天禄、虾蟆，吐水于平门外桥东，转水入宫。又作翻车、渴乌，施于桥西，用洒南北郊路，以省百姓洒道之费。"这是有关于渴乌的最早记载。由此推测，渴乌作为古

① 吴卫. 2004. 器以象制 象以圜生——明末中国传统升水器械设计思想研究. 北京：清华大学, 93-94.

代城市环卫洒水装置在汉代已被广泛应用。

计时装置漏刻的导水管是利用“渴乌”的虹吸管进行导水。例如，唐代吕才漏壶；北魏道士李兰发明的秤漏；燕肃莲花漏等，皆是利用“渴乌”的虹吸管进行导水的。宋代的水运仪象台内的天池之水经虹吸管（渴乌）抵平水壶，以保持固定水位和流量。浑天仪中也使用渴乌引水。

在军事上，宋朝曾公亮的《武经总要》有用竹筒制作虹吸管（渴乌），把峻岭阻隔的泉水引下山的记载。

虹吸引水设施能够一定程度翻山越岭，清代民间称其为“过山龙”①。虹吸管的应用在酒坊中可以经常见到。西南少数民族也有用虹吸管饮酒的活动。

9.4.3　渴乌与虹吸管

中华先民利用渴乌作为虹吸管导水应用于城市环卫、军事、计时等方面。

如前面所述的，唐章怀太子李贤曾组织一批名儒注释《后汉书》，注曰：“……渴乌为曲筒，以气引水上也。”这是渴乌虹吸管应用于城市环卫的案例。

在军事上，唐代杜佑《通典》《兵十》有“渴乌隔山取水”之说。《通典》中对渴乌的记载：“以大竹筩雄雌相接，勿令漏洩，以麻漆封裹，推过山外，就水置筩，入水五尺，即於筩尾，取松桦乾草，当筩放火，火气潜通水所，即应而上”。也就是以大竹筒前后套接成长管做成水笕，以麻漆封裹，密不透气，跨过山峦。将临水一端入水五尺，然后在竹筒尾端，收集松桦枝叶和干草等易燃物，将竹筒置于其上点燃后生火，用以使竹筒内形成真空，稍冷，筒内形成相对真空，然后插入水中，即可吸水而上。这是因为当筒内气温降低时，其内部气压低于外部大气压，在密封情况下，水经过外部大气压的作用就会翻过高处，被引过来。据推测，《通典》中渴乌在军事上“隔山取水方法”最早来自民用上输水竹笕的经验。

此外，作为计时装置的“漏刻”也用到了虹吸原理的渴乌。唐代徐坚所撰的《初学记》里记有李兰的漏刻法：“以铜为渴乌，状如钩曲，以引器中水。于

① 吴卫. 2004. 器以象制 象以圜生——明末中国传统升水器械设计思想研究. 北京：清华大学, 93-94.

银龙口中吐入权器，漏水一升，秤重一斤，时经一刻。”[①]如此看来，秤漏中的渴乌可以说是一种虹吸管。南宋杨甲的《六经图》中绘制了燕肃的莲花漏图形，可明显看到“渴乌”如虹吸管的形态（图 9-26）。

9.4.4 渴乌与连筒（竹笕）

连筒，古代文献中或称“竹笕”，也有称“笕”，是一种利用竹材中空特性而架设的传水设施[②]。中国建筑上横安在屋檐下承接雨水的长竹管也称笕，传统上还将用连接的长竹管引来的水称为笕水。元代王祯《农书·农器图谱》“连筒”（图 9-27）中记载：“连筒，以竹通水也。凡所居相离水泉颇远，不便汲用，乃取大竹，内通其节，令本末相续，连延不断；搁之平地，或架越涧谷，引水而至。又能激而高起数尺，注之池沼及庖湢之间，如药畦蔬圃，也可供用。”

图 9-27　连筒

出自王祯《农书》

北宋时期，四川人利用竹笕输送盐卤；在清朝同治年间（1862—1874 年）吴鼎立编纂的《富顺县志·卷三十·自流井风物名实说》中记述了四川输卤的

① 张春辉，游战洪，吴宗泽，等. 2004. 中国机械工程发明史(第二编). 北京：清华大学出版社: 413.

② 王利华. 1997. 连筒与筒车. 农业考古, (1): 140-145, 156.

竹笕制作:“以大斑竹或楠竹打通竹节，用公、母榫接斗，外用细麻油灰缠缚，明暗高低，相地势为之。”这段话讲的是，首先选择竹子。斑竹、楠竹是两种长得又高又大的竹子，“整通竹节”，竹管之间的联结是根梢相插。插入前，先将竹梢一头用麻密缠约 50 厘米长，再涂上桐油石灰，并将麻箍与桐油缠缚等一系列工序完成。李榕在《自流井记》中所述“笕外缠竹篾，油灰渗之，外不浸雨水，内不遗涓滴”。做到上述 4 点，就能够保证竹笕“逾山渡水，可一二十里，四达旁流。”

目前只发现《通典》中的渴乌与“竹筩（筒）”联系在一起，进一步推测，渴乌在军事上“隔山取水方法”应是来自于民间输卤竹笕的智慧。渴乌虽以乌鸦饮水之状起名，但渴乌指的是竹笕连筒类导水管状装置或许更恰当。

9.4.5　渴乌与唧筒

在文献调研中发现，渴乌有时指“唧筒”。唧筒又称“水龙”，唧筒有两种形式。

一种是水铳式唧筒，其外表像水枪，其实是一个能够上下伸缩的套筒。将它立放在水缸里，提上套筒，水便吸入其腔内，再压下套筒，水即从喷口处射出。这种唧筒由两人操作，射程可达 20 多米。

宋代苏轼《东坡志林》卷四中，记载了四川盐井中用唧筒把盐水吸到地面。其书载：以竹为筒，“无底而窍其上，悬熟皮数寸，出入水中，气自呼吸而启闭之，一筒致水数斗。”明代的《种树书》中也讲到用唧筒来浇灌树苗；《武经总要》中有：“唧筒，用长竹，下开窍，以絮裹水杆，自窍唧水”的记载。《武经总要》中介绍的唧筒，有拉杆和活塞。将其竹筒端放进水中，并将裹絮（即活塞）水杆（即拉杆）向上抽

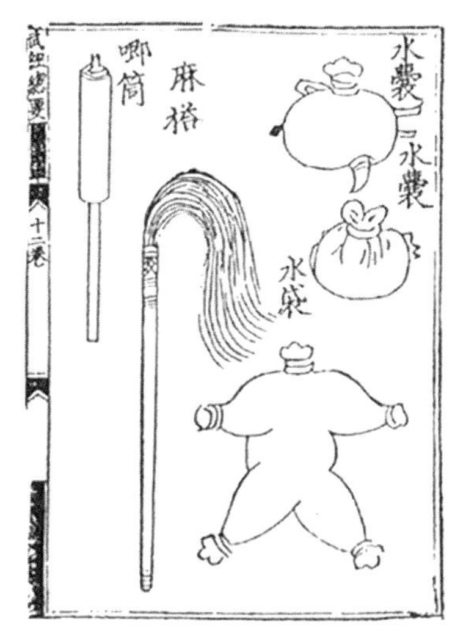

图 9-28　《武经总要》中的唧筒

起，水就通过窍（阀）进入水筒中（图 9-28）。唧筒在曾公亮之前，产竹地区的儿童将它当作玩具的历史已经很久了。

另一种是用于救火的由压梁、汽包和水箱组成杠杆式唧筒。救火时，除另外有人随时向水箱内供水外，要有 4 个人分别站在两端用力一压一抬，使水沿水带由水枪喷出，射程可达 30 米左右（图 9-17）。图 9-18 是画家郑希成所绘的描写清末北京城南大栅栏地区的救火队救火实况的《通州水会忙灭火》图，图中所使用的救火器械正是杠杆式唧筒。

古代唧筒也就是简易的水泵。所以，据农具学者周昕的观点，压水井和拉水井都是渴乌（唧筒）这一类汲水器械的改进和发展[①]。

9.4.6　渴乌与辘轳

在古文献中还发现有一种被叫作“渴乌”的类似辘轳的升水设备。例如，中国佛教“涅槃门”经典著作南朝宋慧严的《大般涅槃经》疏卷二十五《师子吼品之二》中有“……今之渴乌取水者是，亦名辘轳，井上施之更互上下，即是互为因果之义。”这则文献中很明确渴乌就是指的辘轳。再如，陆游在一首诗中是这样提到渴乌的：“吴中七月热未已，渴乌呀呀井无水。炎官护前不少敛，树头敢望秋风起”。此诗中的渴乌可以推测为辘轳，或是一种排水管或吸水管。

9.4.7　小结

中华先民利用竹木桐油石灰之类自然的素材完成了类似于今天输水管道的架设。作为一种管状的导水器物渴乌，利用虹吸现象达到输水、注水的目的，它在古代生产、生活、军事、消防等方面发挥了一定的历史作用。渴乌的发明与应用对历史上自流灌溉事业的发展产生了重要的推动作用。同时，一些水利工程中使用了虹吸管（“渴乌”）一类的工具和设施，使灌溉范围和灌溉功效大为改善，提高了各种水利工程的使用价值，对水利工程的发展产生了促进作用[②]。

---

① 周昕. 1997. 从渴乌到撞井. 农业考古, (3): 211-214.

② 周昕. 2007.“渴乌”是什么. 农业考古，(4): 143-145.

今天的中华大地上已经看不到渴乌的样子，我们只能凭借想象，穿越回宋代去看设置于四川山区输卤的连筒（竹笕）。今天水利灌溉上还继续使用了虹吸的原理，例如，利用虹吸原理跨越堤防引水的方式在聊城人民治黄历史上发挥过巨大作用。因为黄河是地上河，河水经常高于两岸背河地面，虹吸管可以跨越河堤进行自流引水。2004 年浙江省杭州市萧山区的黄石垄水库安装了一根直径 153 厘米、跨越 8 米高度的虹吸管，并一次试运行成功。

历史发展到今天，自来水管道系统已惠及千家万户，成为人们日常生活中司空见惯的事物；大型的输油、气管道可以长途跋涉跨越国境，看到这些，您可曾想到中华先民将“不用泵而吸抽液体现象”的经验知识、对传统素材的理解等汇成了传统农耕社会中液体管道输送（渴乌）的漫长探索，这其中的生态智慧依旧值得今人借鉴。

第10章 留住乡愁 ——中华传统水利机械的复原与展示

本章以留住人们内心的情感——“乡愁”为切入点，介绍了各类中华传统水利机械的复原与制作的试行过程。中华传统水利机械（如龙骨水车、水碓、筒车、辘轳等）附着了老一辈人对自然生态与田园之美回忆的人工物设计，也是中华民族“乡愁”记忆中的文化符号。

“车水悠悠”是以龙骨水车、水磨、筒车、桔槔4种中华传统水利机械的微缩复原的装置制作，并结合现代交互技术设计的作品展示；“记忆的水碓房”介绍的是以水轮、水罗、水碓3种中华传统水利机械复原的缩小型装置制作，并结合现代交互技术设计的作品展示。这两件交互装置作品的设计与制作可以应用于现代博物馆中的展示，为今天都市的人们提供了传统田园牧歌：绿色的篱笆、袅袅炊烟的和谐，还有翻转水车宁静的慢生活想象。

乡愁的原风景是采用数字化技术模拟出中华传统的乡村环境和水车使用情况，并进行APP的设计与制作，是为厌倦了都市的喧嚣和浮华的人们提供一个虚拟世界中充满诗意的“远方”的试作。

水运仪象台的3D复原与展示的制作，旨在还原宋代真实的水运仪象台内部运作机制的同时，展现宋代的极简美学，挖掘尘封已久的赵宋设计之美。

福祉型生态水车小镇地方创生设计的构想是以安徽黄山市休宁县源芳村和安徽青阳县涧泉村为考察原型，围绕水车建设展开养老福祉等一系列服务于地域创生设计的构想。希望构建一个能引起今天人们内心共鸣的，感觉惬意舒适的原风景地方创生（placemaking）的模板，为空寂留守的乡村注入文化情愫与活力。

10.1　车水悠悠——交互装置的设计与制作（1）

中华民族自古是以稻作为主的农耕文明，先民在平原、丘陵、山区等不同地域，因地制宜地发明了不同形制的中华传统水利机械，用以解决灌溉、饮水等问题。其中，多用于农田水利灌溉的中华传统水利机械有“升水机械”（桔槔、辘轳、龙骨水车等）和“水能利用机械”（水碓、水磨、水排、水转纺车等）两类。然而今天，中华先民千百年中在固定的地域、社会、生态的环境下形成的中华水利机械的知识技能，却需要到某些博物馆或文献中才能见到。

中华传统水利机械是中华先民经验的产物，是在无数次实践中修正到最适宜的形制。中华传统水利机械的设计，一切形式服务于功能，体现了中华本土的农事器具审美文化，具有独特的生态美学价值[①]。中华传统水利机械与自然融为一体而不觉违和，水车转动的吱嘎声与水流声交错，宛如自然的音乐、如歌的行板，给人们带来“乡愁”的情感寄托。

10.1.1　稻作、乡愁类装置艺术及中华传统水利机械题材的缺失

今天的艺术早已不局限于油画、雕塑、水彩、国画等学科门类，其中，艺术家以“装置艺术”演绎出新的展示个体或群体丰富的精神文化意蕴的艺术形态。装置艺术重视“场地+材料+情感”的综合展示中就有对稻作文化、木制机械和乡愁等不可言说的人类心灵深层情感的广泛探索。此外，以媒体实验、艺术创作、文化研究、策展实践四维互动的跨媒体艺术领域，以及活跃于国际艺坛的先锋（先端）艺术领域，对于稻作、乡愁类均有装置艺术的展示。

① 吴卫. 2004. 器以象制 象以圜生——明末中国传统升水器械设计思想研究. 北京：清华大学.

1996 年 10 月 12 日～12 月 8 日，日本埼玉县立近代美术馆举办了“火的起源与神话”的中、日、韩三国新艺术展览，其中，日本艺术家“古郡弘”的作品“四つの河”在大厅里布置了水田，鲜明地展示了东亚的农耕与水稻文化（图 10-1）。

1998 年纽约 P.S.1 当代美术馆中国专展上展示了蔡国强的《草船借箭》。作品被高高悬挂在狭小的、布满砖墙的空间，木质船体的每一缝隙被密密麻麻插满了带着羽毛的竹箭，展示了历史与现代际遇的深远课题。

此外，2017 年国际卡塞尔文献展也有艺术家以欧洲中世纪古代机械为蓝本的艺术作品的展示（图 10-2）。

图 10-1 “四条大河”（“四つの河”）

图 10-2 2017 年国际卡塞尔文献展作品

作为装置艺术表现与中华古机械结合的探索，美国女艺术家安·汉密尔顿（Ann Hamilton）受乌镇缫丝技工启发创作的装置作品《唧唧复唧唧》(again, still, yet）受到了广泛的关注（图 10-3）。

汉密尔顿被乌镇传统缫丝厂中劳作的丝织女工的劳作之美深深地触动（it touched me so much），她说，I could just stand there all day and just watch（我真的可以在那儿看一整天），I also find that same intimacy and that same warmth(寻找到那份相似的亲密与温暖）。古老技术为什么在今天依然存在，与我们有什么联系，汉密尔顿用作品回答了这些思考。

汉密尔顿在乌镇西栅景区的国乐剧场的舞台上布置了一台古旧的老式纺织机，通过无数条经线，纺织机与剧场内每张座椅上安置的线轴相连。伴随着织工的操纵，椅子上的线轴随着织机的牵引转动，同时劳动号子的乐声在场内应和……将历史悠久的布料织造工序与构筑叙事的过程结合在一起，从中思考手工技艺和与富有节奏感的吟唱之间的关系（图 10-3）。

图 10-3　装置作品“唧唧复唧唧”

图片来源：http://t.cn/R55MQqa?m=3982987886423273&u=5135808743

近年来兴起的交互装置设计涉及人体感应、动作识别和数字多媒体等现代技术的运用，设计者多倾向于对当代艺术的表现和对当代事件的反思，其灵感和题材多来源于当下热点，具有鲜明的现代艺术感与时代感。同时，当前的交互装置设计者多倾向于通过展示交互装置技术和趣味性来吸引观众达到广告、公益活动、庆祝节日的目的。

纵观国内外交互装置作品的制作，中华传统水利机械及相关题材的缺失，可以认为是以传统文化为主要构成元素的创意尚未引起设计者的重视。从中华传统水利机械的原理展示出发，利用交互装置技术传达人与自然和谐相处的理念的设计制作有其必要性。

10.1.2　中华传统水利机械交互装置的设计构想

将中华传统水利机械与现代交互技术相结合，创作一种充满趣味的交互装置，以这个交互装置再现中华先民使用传统水利机械的人与生态环境互动的生活情境，传递与自然和谐相处的理念。

今天，人类与科学技术的距离在不断扩大，如何启发孩子的好奇心，需要拉近科学技术与人类的距离①。传统水利机械的互动装置可以用于教学，为课堂增添趣味感，让讲解的课题更加形象化；传统水利机械互动装置的制作也是对博物馆等场所的展示形式的探索。

1. 交互装置的类型设定

交互（interaction）指两个独立单元之间的交流、相互反馈，在信息化时代下，其狭义的定义指人与设备之间的交流，包括立即回应（immediacy of response）、回馈（feedback）等要素。交互装置按照其展现形式可被划分为机械类和影像类两大类②。中华传统水利机械的运动方式包括旋转、提拉、平移等，可以用木材、竹子、石头等素材来体现质感，传递传统匠人手工制作的气息，体现中华先民的劳作及传统农村的“原风景”，是承载“乡愁”的设计。因此，最终将作品定位于机械教育类交互装置。

2. 交互装置的车水悠悠

本设计方案选取龙骨水车、桔槔、筒车和水磨，这 4 种功能涵盖升水机械和水能利用机械装置。汉代之后，利用杠杆原理的桔槔得到了广泛应用，进一步解决了取水的问题，使取水变得省力③。直至近代，一些边远地区仍然保留着这种古老的取水装置。筒车（图 10-4）一般架设于比较湍急的水流之上，依靠水流自身冲击使水轮转动，将水从河流中运出，使用非常广泛④。龙骨水车是靠一个一个刮水板将水通过水槽刮向高处，龙骨水车直到近代的农村中都有使用⑤。水能的运用可以带来昼夜不停地工作。通过水轮将水力转换为转能，进而成为水排、水磨、水碓、砻等的动力来源。这些装置一般由动力采集装置和动

① 小宫山宏. 2006. 知识的结构化. 陆明，李洪玲，监译. 东京: Open Knowledge Co.

② 李四达. 2011. 互动装置艺术的交互模式研究. 艺术与设计(理论), (8): 146-148.

③ 宋应星. 2002. 国学基本丛书——天工开物. 长沙: 岳麓书社.

④ 方立松. 2010. 中国传统水车研究. 南京: 南京农业大学.

⑤ 刘仙洲. 1963. 中国古代农业机械发明史. 北京: 科学出版社.

力输出装置两个部分组成。动力采集装置是带有扇叶的水轮，包括立轮和卧轮（图 10-5）[①]两种，在水流的冲击下转动。动力输出装置主要是用农业加工器具等进行谷类作物的碾制工作。

图 10-4　徽州水车

图 10-5　卧轮

通过交互装置展示中华传统水利机械的运作原理及具体功能，该装置内部运作系统的整体设计，需考虑到中华传统水利机械所安置的自然环境，体现中国传统农村和谐生活的理念，确定以望得见“山”，看得见“水”的形式对各个中华传统水利机械交互装置进行组合。最终选取图 10-6 中的方案进行制作，该方案的作品被命名为“车水悠悠”。

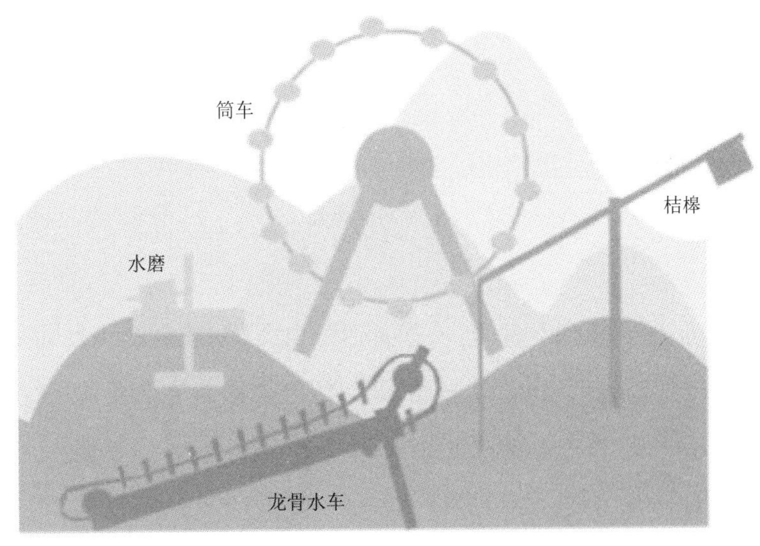

图 10-6　中华传统水利机械交互装置组合方案

① 路甬祥. 2006. 中国传统工艺全集——传统机械调查研究. 郑州：大象出版社.

10.1.3 装置的交互技术的实现

中华传统水利机械装置的互动效果实现需要“硬件”与“软件”两方面的配合，硬件包括传感器、Arduino UNO R3 控制板、步进电机等，软件包括适配硬件的搭载环境和控制代码。

1. 硬件技术设定

中华传统水利机械装置的硬件包括 3 个部分：信号接收装置、信号处理装置和行为输出装置。对于 3 个部分的硬件选择分别为：①人体红外热释传感器；②Arduino UNO R3 控制板；③步进电机和步进电机驱动板/继电器拓展板。

（1）人体红外热释传感器

图 10-7　改良人体红外热释传感器

人体红外热释传感器由 3 个部分组成：敏感单元、阻抗变换器和滤光窗。普通人体红外热释传感器只能感应运动的人或者动物，当对象静止时会出现误判，通过寻找后发现改良版的人体红外热释传感器（图 10-7），可检测运动的或静止的人的存在。

人体红外热释传感器感应范围以传感器本身为圆心，角度小于 100°，边缘至直径为 3～4 米，中间直径为 5～7 米（图10-8）。由于人体红外热释传感器具有特殊性，其对于横向经过的人感应更加灵敏，竖直由远及近靠近装置会出现感应失效，本装置将使用两个人体红外热释传感器倾斜安装，并联入电路，无论哪个方向有人靠近，都能有平行于传感器方向的运动（图 10-9）。中华传统水利机械装置的人体红外热释传感器设置于装置的下方，不易被观众注意到的地方。

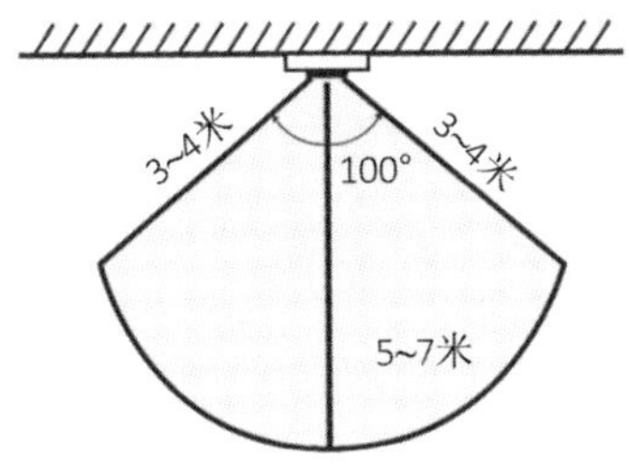

图 10-8　有效感应范围

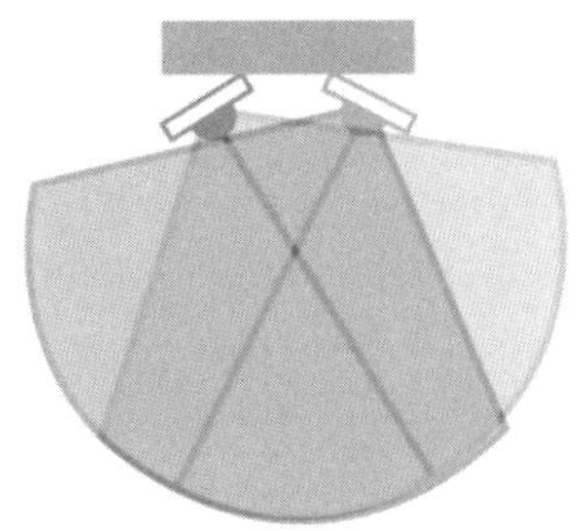

图 10-9　本装置人体红外热释传感器的安装位置

（2）Arduino UNO R3 控制板

中华传统水利机械交互装置选用 Arduino UNO R3[①]，Arduino 由一个小型微处理器和一个电路板构成，除却基本的 USB 接口、电源接口，还包括 14 个数字引脚——可以在程序中设置为输入或者输出功能，可用于灯光、电机输出端的控制；6 个模拟输入引脚——可以读取各种模拟输入信号，并对应转换为 0～1023 的数值，连接各种传感器后可以读取具体数值交给控制器处理；6 个模拟输出引脚（实际上是 6 个数字引脚），可以根据程序指定变为模拟的输出，包括电源输出（图 10-10 和图 10-11）。

图 10-10　Arduino UNO R3 实物图

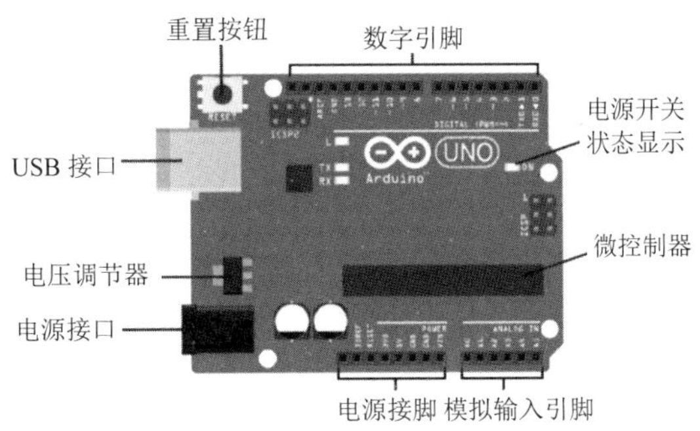

图 10-11　Arduino UNO R3 结构图

（3）步进电机和步进电机驱动板/继电器拓展板

本装置中的不同中华传统水利机械的摩擦负载不尽相同，其中，筒车摩擦负载最大，龙骨水车与水磨次之，桔槔最小，均可使用 28BYJ-48 型步进电机（图 10-12）。步进电机是将电力转化为角位移或者线位移的输出装置，根据不

① 米歇尔·麦克罗伯茨. 2013. Arduino 从基础到实践. 杨继志，郭敬，译. 北京：电子工业出版社.

同输出力矩，步进电机的转动通过“步”计算，每一“步”都是精确的角度，减小中华传统水利机械交互装置出现误差的可能。步进电机大小需要根据具体情况的力矩大小进行选择，力矩大小与负载相关，一般是摩擦负载的 2～3 倍。

由于 Arduino 本身提供的电流过小，不足以 ULN2003 驱动步进电机，因此，步进电机需要搭配对应型号的驱动板才可以使用。驱动通过弱电控制强电，Arduino 提供电流控制驱动的运行，驱动板上外接较大电流用于电机转动。不同型号步进电机需要搭配固定驱动板，中华传统水利机械交互装置中搭配 ULN2003 步进电机驱动板（图 10-13）。

图 10-12　28BYJ-48 型步进电机

图 10-13　步进电机驱动板

2. 软件开发环境

中华传统水利机械装置的交互中 Arduino 开发板的软件开发环境采用官方的 Arduino IDE Intergrated Development Environment 集成开发环境进行软件开发。IDE 可以加载于微软 Visual Studio 环境下的 Arduino for Microsoft Visual Studio 插件和与 Ardublock 一样的图形化编程环境等。Arduino IDE 软件基于 Processing 编程语言进行执行程序开发（图 10-14）。

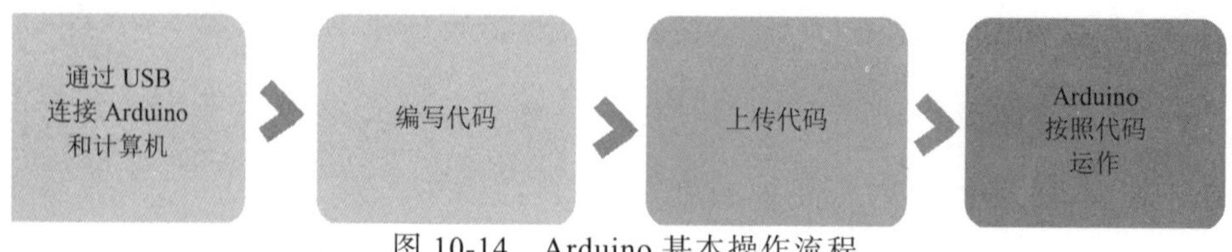

图 10-14　Arduino 基本操作流程

10.1.4　中华传统水利机械的模型制作

4 种中华传统水利机械模型的制作步骤包括部件制作、组合拼装、细节修改和整体组合 4 个步骤。为保证选择的 4 种中华传统水利机械所构成的交互装置能还原传统文化的韵味，包括连接轴在内的所有部件都选用如椴木、竹篾、麻绳等天然素材制成，本装置的筒车与水磨两种中华传统水利机械中，水轮部分需要制作环形木条，选择弯折性好、色泽与木头接近的竹篾作为替换材料①（图 10-15）。其他局部细节的组合方式也尽量与真实的中华传统水利机械一样，以下就制作关键细节进行详细说明。

图 10-15　竹篾

1. 部件制作及细节处理

中华传统水利机械交互装置的部件制造主要包括将大木块按照尺寸细分为小木块，在木块上画线后锯出大致形状，再用砂纸进行细节调整并打磨圆角，最后进行打孔（图 10-16 和图 10-17）。

图 10-16　加工出的木头模型零件（1）

图 10-17　加工出的木头模型零件（2）

① 李泽厚. 2009. 美的历程. 北京：生活 · 读书 · 新知三联书店.

龙骨水车“龙骨”部分为闭合链式结构，每一个链节单元由刮水板、链式单元和连接轴组成。链式单元通过规格为3毫米×10毫米×30毫米的木片锯成（图10-18）。

水磨转轮的扇叶要承受水流冲击，需要比较牢固的形制。衔接处是在轴上打孔，将扇叶嵌入轴内，嵌入部分不超过轴半径的1/2（图10-19）。

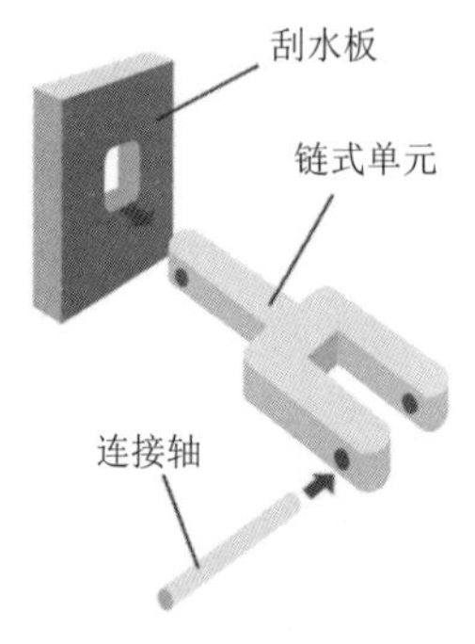

图10-18 “龙骨”结构示意

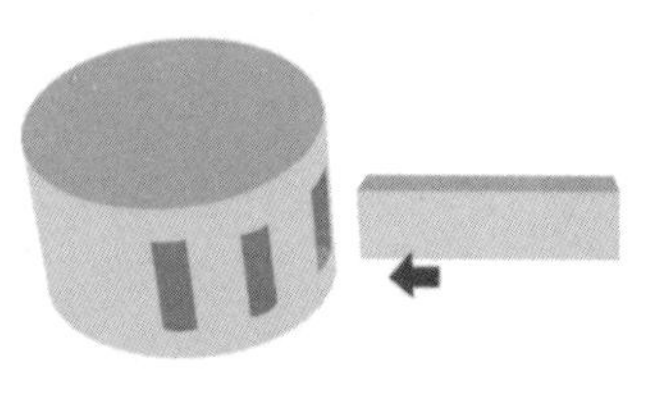

图10-19 转轮结构示意

中华传统水利机械交互装置中筒车撑架部分设计为三根圆木棍通过捆绑组合，同时两端也用捆绳的方式，力求体现浓郁的乡土气息。

2. 组合拼装

中华传统水利机械交互装置严格按照图纸进行组合拼装，主要包括轴连接、嵌入连接、麻绳捆扎连接等，如水车的龙骨部分通过打孔嵌入；并通过砂纸条细细打磨以调整。最终4个模型的制作效果如图10-20～图10-23所示。

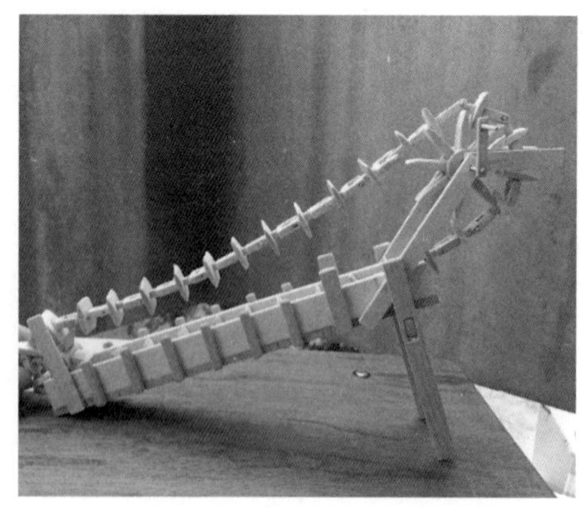

图10-20 龙骨水车模型成品

图10-21 水磨模型成品

图 10-22　筒车模型成品

图 10-23　桔槔模型成品

3. 整体组合

中华传统水利机械交互装置的整体组合包括“背景的制作”和“中华传统水利机械模型的整合组合”。

背景用彩色硬卡纸进行制作，先用彩色的硬卡纸剪成山的轮廓，拉开距离层叠放置形成层峦叠嶂的装饰效果。4 个中华传统水利机械装置放置于其中。

硬卡纸背面用粘贴宽木条的方式增强其稳固性，部分承重较多的部位用整块薄木板进行加固，后方制作支架支撑，同时制作一个底座加以固定（图 10-24 和图 10-25）。4 个中华传统水利机械通过麻绳捆绑的方式固定于底座上，并且 4 个装置有意识地拉开颜色差别，突出主体，每一层纸片后方可以隐藏电机等硬件设备。

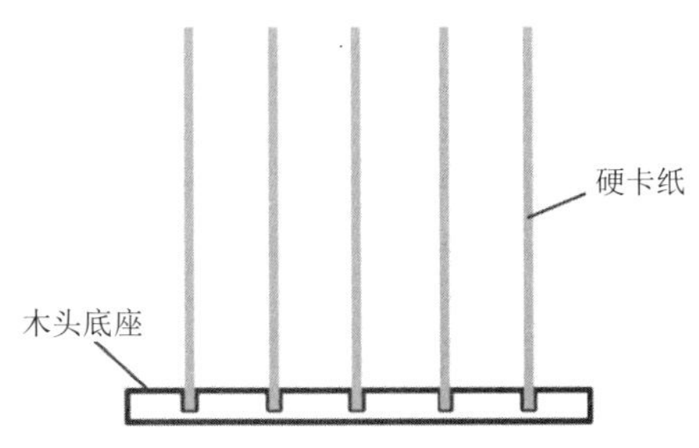

图 10-24　卡纸安装示意图——侧视图

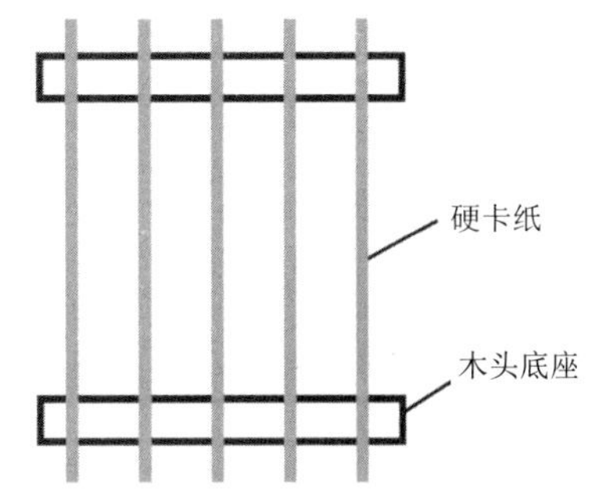

图 10-25　卡纸安装示意图——俯视图

10.1.5 中华传统水利机械交互装置硬件模块连接

1. 人体感应硬件模块连接

人体感应通过人体红外热释传感器实现，人体红外热释传感器有 3 个接口，其中两个连接电源正负极保证传感器的通电，第 3 个是信号输出口，传感器将感应结果通过信号输出口反馈给 Arduino 控制板，进而控制电机和水流灯的开关。

2. 电机部分硬件模块连接

该交互装置共安排 4 个中华传统水利机械，分别以 4 个步进电机进行驱动。虽然每个中华传统水利机械的传动原理不同，但每一个驱动模块连接原理相同（图 10-26 和图 10-27）。整体步进电机连接需要电源转接板接入外接电源，以提供步进电机所需的电力。

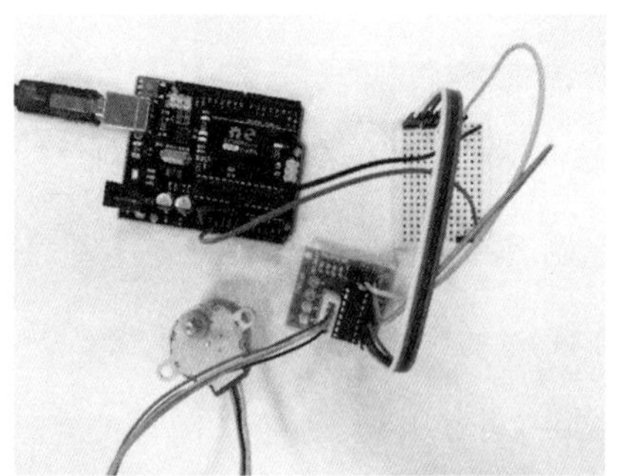

图 10-26　单个步进电机连接效果

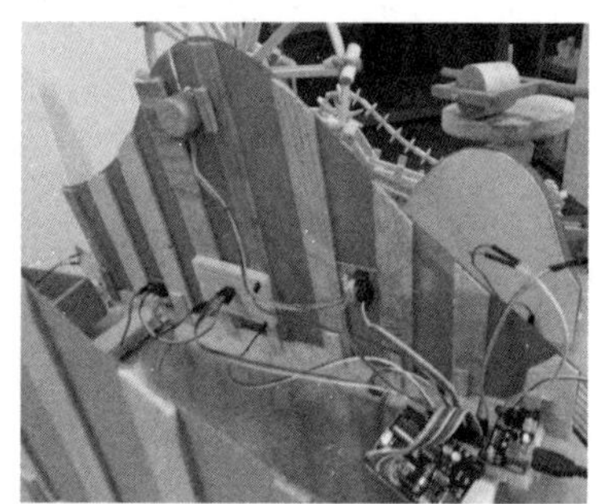

图 10-27　整体步进电机连接效果

图 10-28　二极管 LED 灯

3. 水流灯硬件模块连接

本装置的整合需要水流循环贯穿 4 个不同的中华传统水利机械，本交互装置采用二极管 LED 灯阵列模拟流水，目的是既能丰富装置的表现形式，又有容易操作的好处（图 10-28）。

中华传统水利机械交互装置中，水流灯的硬件模块连接由于涉及的连接口较多，比较复杂。一个 Arduino 控制板有 14 个数字引脚，除却电机和人体感应模块的需要，一个 Arduino 控制板至多 10 个数字引脚可用于灯光控制。因此，本装置使用矩阵连接方法控制 LED 灯。

矩阵连接的原理即通过控制 LED 灯两个引脚处的高电平或者低电平来实现电路的开合。LED 由 4 个组成一组，每一组的 LED 灯的正极共用同一个数字引脚，每组第一个 LED 的负极共用同一个数字引脚，每组第 2 个 LED 的负极也共用同一个数字引脚，以此类推。如果有 *N* 个 LED 灯，只需（4+*N*/4）个数字引脚（图 10-29）。电路连接示意图展示两组 LED 灯的连接（图 10-30）。

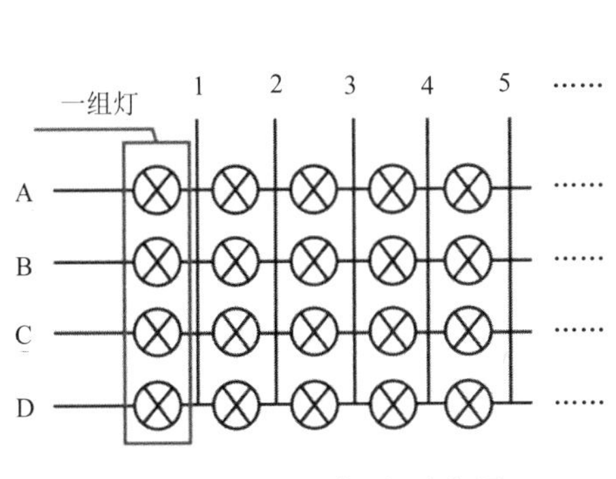

图 10-29　LED 矩阵示意图

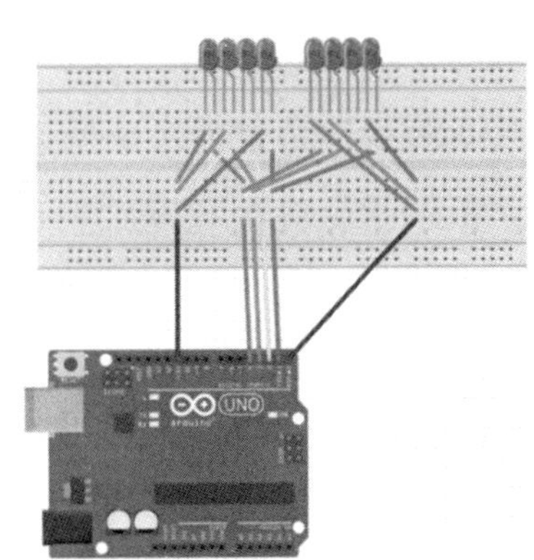
图 10-30　LED 矩阵连接原理示意图

由于受矩阵连接法的限制，本装置不能同时打开超过一个组的二极管灯，但装置需要多个灯同时点亮，因此，利用视觉恒常性原理，通过高速轮换闪烁以达到流水效果。由于闪烁速度过快达到人眼不能追踪的速度，在视觉上形成灯一直亮着的错觉（图 10-31），以模拟水流的效果。

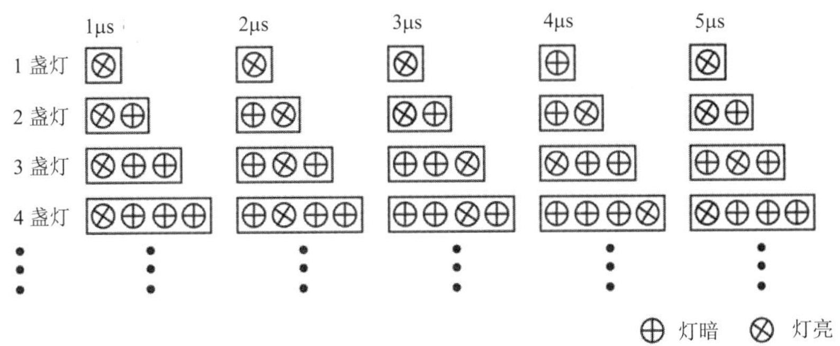

图 10-31　LED 灯不同数量闪烁情况

10.1.6 中华传统水利机械装置交互程序编写

1. 人体感应程序编写

由于有两个人体红外热释传感器同时检测周围是否有人，不论是只有一个检测到或两个同时检测到都应触发开关，因此，通过“if…else”语句将两个传感器输出信号连接，编写的控制程序如图 10-32[①]所示。

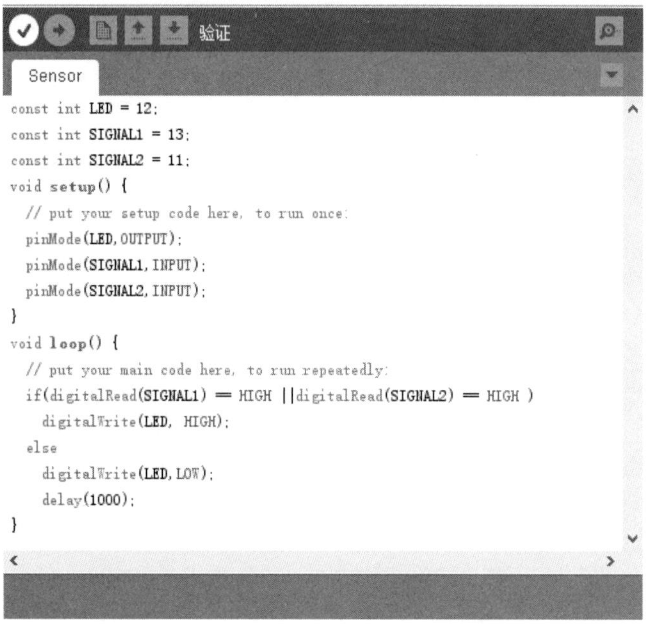

```
const int LED = 12;
const int SIGNAL1 = 13;
const int SIGNAL2 = 11;
void setup() {
  // put your setup code here, to run once:
  pinMode(LED,OUTPUT);
  pinMode(SIGNAL1,INPUT);
  pinMode(SIGNAL2,INPUT);
}
void loop() {
  // put your main code here, to run repeatedly:
  if(digitalRead(SIGNAL1) == HIGH ||digitalRead(SIGNAL2) == HIGH )
    digitalWrite(LED, HIGH);
  else
    digitalWrite(LED,LOW);
    delay(1000);
}
```

图 10-32　人体感应模块程序（示例）

2. 电机控制程序编写

本装置使用的电机为四相电机，均匀分布 4 组线圈。通过 4 组线圈的轮流通断电实现转子旋转。通过实验发现每次接通一组线圈电机力矩过小，不足以带动装置，因此，本装置中电机一次接通两组线圈以达到所需力矩。

4 个中华传统水利机械中的龙骨水车、筒车与水磨的电机为单向旋转，桔槔需要电机双向轮换旋转。通过完成单向电机控制代码、方向轮换电机控制代码 1、方向轮换电机控制代码 2，已实现了通过程序控制电机的运转。

① 瑞斯，弗瑞. 2014. 爱上 Processing（修订版）. 陈思明，郭浩赟，译. 北京：人民邮电出版社.

3. 水流灯程序编写

水流灯按照图 10-29 和图 10-30 所述的矩阵方式控制，通过完成水流灯代码 1、水流灯代码 2，已实现了通过程序控制流水灯的开关。

10.1.7　中华传统水利机械交互装置的整合与测试

1. 交互装置的整合

中华传统水利机械交互装置一共使用 3 台步进电机，并分别运行不同模块代码，分布情况为：人体感应模块；龙骨水车、筒车与水磨的电机共用 1 号 Arduino；桔槔电机单独通过 2 号 Arduino 控制；所有 LED 灯共用 3 号 Arduino。通过 1 号 Arduino 设置一个输出口分别连接 2 号与 3 号 Arduino 进行开关控制，程序模块整合安排的逻辑结构如图 10-33 所示。

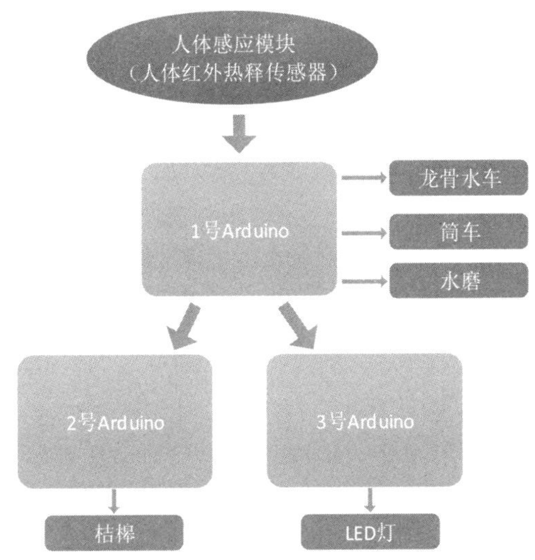

图 10-33　中华传统水利古机械交互装置整体控制结构

2. 交互装置作品的测试

中华传统水利机械交互装置的测试包括以下几个方面。

1）模型必须符合实际机械的要求；

2）等比例缩小的模型不能由于缩小而损失连接件之间的精度；

3）各部分相互的整合与周边环境是否协调；

4）水流（灯光模拟）在整体环境中以循环的方式存在；

5）互动的触发器为人体感应；

6）根据水的流动特性，各个机械应按顺序考虑是否逐个开启。

前期测试从装置对不同情况下人体的感应能力、反馈效果和四种中华传统水利机械在步进电机驱动下运转的流畅性进行测试。通过测试和调整，该装置运行平稳，可以确定完成了中华传统水利机械交互装置（图 10-34）。

图 10-34　中华传统水利古机械互动装置“车水悠悠”

河海大学 2016 届毕业生刘小萱制作，指导教师：周丰

10.1.8　小结

通过将中华传统水利机械装置与现代交互技术进行整合与探索，完成了一件可用于博物馆、学校等场所的教具类作品“车水悠悠”。

以表现中华传统水利机械及乡愁的交互装置作品“车水悠悠”的完成，作为交互组合装置，可以应用于中华传统水利机械的教育教学的原理解说课程；也可以用于博物馆等场所的公开展示中。在观众与作品的互动过程中，《车水悠悠》作品所采用的自然素材和传统制作工艺能够唤起人们内心“乡愁”的情感；同时，中华传统水利机械利用自然之水传递出与自然和谐相处、可持续发展的

理念。

交互装置作为新技术环境下形成的艺术形式，由于受众群体年轻化，其艺术形式多以强烈现代感的视觉形式出现。然而，在全球化过程中，文化是本土设计保有自身鲜明特色的利器，传统文化与现代技术的碰撞能产生出新的感官效果。

本装置将传统文化中的中华传统水利机械融入交互装置，既是对中华传统水利机械进行功能展示，也改变了以往静止模型所呈现的僵硬、呆板的展示效果，填补了交互装置中与传统元素（中华传统水利机械）有效融合的空缺，是对传统技艺与现代技术的结合做出积极有益的探索。

10.2　记忆的水碓坊——交互装置的设计与制作（2）

车轴吱吱作响，水筒哗哗倾注，溪水潺潺流淌，中华传统水利机械以其承载“乡愁”的古代工业设计文化正逐渐被发掘，传统水利机械的生态美学价值和深厚的文化意蕴被重新认知。

传统水利机械作为中华民族在农耕文明发展进程中顺应并利用自然的机具，其充分地利用了水力资源，不消耗化石能源、不污染环境，这种人与自然生态的和谐统一的设计思想完全符合当代所提倡的可持续发展的理念。中华传统水利机械包含的杠杆原理、轮轴原理、齿轮结构、链式传动结构、滑轮机构、凸轮机构、曲柄连杆机构等机械原理，今天只有通过古文献或在博物馆里才能了解到。随着沿用了几千年的中华传统水利机械的消失，在父辈的心中，偶尔飘闪过的一幕水车的视频，便有一段乡愁与往事的回忆。

博物馆（museum，原为拉丁语 Μουσεῖον，表示一个地方或寺庙）是征集、典藏、陈列和研究代表自然和人类文化遗产的实物的场所，也是为公众提供知识、教育和欣赏的文化教育的机构、建筑物、地点，或者社会公共机构。通过物件的展示，以满足人们对未知事物探索的需求，寓教于乐、辅助教育是今天博物馆的重要功能。

根据《2017—2022 年中国博物馆市场运营态势研究报告》，全国的博物馆综合类有 1743 家，历史纪念类有 1840 家，艺术类有 411 家，自然科学类有 196 家，专题类（含其他）有 320 家，博物馆的体系结构正在逐步调整完善，数量还处于增长态势[①]。其中，较为全面展示中华传统水利机械的博物馆有位于杭州萧山的中国水利博物馆、北京的中国科学技术馆、兰州水车博物馆、湖北宜昌的水车博物馆，以及少数地方性的民俗或农具博物馆，其中，湖北宜昌的水车博物馆已采用了让参观者亲身体验的展示方式。

研究表明，人们在参观博物馆时，如果只是观看静止的展品，并不能做到有效地储存信息，只有通过多感官的刺激，亲身体验，才能真正地感受到展品的意蕴。例如，美国儿童博物馆也发现“I hear,I forget;I see,I remember;I do,I understand”这一有趣现象。B. Joseph Pine 和 James H.Gilmore 在“*The Experience Economy*”中也提到过多感官体验的重要性[②]。在体验经济的带动下，通过产品体验（“视觉体验”“穿着体验”“嗅觉体验”）塑造产品印象成为客户消费过程中的组成部分。因此，多感官刺激是获取信息的最佳途径，有利于信息的记忆与保持。

现代交互体验模式改变了原本是参观者被动的参观方式，创建由参观者能自主选择并操作，系统对参观者的行为做出及时回应，是一种能吸引参观者参与的，给参观者全新难忘的多感官体验。

依据交互装置艺术和中华传统水利机械的先行研究，本节内容介绍一件适用于博物馆展示的交互装置作品的设计与制作过程。首先是形成设计方案；然后根据设计方案选取几种具有代表性的中华传统水利机械，通过模型制作及结合现代交互技术展现其结构特征和工作原理；最终组合而成的作品需以体现中华传统文化中人与自然和谐统一的生态理念，唤起人们以乡愁的情感寄托为设计目标。

---

① 智研咨询集团. 2017. 2017—2022 年中国博物馆市场运营态势研究报告.

② Pine J B, Gilmore J H. 2011. The Experience Economy. Boston: Harvard Business School Press.

10.2.1　设计方案的形成

中华传统水利机械交互装置作品设计方案的形成和制作的过程主要采用以下 4 种研究方法。

1）文献调研法。通过查阅《农器图谱》《天工开物》《农政全书》等典籍，并参考中华技术史有关传统水利机械的文献，全面深入了解中华传统水利机械的构造及原理。

2）案例分析法。结合各类经典的交互装置艺术案例，分析其设计方式与表现手法，确定本装置所采用的表现类型。

3）模型研究法。绘制中华传统水利机械的 CAD 图纸，利用木工艺技术进行实物复原制作。

4）跨学科研究法。设计方案的形成需要融合中华传统水文化、机械学、交互装置艺术等多个学科领域的知识。

中华传统水利机械作为中华民族农耕文明时期的器具，焕发着浓厚的历史文化感。中华传统水利机械多以木、竹、石、麻绳等自然素材制作而成，体现了中华先民素朴的生态设计美学。因此，中华传统水利机械交互装置作品的构思重点以交互体验营造气氛，先根据实际规划制作实物模型，再利用人机交互技术设计制作出一件中华传统水利机械交互装置作品。

中华传统水利机械交互装置的设计定位是，以突出交互氛围为主，以交互技术为辅，寻求“隐形”和“诗意”的交互体验。设计方案是以环境氛围的渲染、塑造来吸引参观者，并激发参观者参与交互体验，从而传递出中华传统水利机械的深厚的文化内涵。

中华传统水利机械交互装置的构想是以场景的营造来直击参观者的感官，以独特的交互设计带给参观者不同的交互体验。通过草图的绘制，最终选取了图 10-35 所示的设计方案进行进一步的凝练和深化，确定 4 种中华传统水利机械（水轮、水碓、水磨、水打罗）呈现“一字型”排列。当人们靠近装置时，会触动人体感应交互装置，就会激发传统水利机械的转动。“地面”采用树木墩的方式排布。有变化的组合方式和自然素材的搭配会吸引参观者的注意，唤起脑海中时光回溯之联想，心头升起悠悠乡愁的情感。作品名称确定为“记忆的水碓坊”。

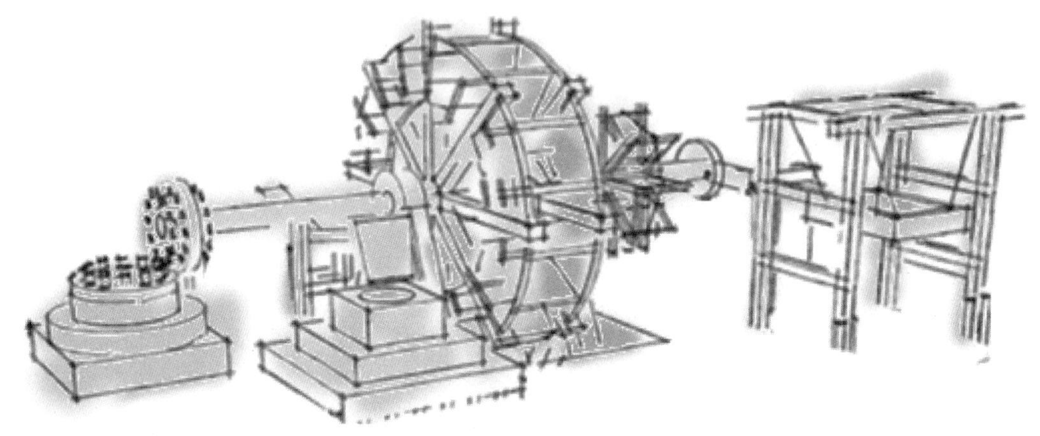

图 10-35 “记忆的水碓坊”的设计方案

中华传统水利机械交互装置“记忆的水碓坊”的设计，关键在于营造交互氛围，形成交互体验。将被动的参观形式转变为主动参与，并享受这种体验形式，以此实现向参观者进行传统文化与其文化意蕴的传播与交流。

中华传统水利机械模型的制作主要分为 3 个阶段：图纸绘制阶段、模型制作阶段、组装布景阶段。“记忆的水碓坊”交互装置的作品完成还需要电子硬件设备及程序的编写过程。

10.2.2 设计图纸的绘制

根据对中华传统水利机械的先行调研，绘制了水轮、水碓、水磨、水打罗、水纺车 5 种中华传统水利机械的 CAD 制作图纸，交互装置“记忆的水碓坊”的制作采用比例为 1 ：10 的局部模型（图 10-36 ~ 图 10-40）。

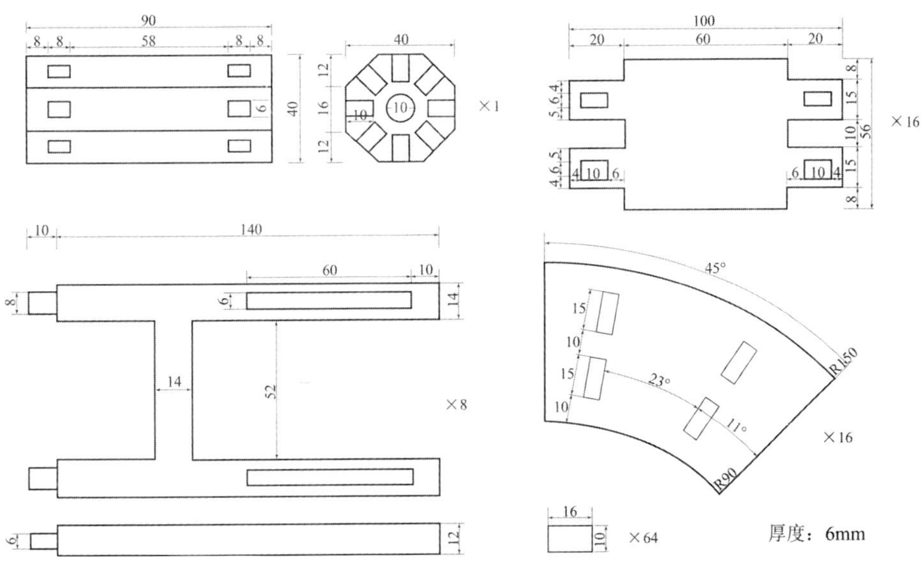

图 10-36　水轮图纸的绘制

图中数字单位为毫米，河海大学 2017 届毕业生彭思燕绘

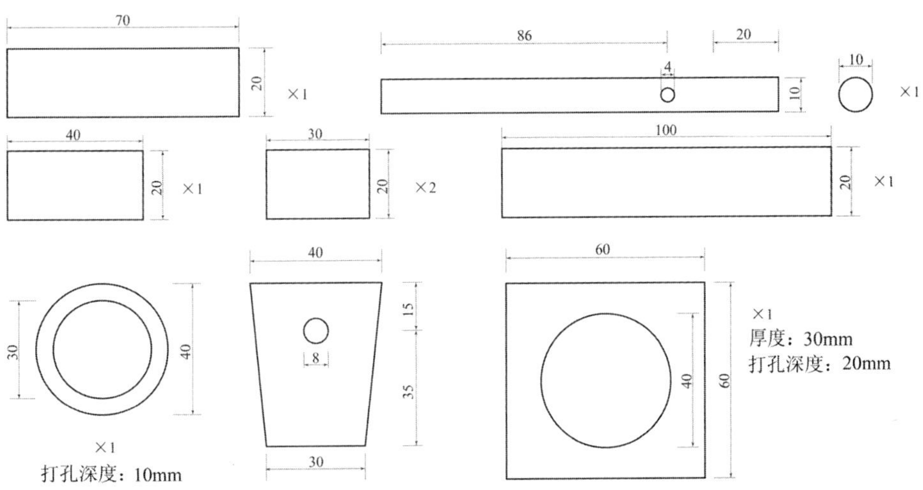

图 10-37　水碓图纸的绘制

图中数字单位为毫米，河海大学 2017 届毕业生彭思燕绘

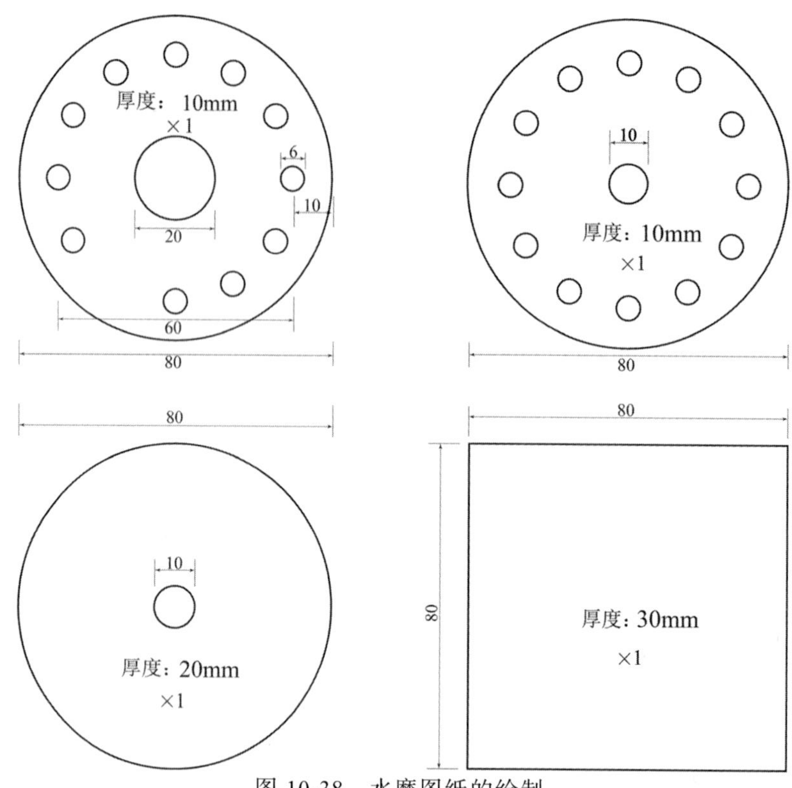

图 10-38　水磨图纸的绘制

图中数字单位为毫米，河海大学 2017 届毕业生彭思燕绘

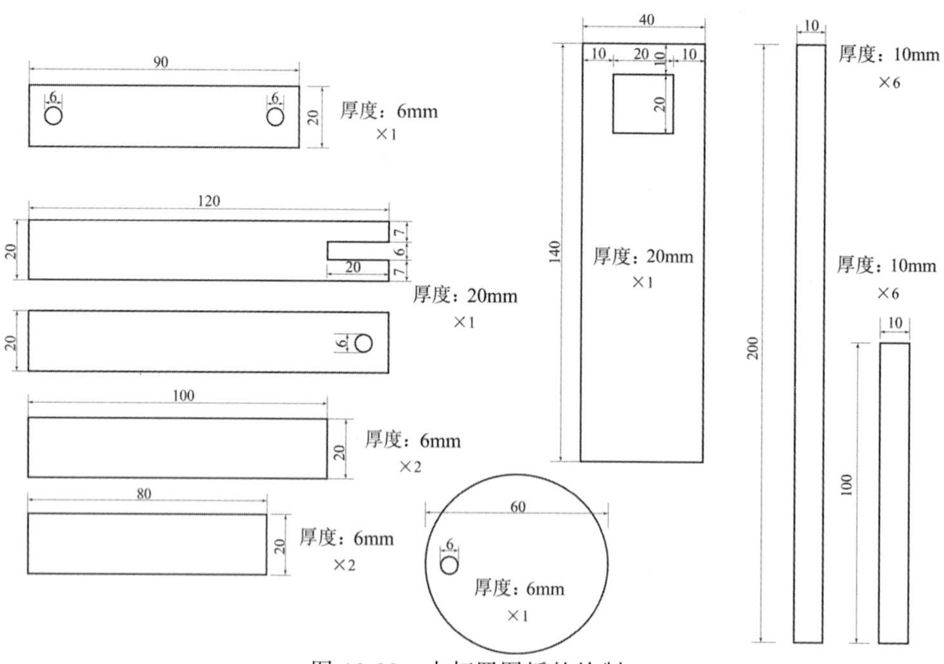

图 10-39　水打罗图纸的绘制

图中数字单位为毫米，河海大学 2017 届毕业生彭思燕绘

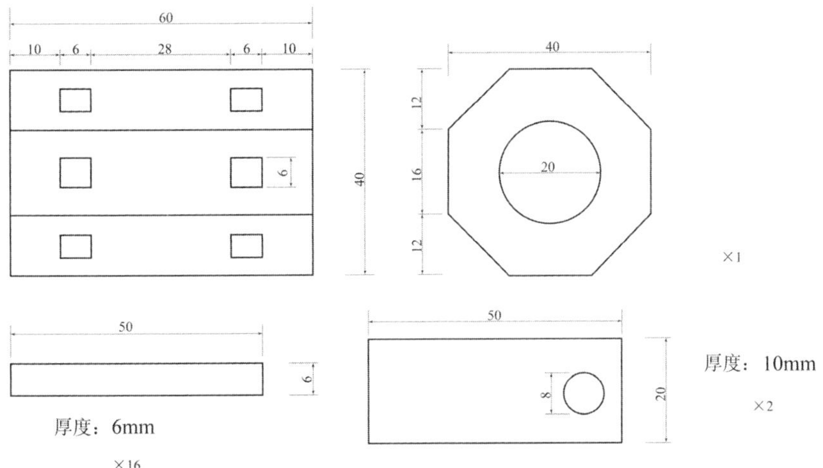

图 10-40　水纺车图纸的绘制

图中数字单位为毫米，河海大学 2017 届毕业生彭思燕绘

10.2.3　设计模型制作

中华传统水利机械交互装置“记忆的水碓坊”的模型制作，材料采用了水曲柳、榆木、松木、多层纤维板材、麻绳等能体现自然肌理效果的素材，并采用传统的宣纸做隔墙，传递古老的水车文化（过去的宣纸制作利用水碓加工材料）。

中华传统水利机械交互装置“记忆的水碓坊”的模型制作，采用的工具有锯刀、凿子、直角尺、刨子等传统工具（图 10-41），以确保制作的构建有传统匠人手工制作的气息。

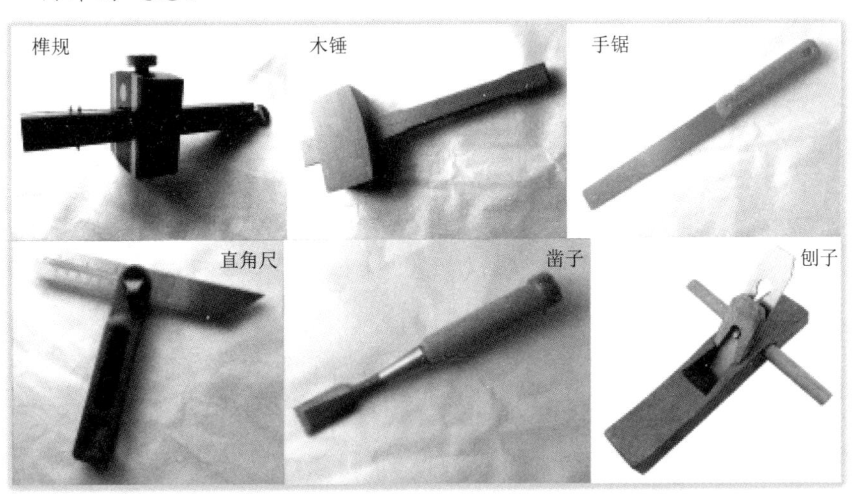

图 10-41　制作采用的传统工具

模型制作采用的主要木工艺为净料、画线、下料、铣刨等传统木材加工工艺；榫卯工艺包括挤楔、半榫、燕尾榫（图 10-42）等制作手法。榫卯是传统工匠最拿手的技艺，模型制作采用榫卯结构不仅能增强模型的牢固性，更能体现出中华传统工匠文化的气息。

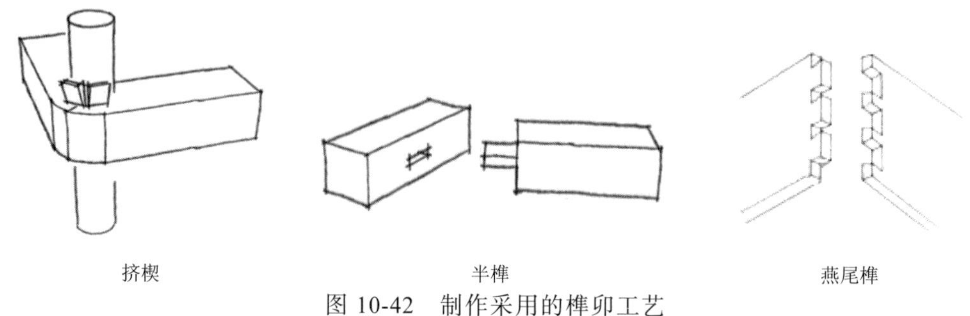

图 10-42　制作采用的榫卯工艺

“水轮”是模型中尺寸最大的构件，全部采用榫卯连接制作。其中，辐条与其他构件采用穿插式榫卯连接。支架为三角形以增强稳定性，底座以燕尾榫连接，增强支撑的牢固效果。水轮上的楔子由平直改为斜角，牢固地锁住挡水板的摇动（图 10-43）。

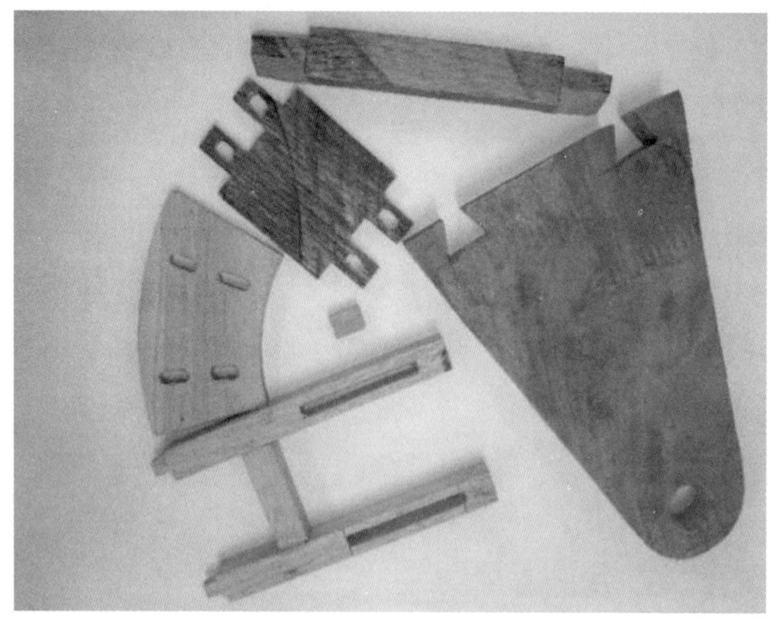

图 10-43　水轮的模型制作

图片来源：河海大学 2017 届毕业生彭思燕摄

“水碓”的凸轮机构，其连接处采用过盈配合（interference fits）的机械原理。碓杆是杠杆原理的构件，杠杆处采用圆与平的过渡。圆木棒（碓锤）与碓杆采用榫卯连接以实现（图 10-44）。

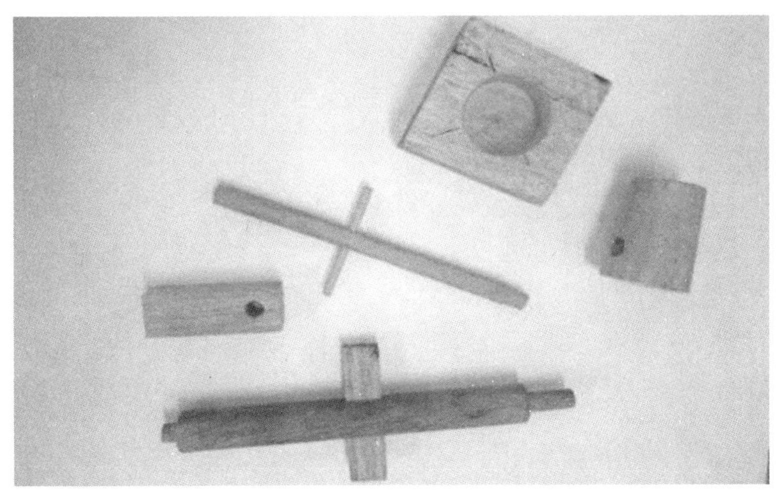

图 10-44　水碓的模型制作

图片来源：河海大学 2017 届毕业生彭思燕摄

“水磨”的转动需与齿轮相互吻合。上下齿轮相互吻合在水磨的制作上采用先打孔再切割的制作顺序，可以使磨盘的齿与齿轮的齿具有一样的孔间距（图 10-45）。

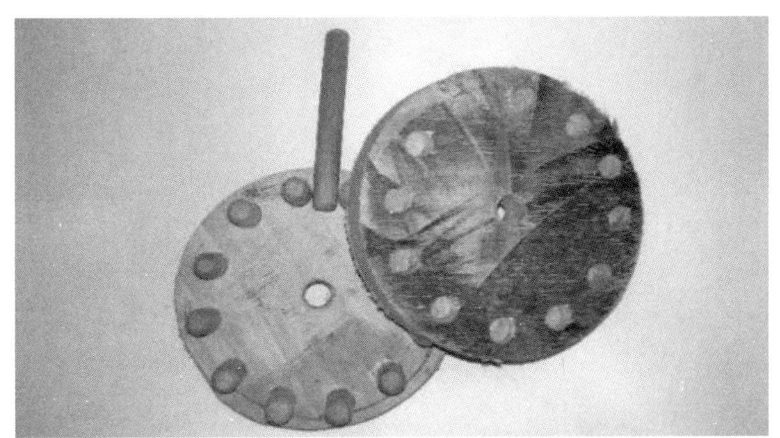

图 10-45　水磨的模型制作

图片来源：河海大学 2017 届毕业生彭思燕摄

“水纺车”采用八边形的轴，在轴上打孔，插入细木棍用木工胶加以固定。

在水纺车构件上麻绳的捆绑处做倒角以增大摩擦或不至于使麻线在转动时挪位（图 10-46）。水纺车整体构件以体现中华传统麻纺文化为设计目标。

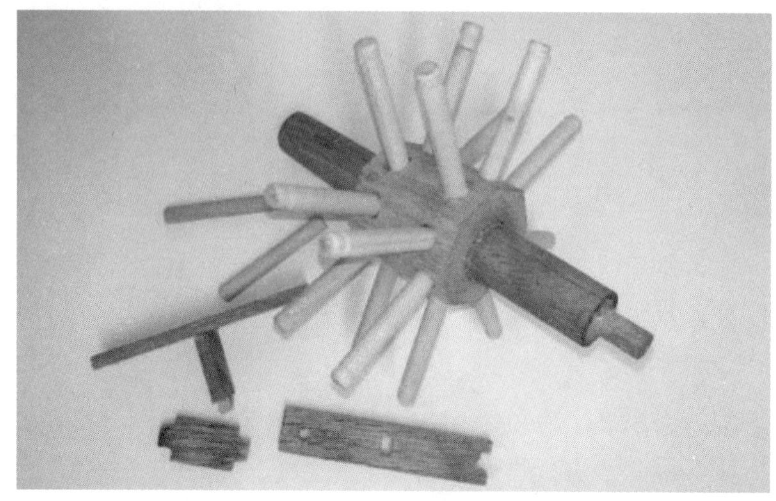

图 10-46　水纺车的模型制作

图片来源：河海大学 2017 届毕业生彭思燕摄

“水打罗”的运行通过曲柄连杆机构实现，本装置改良并简化宋元水罗的复杂结构，采用凸轮机构传动到曲柄连杆机构。架子的制作采用传统家具上常用的榫卯结构（图 10-47）以牢固。

图 10-47　水打罗的模型制作

图片来源：河海大学 2017 届毕业生彭思燕摄

10.2.4　装置的组装布景

中华传统水利机械交互装置“记忆的水碓坊”的模型组装中，由于零件均由手工制作，对存在误差的构件需要经过调整，以确保传统水利机械能够有效运转。此外，以宣纸、附有树皮的小木墩对交互装置做场景修饰，以烘托“记忆的水碓坊”的氛围，增强作品的交互体验感。

“水轮”组装模型如图 10-48 所示。由于原来采用的木轴摩擦系数大，并有雨天膨胀的特点，所以将木轴改为金属轴，并在轴与底板连接处添加轴承以减小摩擦。增强辐条与轴连接处插接的紧密度（图 10-48）。

图 10-48　水轮的模型组装与布景

图片来源：河海大学 2017 届毕业生彭思燕摄

“水碓”是典型的凸轮结构，通过调节水碓的位置与高度以修正轴孔偏差，碓锤的起落依靠轴板转动，带动轴板转动的轮轴的运转是设定为单向转动（图 10-49），这样不会损坏水碓模型构件。

“水磨”模型的齿轮吻合处的间隙较小，为避免转动时的卡顿现象发生，所以在衔接处添加润滑油，使之运转流畅。上下齿轮之间保留有一定的高度差，是通过下磨盘的高度的调节实现的（图 10-50）。

图 10-49 水碓的模型组装与布景

图片来源：河海大学 2017 届毕业生彭思燕摄

图 10-50 水磨的模型组装与布景

图片来源：河海大学 2017 届毕业生彭思燕摄

“水打罗”的模型组装中，由于木头间的摩擦系数大，因此，在连杆的下方加入轴承以减小摩擦。同时，通过麻绳吊住木框增加其下方的水平支撑，确保连杆的运动轨迹为水平运动，不会垂直晃动（图 10-51）。

图 10-51　水打罗的模型组装与布景

图片来源：河海大学 2017 届毕业生彭思燕摄

“水纺车”模型组装是采用无接头以麻绳连接的方式，模型可以连续转动。在细节处理上，例如，在细木轴处做倒角，确保麻绳转动时不会出现绕偏现象（图 10-52）。

图 10-52　水纺车的模型组装与布景

图片来源：河海大学 2017 届毕业生彭思燕摄

中华传统水利机械交互装置总体在连接组装后，用砂纸打磨修饰，待清理干净，用木蜡油顺着木纹擦拭木头。最后用多层纤维板做底，宣纸做墙，小木墩的排列示意过道，并起到装饰效果。

10.2.5 硬件连接与程序编写

传统水利机械交互装置作品“记忆的水碓坊”其设计重点在于营造氛围，以及人体感知的传达，从而达到人机交互的效果。

交互装置艺术(interactive installation art)是指在特定的某一时间和空间内，将日常生活中的物质与文化进行艺术性的设计，制造出一种表现空间、存在、体验、感知的精神文化蕴意的艺术作品①。“记忆的水碓坊”就是一件传统水利机械交互装置艺术作品。interactive（交互）是指人与作品之间双向的沟通模式，在视觉或其他感官上给参与者更多冲击力。交互是因为有了“动作”（action）和相应的“反馈”（reaction）才形成了一个回合的交互行为②。实现动作和反馈可以通过硬件和程序编写来实现。

传统水利机械交互装置作品“记忆的水碓坊”采用的硬件有：Arduino Uno 控制板 1 块；超声波模块 1 个；双输出开关电源 1 个（5V 与 12V)；继电器 1 个；鼓风机 2 个；导线若干等电子元件。

当中华传统水利机械交互装置接上电源后，控制板开始间断地检测红外距离传感器的信号，当传感器感应到参观者进入设定的距离时，Arduino 控制板发出信号给继电器继接通鼓风机。中华传统水利机械交互装置是利用同为流体的风力对水流进行模拟的，鼓风机吹动作为主动轮的水轮，驱动其他几组从动的水利机械装置的运行，其电路图如图 10-53 所示。

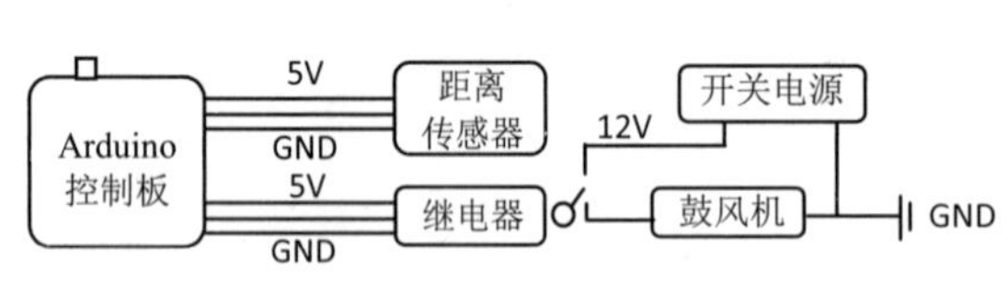

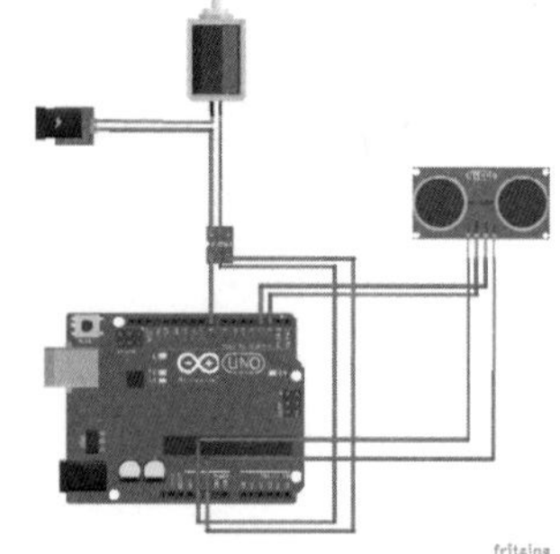

图 10-53 装置电路图及简要示意图

图片来源：河海大学 2017 届毕业生彭思燕绘

① 孙婷. 2015. 装置艺术在广告创作中的应用研究. 大连：辽宁师范大学.

② 辛向阳. 2015. 交互设计:从物理逻辑到行为逻辑. 装饰，(1): 58-62.

中华传统水利机械交互装置，也可以根据人流量等触发因素，控制传统水利机械的运动速度，其控制交互装置运行的程序代码是由河海大学 2017 届毕业生梁颖聪提供的。

```
//超声波模块控制电机
const int TrigPin = 2;
const int EchoPin = 3;
float cm;
void setup()
{
Serial.begin(9600);
pinMode(TrigPin, OUTPUT);
pinMode(EchoPin, INPUT);
pinMode(8,OUTPUT);

}
void loop()
{
digitalWrite(8, LOW);

digitalWrite(TrigPin, LOW);
delayMicroseconds(2);
digitalWrite(TrigPin, HIGH);
delayMicroseconds(10);
digitalWrite(TrigPin, LOW);

cm = pulseIn(EchoPin, HIGH) / 58.0; //将回波时间换算成 cm
cm = (int(cm * 100.0)) / 100.0; //保留两位小数
if (cm>=10 && cm<=100) //保证一定距离内触发继电器然后启动风机
digitalWrite(8, HIGH);
else
digitalWrite(8,LOW);
delay(1000);
}
```

10.2.6　小结

通过将中华传统水利机械与现代人机交互技术相结合，设计并制作出了适用于博物馆展示的中华传统水利机械交互装置作品——“记忆的水碓坊”（图 10-54 ~ 图 10-56）。

过去关于中华传统水利机械的研究，虽然也有学者对古机械进行了复原的探索，然而，并没有动态的交互式的制作。将中华传统水利机械装置以交互体验的方式进行展示，传递出传统水利机械的文化意蕴及人与自然和谐统一的生态理念，对于探寻传统水利机械的历史价值与文化内涵有积极的意义。传统水利机械交互装置作为不只是件客观存在的展品，还是父辈们的历史记忆，是一抹乡愁的情感和中华工匠精神的载体与符号。

图 10-54 “记忆的水碓坊”的设计作品

图 10-55 模型斜视图

图 10-56 模型侧视图

当前，全国博物馆的展馆中被忽视的中华传统水利机械展示，今后，可以融合交互技术、艺术设计等知识，通过机械运动的演示，为博物馆的传播和交流增添新的展示方式，也加深了参观者对中华传统水利机械的了解。本节内容对于多样化地展现中华传统水利机械，促进传统文化与现代技术的有机结合，提升博物馆展示装置的用户体验感做了有益的探索。

中华传统水利机械交互装置——“记忆的水碓坊”也可以看作是件生态展示作品，是将非物质的生态之美理念和中华传统水利机械的物质形态因素一同安置于一定区域内，将虚拟与真实交织讲述故事。生态展示通过对物件（中华传统水利机械）、布景的安排来实现其虚构性存在，凭借诠释历史来认识过去，让参观者通过所见、所听、所触产生一种相对真实的认知。重塑中华传统文化的展现形式，将现代技术与之结合，对交互装置艺术的设计进行探索，必将是今后博物馆展示的发展方向。

今天，联合国所倡导的环境ESD教育[①]在各国纷纷开展，各国根据自身的历史与国情在校园组织学生进行各种增强环境保护意识的创新实践。例如，西日本工业大学学生利用河川场所进行传统水利机械“洗芋水车”的制作（图10-57）[②]。中华民族有悠久的传统水利机械的使用历史和文化积淀，因此，今天在中国校园开展传统的水车、水磨、水碓等传统与现代相结合的设计与制作，对于提升学生们的生态观念及环境保护意识有现实意义。

图10-57　日本学生的“洗芋水车”制作

10.3　乡愁的原风景——虚拟仿真与APP制作

中华传统水利机械是几千年流传下来的代表中国乡村的符号。今天的人们呼唤“乡愁的情感”，寻求着“记忆中的原风景”，这些风景中就有着中华传统水利机械的存在。

如今，许多中华传统水利机械已经不复存在了，只有文学作品中有零星的回忆，为保存中华传统水利机械的古老智慧并将其传承下去，可以考虑利用3D技术对中华传统水利机械及其运动原理进行虚拟展示。

通过对杭州萧山的中国水利博物馆、陕西水利博物馆等全国各地博物馆进

① 可持续发展教育（Education for Sustainable Development, ESD）源于20世纪80年代的可持续发展运动.

② 野瀬秀拓，池森寛. 2014. 水車大工の ESD ものづくり授業を振り返って－昔の技術と生活に学ぶ『芋洗い水車づくり』. 日本機械学会.

行调研，这些博物馆中对中华传统水利机械仅展示实物的复原模型，并没有找到有关于中华传统水利机械虚拟展示的内容。今天，国内对于虚拟展示技术的应用已渐趋成熟，例如，2010年上海世界博览会会上《清明上河图》的互动展示，在文物古迹虚拟展示上均有很好的效果，但在中华传统水利机械的虚拟展示上，尚没有一个可以广泛传播和下载的形式。

10.3.1 虚拟“乡愁的原风景”的创作构思

本节构思并计划试做一个能以第一人称虚拟漫游的“乡愁的原风景”APP，参观者可以通过操控摄像机在虚拟场景中漫游，以观察传统乡村中的中华传统水利机械的形制、利用情况和机械的运转，还可以与APP进行互动获取信息，以满足人们内心对乡愁的情感需求。

首先，通过Unity3D软件构建“乡愁的原风景”，风景需要符合中华传统水利机械的使用环境，并添加如古建筑、古桥、河流、树木等自然物和人工物于场景之中（图10-58）。

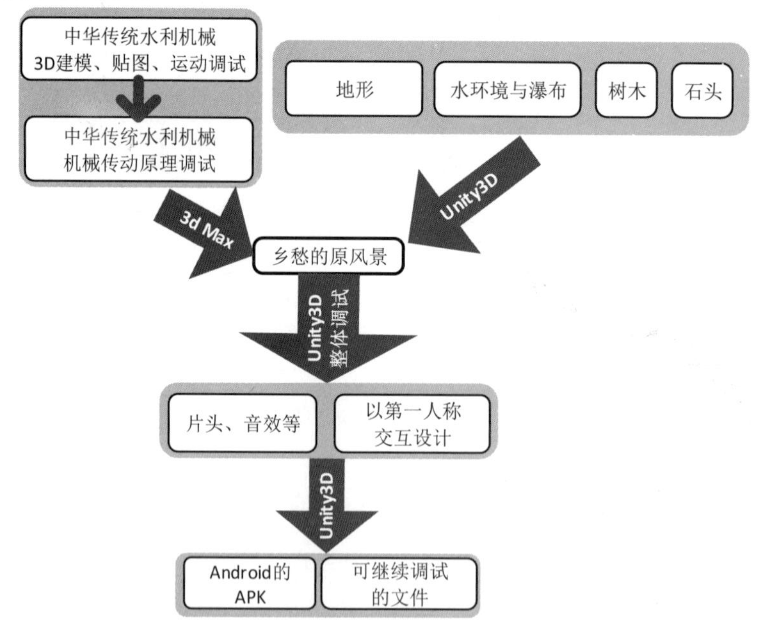

图10-58　制作步骤示意图

其次，对中华传统水利机械进行信息收集，选择5种具有代表性的中华传统水利机械，分别是水碓、水排、水磨、龙骨水车、筒车。通过 3d Max 软件建模、材质、灯光和动画调试（图 10-58），完成制作。

最后，利用 Unity3D 软件进行整体调试，将中华传统水利机械三维模型导入虚拟的场景中，并加入片头、音效等元素，设计成参观者在虚拟“原风景”空间中进行访问的同时，能与 APP 进行互动的 APP。最后，在 Android 平台发布 Apk 文件。制作的 APP 可以在中国水利博物馆、应用商店等场合使用，虚拟地展现中华传统——“乡愁的原风景”（图 10-62）。

对于再现“乡愁的原风景”的构思，首先要罗列出风景中的元素，把这些元素的大致布局绘制成草图（图 10-59）。然后以这张草图为蓝本开始进行原风景的制作。风景需要符合中华传统水利机械使用的地域特征，风景中如河流、石头、山丘等则是必不可少的元素。其次，要重点展示中华传统水利机械。构建的风景既不宜过于复杂，其中又要有小草、花朵等点缀，以免单调，这些元素和主风景务必和谐统一。最后，由于放入场景中的 3D 模型在默认情况下是不具有碰撞体积的，因此，需要对“乡愁的原风景”中的一些模型进行碰撞体的设置。

图 10-59　“乡愁的原风景”的制作构想

10.3.2 Unity3D 中虚拟“乡愁的原风景”的构建

虚拟“乡愁的原风景”的场景制作由以下 7 个步骤组成。

1）地形制作：用 Unity3D 中的 terrain 工具建立一个开阔的虚拟平面，而后 flatten 提升高度为 30，再利用画笔工具建立基本的地形，最后利用 texture 画笔绘制地面贴图，绘制贴图时使用混合画笔，可以模拟出 3d Max 里面混合贴图的效果（图 10-60 和图 10-61）。

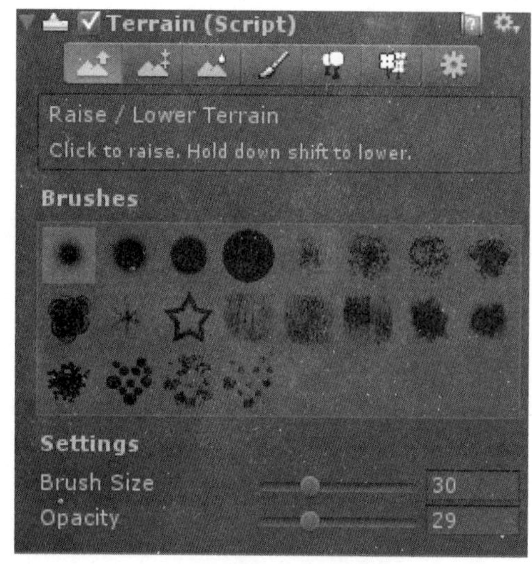

图 10-60 地形画笔

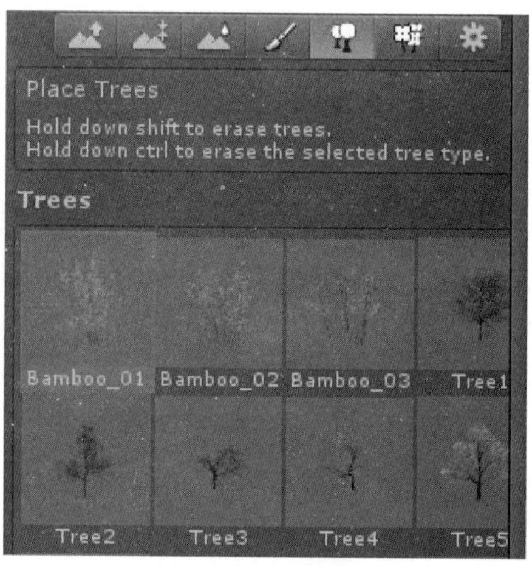

图 10-61 树木画笔

2）绘制河流：利用 Unity3D 中的地形画笔工具，按住 Shift 绘制一条凹陷的河道，然后加入水。在 Unity3D 中有 Water 资源包导入后就可以做水面、瀑布、喷泉等。由于在 Unity3D 中 Water（pro only）只能作为一个平面，所以，水的制作要配合地形的变化来实现，特别是在制作瀑布时，要求石头的摆放和地形的结合。

3）古建筑和桥：将 3d Max 模型库中合适的古建筑和古桥的 3D 模型转化为 FBX 后导入 Unity3D 中，然后调整其位置和大小（图 10-62）。

4）瀑布场景修饰：为了模拟水的流向，丰富场景中的元素，利用 Unity3D 的 Water 系统中的 Fall 直接建立瀑布，并且配合 Splash 模拟水面飞溅效果。通过对脚本（JavaScript、C#等）参数的调整，形成不同地形下瀑布的大小、能量、衰减和瀑布飞溅的效果。

图 10-62　场景初步效果

河海大学 2015 届毕业生蔡钊绘制

5）绘制树木并加入天空和灯光：在 Unity3D 中可以利用 Skybox 资源包来加入天空，利用树木画笔绘制预想的树木，另外加入 Directlight 来控制全局光（图 10-63）。

图 10-63　绘制树木和天空

河海大学 2015 届毕业生蔡钊绘制

6）点缀元素：石头、花朵、小草等，石头直接导入素材库中的模型，改变大小、选装等；小草和花朵是利用 Unity3D 中的花朵画笔工具绘制而成。最后，调整风景整体的布局和大小关系，使之与环境和谐统一（图 10-62）。

7）设置碰撞体积：场景的物体需要设置碰撞体积，保证参观者的视角不能从物体中穿过。一般为减少面片数，建一个或几个简单的 box 附在物体上，然后再加上一个 box collider 工具来实现单体的碰撞（图 10-64）。但是复杂网格物体的物理碰撞，例如古桥，则利用 MeshCollier 设置。

图 10-64　box collider 实现碰撞

河海大学 2015 届毕业生蔡钊绘制

总之，运用 Unity3D 自带的资源包，例如利用 SkyBox 制作天空，利用 Standard Asset 制作第一人称视角的 Object；利用 Water（pro only）制作水面和瀑布等。实现交互的镜头切换和场景切换的控制脚本通过编程实现。

为了体现 APP 的连贯性和整体性，展示出中华传统水利机械与环境融合的生态自然美，构建“乡愁的原风景”虚拟世界，将 5 种中华传统水利机械放在其中，展示其工作状态及机械原理。

10.3.3　中华传统水利机械的建模、贴图、灯光及运动调试

选择 5 种具有代表性的中华传统水利机械（水碓、水排、水磨、龙骨水车、筒车），在 3d Max 中进行建模之后，进行贴图及灯光处理，并对其机械传动进行调试。其中，灯光的设置在 Unity3D 中进行。

1. 5 种中华传统水利机械的 3D 建模

水排是利用卧式水轮、传送带将水能传动给小转轴（旋鼓），然后，利用曲柄连杆机构实现能量的传递。水排在建模时，传送带和小转轴（旋鼓）的建模需要运用形状编辑器进行制作（图 10-65）。

图 10-65　水排建模

河海大学 2015 届毕业生蔡钊绘制

水碓是最早的中华凸轮机构，也是用来舂米的传统水利机械装置。水碓建模的重点是布尔工具的使用，舂米槽的凹陷构造要多次使用“布尔运算”，挖出 4 个凹坑（图 10-66）。

图 10-66　水碓建模

河海大学 2015 届毕业生蔡钊绘制

水磨是利用水力转动卧式水轮，从而带动磨盘转动，实现上下磨盘间的相对摩擦，进行食材研磨。在水磨建模中，绳子的建模需要先设置好 3 个细圆柱体的中心位置和分段数，然后利用扭转编辑功能实现（图 10-67）。

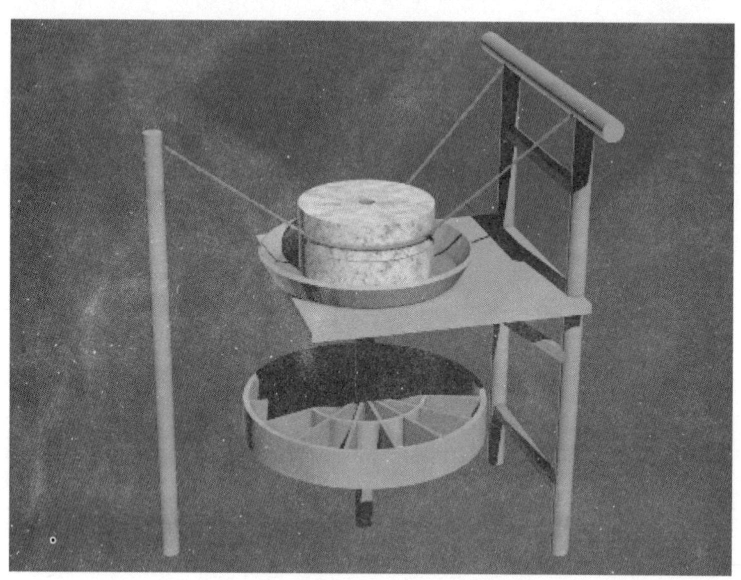

图 10-67　水磨建模

河海大学 2015 届毕业生蔡钊绘制

筒车是利用水能实现汲水的传统水利机械。筒车汲水筒的 3D 建模需仔细调整排列好，制作方法是围绕中心点顺着轮轴外圈旋转并复制（图 10-68）。

图 10-68　筒车建模

河海大学 2015 届毕业生蔡钊绘制

龙骨水车是典型的链传动传统水利机械，是利用人力或畜力带动刮水板循环运转，实现从河中汲水的工作。龙骨水车刮水板的制作是，首先要绘出刮水板的位置（运动）路径，然后进行复制操作，复制出的刮水板便全部出现在所画的路径上（图 10-69）。

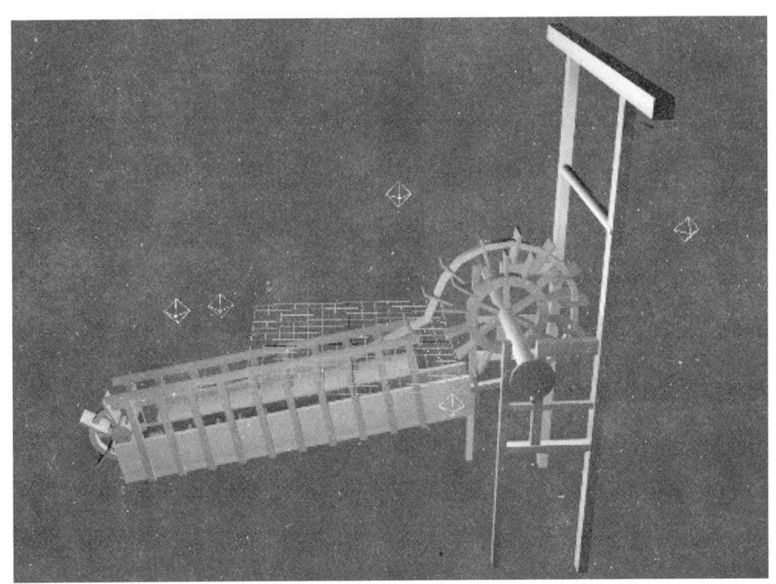

图 10-69　龙骨水车建模

河海大学 2015 届毕业生蔡钊绘制

2. 贴图、灯光和优化

完成 5 种中华传统水利机械的建模后，需要对模型进行贴图、灯光和优化处理。

贴图是表现中华传统水利机械质感很重要的工作。首先，选择在亮度、纹理方面都有明显区别的三种木质贴图，通过贴图可以区别出中华传统水利机械构件的不同部分。中华传统水利机械的模型中有一些圆柱体的贴图，是采用 UVW 编辑器制作，将贴图的位置和模型的面片位置一一对应后，然后进行贴图，这样不会产生圆柱顶面的贴图变形，以达到良好的视觉效果。如水磨的材质贴图制作（图 10-70）。

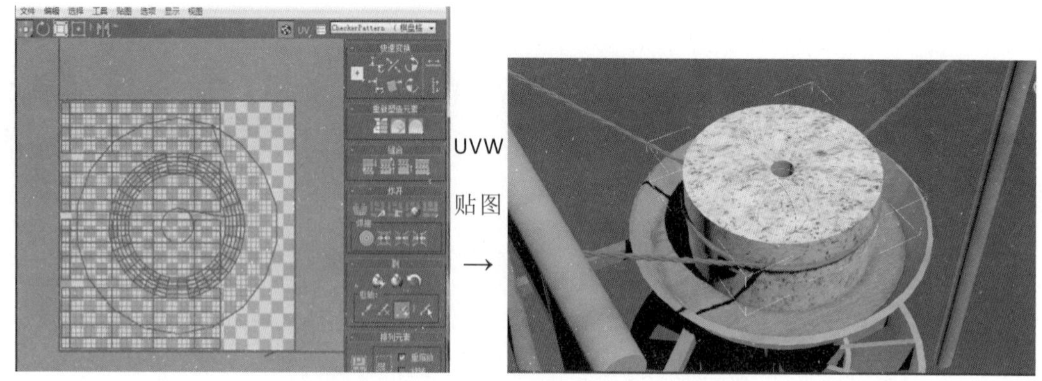

图 10-70　UVW 编辑器中进行贴图制作

灯光在 Unity3D 中进行设置，可以避免在 3d Max 中设置后 Unity3D 不兼容的问题。Unity3D 提供的光源种类虽少，却可以达到很好的效果。Unity3D 中的“点光源”是一种“像素光”，占用的系统资源非常少，可以进行多数复制达到交叉散光的效果。此外，利用点光源可调剂特性配合整体的平行光，可以很好地照亮中华传统水利机械的暗面（图 10-71）。

图 10-71　Unity3D 中的点光源

为了使最后完成的作品在漫游时保持流畅，实时渲染时提高帧率，需对模型进行优化处理。在 3d Max 中构建的中华传统水利机械 3D 模型的线框视图中可以看到各类构件的面片数之多，需优化处理，对模型进行面片数优化操作包括以下两点。

1）在 3d Max 的编辑器里有一个优化的编辑器，可以把一个平面和曲面的正方形网格变为拼接三角形的形式，可以有效地减少面片数（图 10-72）。

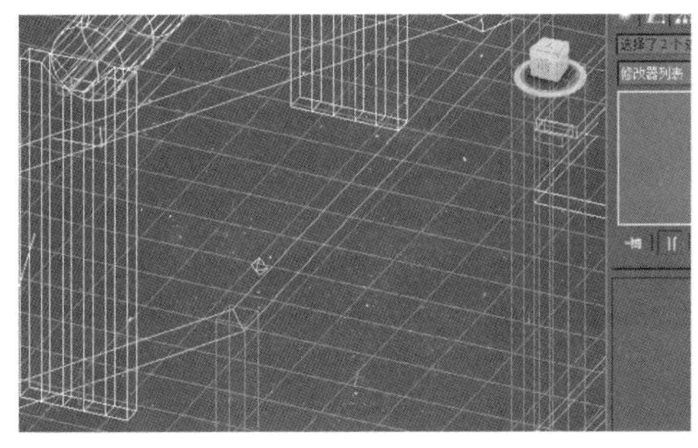

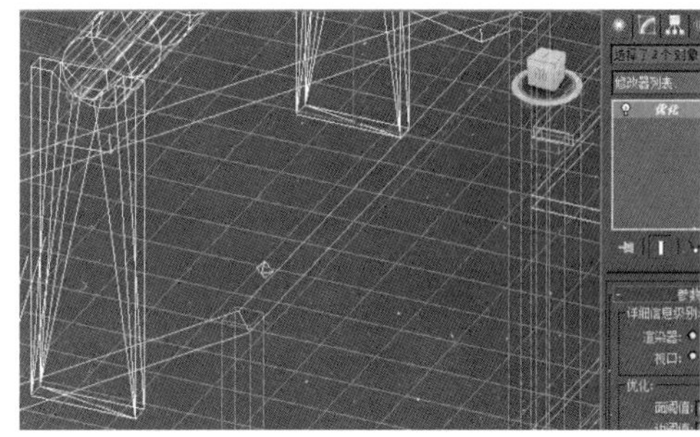

图 10-72　优化编辑器的操作

2）材质和贴图相同的模型结构完成后可以进行“塌陷”处理。即将两部分相交的曲面进行拼接，减少场景中修改器的数量，节约系统资源，把握局部结构的整体性，便于后面的动画调试[①]（图 10-73）。

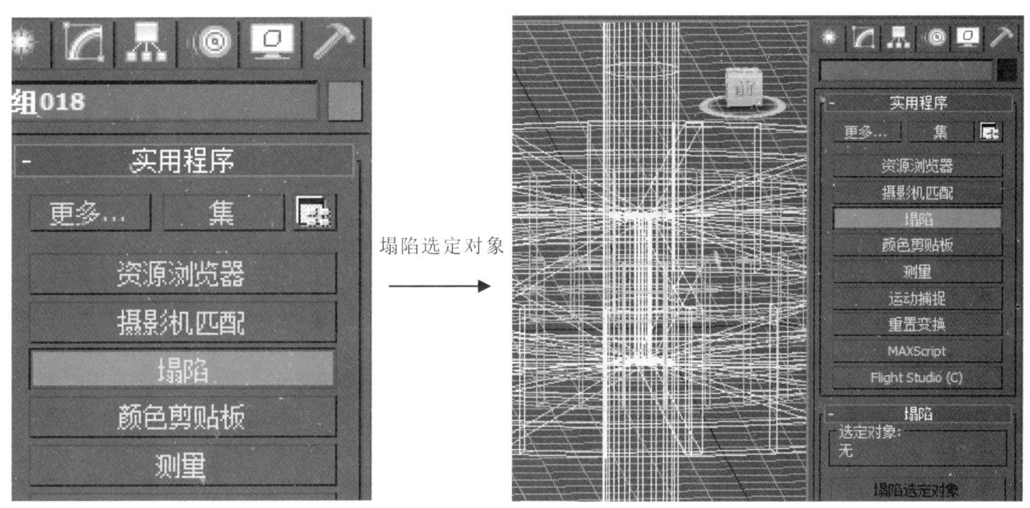

图 10-73　塌陷操作

3. 中华传统水利机械模型的运动调试

完成后的中华传统水利机械 3D 模型，需要结合机械学原理进行运动的调试。在理解中华传统水利机械中主动轮与从动轮间的位置和关系后，对细节和构件进行调节。下面以龙骨水车为例来介绍运动调试的过程（图 10-74）。

① 注意：由于在调完动画之后如果进行塌陷操作，先前调试的所有动画关键帧都会消失掉。所以，要进行相连物体的塌陷，尽量安排在建完模型之后，避免在调完动画后进行塌陷操作。

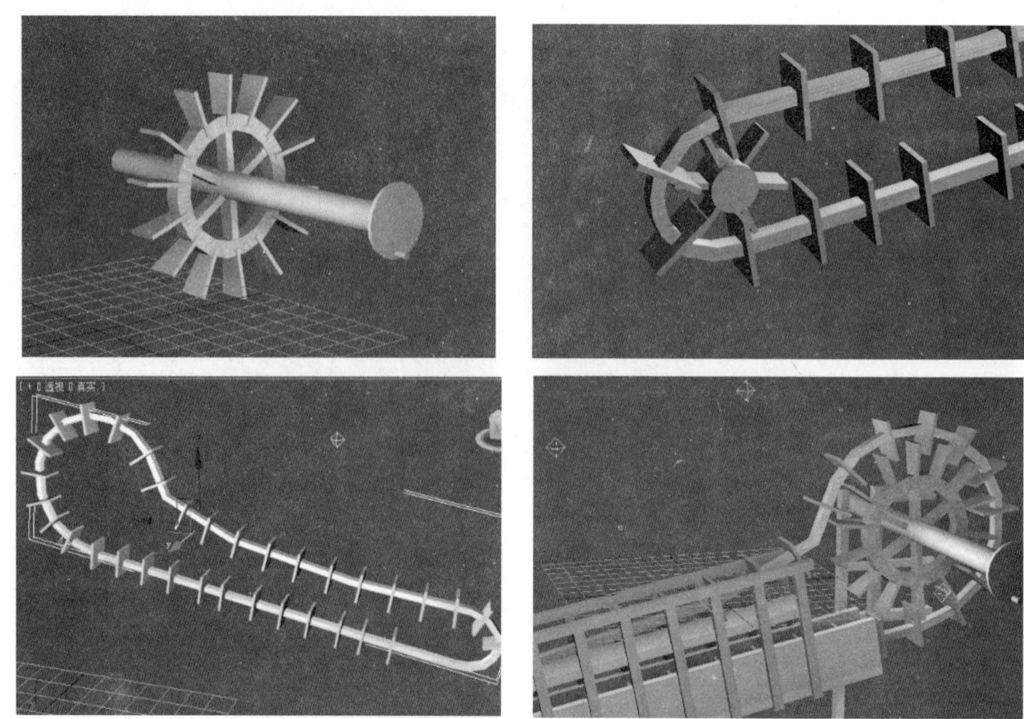
图 10-74 龙骨水车的运动调试

龙骨水车的大龙头是整个装置的主动轮。首先要进行大龙头轴的转动调试。制作大龙头轴动画要让第一帧和最后一帧处于相同的位置，以避免视觉上产生跳跃感，制作方法是旋转 360°，即一整圈（图 10-74）。

龙骨水车的小龙头轴是从动装置，所以在运动调节时同样注意第一帧和最后一帧位置相同。刮水板的运动控制在一定的帧数内，可以几个刮水板合在一起按事先规定的路径进行运动调节。在完成刮水板运动的调试后，要结合大龙头轴来进行整体微调，以达到真实转动的效果（图 10-74）。

由于在 3d Max 里调试动画时只能设置一定的帧数，每次运动的时间是一定的，但导入 Unity3D 后，则需要这些中华传统水利机械的 3D 模型在水流过时保持循环转动，所以就要解决以下两个问题。

1）消除运动始末的加速度。在 3d Max 动画曲线编辑器里面，将原来的平滑转动曲线改为直线即可实现（图 10-75）。

2）3d Max 导出的动画，默认只播放一次，但在 Unity3D 中要求中华传统水利机械连续地循环运动。因此，在 Unity3D 中要对中华传统水利机械模型的 animation 属性进行调整，勾选 Loop Time，使其保持循环运动状态（图 10-76）。

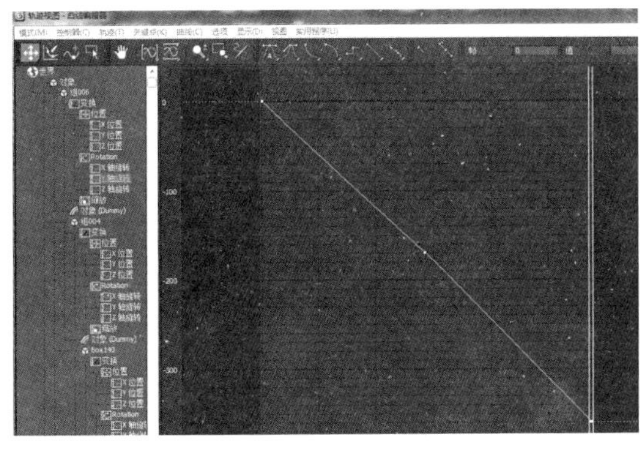
图 10-75　3d Max 里曲线编辑器

图 10-76　Unity3D 里保持循环运动的设置

10.3.4　界面设计及交互实现

1. 片头和导航界面的设计与制作

为了丰富“乡愁的原风景”APP 的可观赏性和整体性，需加入短暂的片头动画和导航界面。片头动画和导航界面是以场景切换进行衔接的。

片头动画是在 AE 里面制作的，使用水墨晕染效果的 AE 模板做出 10 秒左右的片头动画。再使用 Premiere 软件进行剪辑和音乐添加（图 10-77）。

导航界面是片头动画结束后的选项操作界面，既要保证与整体风格相和谐，还要给出进入 APP 后对操作提示、背景音乐、鼠标悬停的变化、音乐的开关等交互设置的安排，是通过编写代码来实现此功能的（图 10-78）。

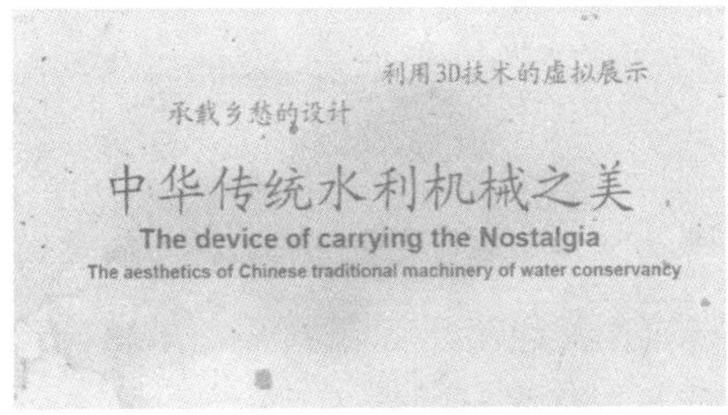

图 10-77　片头动画的制作

图 10-78　导航界面

完成设计的图片导入 Unity3D 后要实现按钮的功能。通过 Photoshop 软件将背景图和按钮进行分开绘制或从背景图中裁剪。

当实现信息显示的交互功能时，镜头和场景的变化采用同一场景中的不同的镜头切换的方式，视觉上不会产生跳跃感；由于场景中共有 5 种中华传统水利机械，就设置了 5 台不同的摄像机，分别赋予其程序代码，实现预想的交互功能。

2. 第一人称式漫游及交互的实现

"乡愁的原风景" APP 要实现可控的第一人称式漫游，首先在 Unity3D 中导入 Standard Assets 资源包，在其中找到 First Person Controller 工具，并将其拖拽到场景中（图 10-79）。运行时便可以实现视角的前进、向左、向右、后退，由鼠标控制视角的方向。以此功能实现在场景中漫游的同时，观看场景中的每个不同的中华传统水利机械的运动。可以对其移动速度、视角灵敏度进行调整，达到预想的视觉效果。

图 10-79　First Person Controller 工具

河海大学 2015 届毕业生蔡钊绘制

当接近中华传统水利机械时，参观者可以通过操作来实现与中华传统水利机械信息的互动。在制作上需要做以下工作：①做出多个不同的该机械的信息图展示（图 10-80）；②交互按钮的制作；③脚本的程序编写。

图 10-80　水力机械信息示意图

河海大学 2015 届毕业生蔡钊绘制

交互 GUI（graphical user interface）和导航界面的实现，是先用 Photoshop 绘制图片，然后在 Unity3D 中赋予代码来实现（如简单的触发式代码、GUI 按钮的绘制）。只要在.js 文件中键入正确的代码，并将.js 脚本文件赋予 object 或者摄像机，就可以实现预想的功能。以下是一段检测距离控制触发器代码的案例。

```
function Update ( )             //更新算法
{  var dis : float=Vector3.Distance (cammain.transform.position, cam01.
transform.position) ;           //定义距离
if (cam01.active==false)
{   if (dis<22)
    {   icon.active = true;    //距离目标 22 之内时触发器打开
    }
    else if (dis>=22 )
    {   icon.active = false;     //距离目标 22 之外时触发器关闭
    }
}
}
```

10.3.5　APP 的导出与 Android 平台发布

今天，Android 已经成为非常普遍的移动设备操作系统，将先前的制作以 APP 形式在 Android 平台上发布成应用，可以在 APP 商店里进行下载，让更多的人欣赏到虚拟“乡愁的原风景”。APP 导出的步骤如下。

首先，需要配置 Android 平台的开发环境，安装 JDK，即 Java 开发环境软件。配置 Java 环境变量，在“我的电脑”属性选项中找到配置环境变量，将 Java 环境添加到其中。配置 SDK，即安装 Android 开发环境的 SDK，将其中的 Tools 全部安装，并且选择要开发的 Android 版本，可以下载不同的版本，以便于后续开发。将以上操作适配到 Unity3D 中，即完成全部基础开发环境的支持。

其次，在完成导出 APP 文件后，需考虑移动设备的特性对 APP 进行优化，生成 APP 需要优化的项目，为贴图分辨率优化、参数优化、文件删减、代码删减。此外，在 Windows 下进行开发的程序，在转换为 Android 平台时要注意代码的兼容性。

在贴图分辨率优化方面，利用 Photoshop 对图像的大小进行调整。使原来非常大的文件转成几十千字节的小文件；在参数的优化方面，将在 Unity3D 中使用高级水的贴图大小进行修改，以减少 CPU 的运算，降低卡顿感（一般将水面贴图大小参数改到 10 左右会明显提高流畅度，图 10-81）；因为配置的 Android 开发环境是 Java，在 C#编写的一部分文件需要进行修改、删除、简化或者代替[①]。最后，删减场景中不必要的物体，如树木、花草、石头的数量，火焰和瀑布也可以适当地删减和调整参数（图 10-82）。

图 10-81　参数优化设置

图 10-82　场景中火焰面片数优化

最后，生成 Apk 文件，可以被 Android 系统所识别，用以安装到 Android 系

① 注意：文件的删减需要谨慎。由于在前面的操作中，会使用到很多的贴图、材质、画笔等，这些文件不能任意删除，在删除时必须对比 Unity3D 中已经在场景中使用的 object 一步步地试验。

统的移动设备中[①]（图 10-83）。

图 10-83　优化后的视觉效果

河海大学 2015 届毕业生蔡钊绘制

10.3.6　小结

本节介绍了运用三维建模和 Unity3D 的虚拟漫游技术，制作以第一人称的方式，能展示虚拟“乡愁的原风景”的 APP。风景中设置了以水碓、水排、水磨、龙骨水车和筒车 5 种具有代表性的中华传统水利机械，虚拟展示了中华传统水利机械及其运动原理。最后，加入中华传统水利机械信息交互和导航界面，并封装成 Android 下的 apk 文件，达到便于传播与阅览的目的。

将 5 种中华传统水利机械在 3d Max 中进行建模，并分别调试了每种中华传统水利机械的运动和动画总帧数。结合中华传统水利机械的使用环境和整体氛围，利用 Unity3D 中的地形和树木画笔等工具构建了中华传统乡村聚落的风景。然后，将这 5 种中华传统水利机械文件转化为 FBX 格式，导入 Unity3D 中进行整体制作，完成第一人称漫游式虚拟展示作品。此外，在 Unity3D 的场景中加入瀑布和飞溅等元素，增强这些中华传统水利机械在虚拟场景中运动时的真实感。

① 注意：1.发布的 App 不能是默认的名称，必须修名称，不然的话会发布不成功。2.需要在发布参数设置中配置安装 SDK 的路径，使得在发布时可以封装所有代码和 object。

中华传统水利机械代表中华农耕文明时期传统的生活方式，本节介绍的“乡愁的原风景”APP实现，可以使人们在紧张的现代生活之余寻找到一抹乡愁的情感寄托。在今天看来，中华传统水利机械不仅是“慢时光”的象征，还是一种曾经的期待和守望，对中华传统水利机械的虚拟展示可以使今天的人们穿越回过去传统的乡村，追溯着“我们从何处而来”的“根”的味道。

“乡愁的原风景”APP的后续制作可以通过头戴式眼镜、可传感距离的手套等高级外接设备带来沉浸的体验感，实现更好的交互。

10.4 宋式设计美学——水运仪象台的3D复原与展示

水运仪象台的内部空间有限，无法满足大规模的游客对水运仪内部的参观、考察或观测。通过3D软件（如3d Max、Rhino等）的建模、材质贴图和动画设定，能够复原出与真实的机械基本一致的水运仪象台，便于通过终端设备从各个视角细致地了解水运仪的内部构造、机械原理、形制及设计之美。

北宋年间研制的“水运仪象台”代表了公元11世纪世界最高的技术成就。近现代很多学者和机构（如南台科技大学、日本长野诹访湖科学馆等）对其都争相进行实物复原和研究。现代3D技术的成熟为水运仪象台在虚拟世界的复原提供了可能，之前对虚拟水运仪象台的制作多限于网络节目或纪录片中片头内容的介绍，所以，有必要对水运仪象台外观及内部运行细节做全方位的复原与展示。

10.4.1 研究成果及宋式设计风格的调研

根据林聪益等的《古机械复原研究的方法与程序》，提出了先通过“史料研究”，对焦点问题进一步认识，并清晰定义，构建传统机械科技与工艺的框架。在此基础上展开“复原设计”。复原设计的具体实施体现为“实物模型”或“虚拟模型”的复原制造。水运仪象台的3D复原与展示就属于虚拟模型的复原制造

（图 10-84）。

前期（本书第 7.2 节）对水运仪象台的文献资料的调研，可以理解和还原水运仪象台的各个部件的运转机制。水运仪象台 3D 模型的制作参考日本新曜社出版的《復元水運儀象台：十一世紀中国の天文観測時計塔》（山田慶兒，土屋榮夫）一书，该书详细记载了日本技术人员对水运仪象台的复原过程①。此书的附录部分附有详细的水运仪象台复原图纸。因此，此图纸可以作为水运仪象台 3D 复原各部分模型比例的参考。

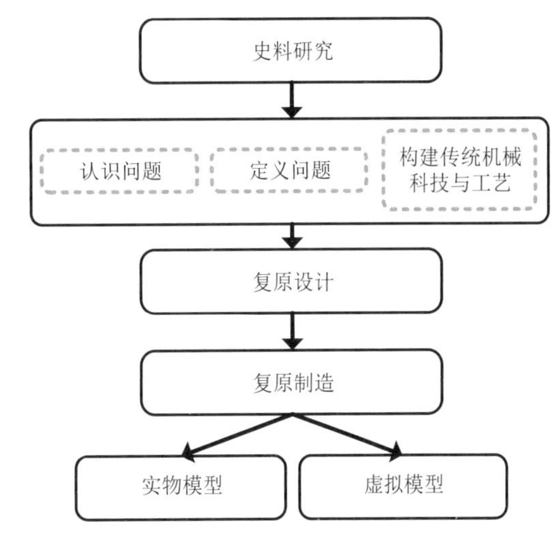

图 10-84　制作步骤图示

图片来源：参考林聪益《古机械复原研究的方法与程序》经修改

对水运仪象台宋式设计风格（如建筑样式、栏杆等）的调研包括：①《新仪象法要》对于水运仪象台形制的绘制；②横店影视城中展现宋代风情的建筑（图 10-85）；③梁思成译注的《营造法式》和编著的《中国建筑史》里记载有宋代建筑的详细资料；④《清明上河图》详细地记录了宋代建筑、桥梁的设计特色，画中可以了解宋式建造及栏杆的设计样式（图 10-86）。此外，还有以宋代绘画、瓷器等作为参考，总之，水运仪象台的 3D 复原与展示力求体现宋代的设计美学。

图 10-85　横店影视城宋式栏杆

图片来源：http://www.sohu.com/a/25386452_109985

图 10-86　清明上河图中的建筑造型

图片来源：http://www.360doc.com/content/15/0322/09/8836479_457092888.shtml

① 土屋荣夫. 1993. 中国古代技术の集大成——水运仪象台を复元する. 国际时计通信, (6): 56-70.

对水运仪象台进行3D复原及展示的步骤是，在熟悉史料《新仪象法要》的基础上，了解当代学者对于水运仪象台的研究成果及原理阐述。制作过程包括水运仪象台机构的建模、贴图制作、动画制作和视频渲染（图 10-87）。

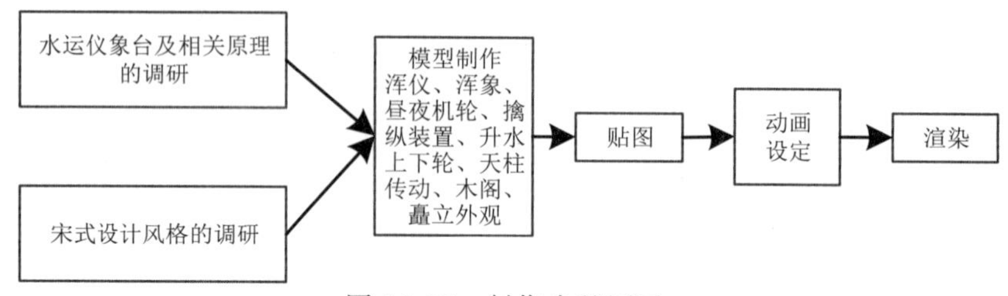

图 10-87　制作步骤图示

水运仪象台主体机构建模使用的软件为“Rhino”，场景建模及动画制作采用的软件为“3d Max”，两者结合使用。基本流程是将 Rhino 中建立的模型以 3ds 格式导出后，再通过 3d Max 进行后续制作。动画制作是先采用 3d Max 制作，以软件 AE（Adobe After Effects）进行视频的后期处理。

10.4.2　水运仪象台的主体建模

水运仪象台主体建模使用的软件是以 Rhino 为主，以 3d Max 为辅。首先，将水运仪象台主体分解开为 8 部分：①浑仪；②浑象；③昼夜机轮；④擒纵装置；⑤升水上下轮；⑥天柱传动；⑦木阁；⑧水运仪象台外壳，其中①～⑥属于内部构造，⑦和⑧属于主体的外观。

1. 浑仪

浑仪的可转动部分以圆环为主，建模时将这些圆环的中心点设置于同一个球心上（图 10-88）。浑仪下方的龙柱属于曲面建模，该模型在 3d Max 中完成，采用的是多边形建模的方式。

图 10-88　浑仪

图片来源：河海大学 2017 届毕业生李怡绘制

2. 浑象

浑象的构造是底座为长方体外壳，上部为半球体，球体外加环状齿轮构件。建模时以圆柱体作为转轴，由曲线绘制挤出齿轮。最后通过移动、缩放和旋转工具调整到合适的位置和大小（图 10-89）。

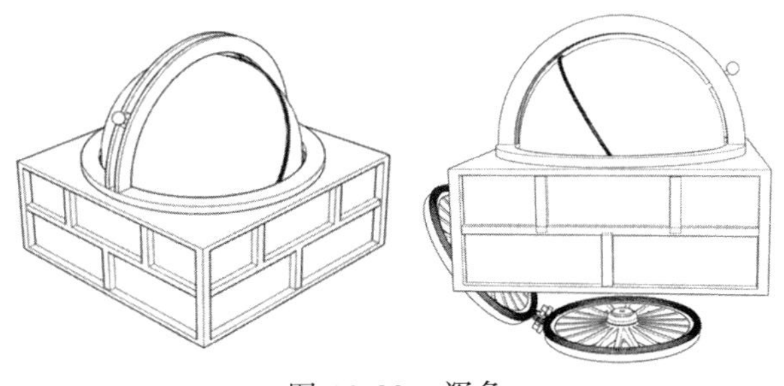

图 10-89　浑象

图片来源：河海大学 2017 届毕业生李怡绘制

3. 昼夜机轮

首先，确定昼夜机轮转轴的中心位置，为了便于操作，将坐标中心点设置为轴的中心。开启“物件锁点”，勾选“中心点”。轮是圆环结构，采用“挤出”命令。昼夜机轮共有 5 轮，5 轮结构相同，大小不一，在建模时只要建一个，其他的复制粘贴即可。轮的边缘立有报时刻的司辰木人，使用“阵列”工具以中心点为阵列中心，旋转阵列。昼夜机轮的旋转轴为标准的几何体圆柱，轮毂为圆柱加倒角（图 10-90）。

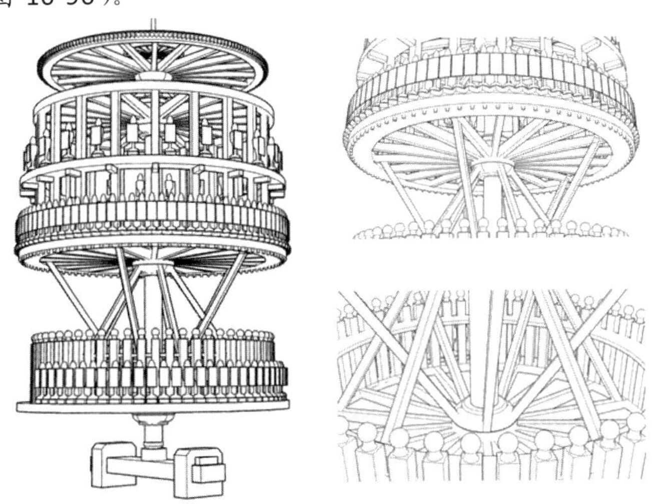

图 10-90　昼夜机轮

图片来源：河海大学 2017 届毕业生李怡绘制

4. 擒纵装置

擒纵装置是整个水运仪象台的动力来源，包括枢轮、左天锁、右天锁、天衡、天权、天条、枢衡、枢权、格叉、关舌、退水壶等部件（图 7-14）。为了体现模型的真实性，对枢轮的榫卯结构进行了真实的 3D 复原建模（图 10-91）。

首先，建模时绘制单一部件的轮廓曲线，使用“挤出”或“旋转”完成单个造型。然后使用“环形阵列工具”产生其余部件，再使用“镜像”工具完成整个枢轮的建模。

退水壶建模时先在顶视图绘制轮廓线，复制粘贴后，在前视图中移动到相应位置后，“单轴缩放”，使用“放样”产生外壳，在“加盖”后变为实体。“封闭的多重曲面薄壳”给定退水壶厚度，最后使用“布尔差集”做出弯曲造型。擒纵系统中的其他部件，如左、右天锁、关舌等造型均是使用绘制轮廓曲线，然后使用“挤出”工具完成的建模（图 10-91）。

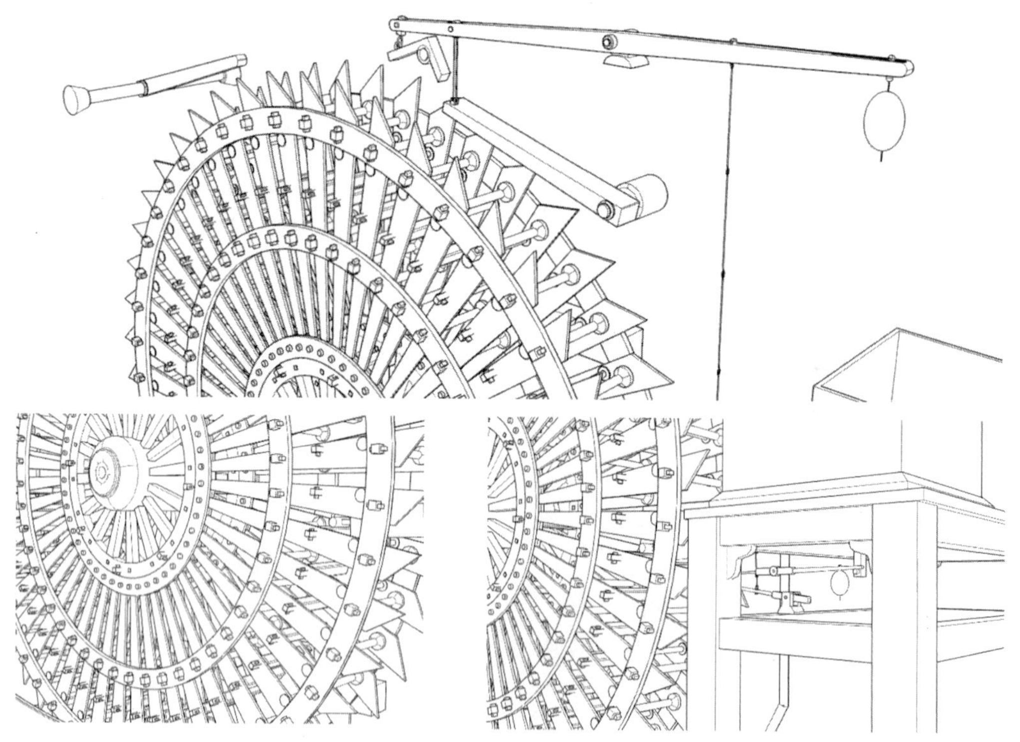

图 10-91　擒纵装置

图片来源：河海大学 2017 届毕业生李怡绘制

5. 升水上下轮

首先，确定轴心位置以建立轴。轴四周的建模方式与擒纵系统的枢轮建模方式相同，绘制部件的轮廓曲线，“挤出”有一定厚度的实体。以之前确定的轴心为阵列中心，阵列出所有部件。将所有较大的部件建模完成，最后通过“布尔运算”完成升水上下轮的榫卯结构（图 10-92）。

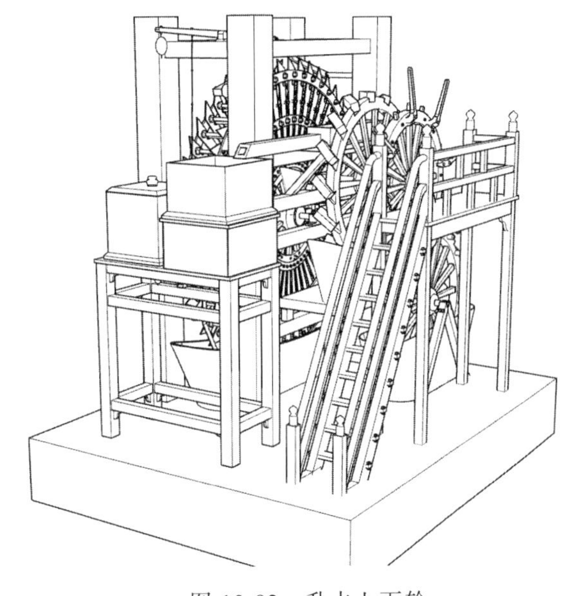

图 10-92　升水上下轮

图片来源：河海大学 2017 届毕业生李怡绘制

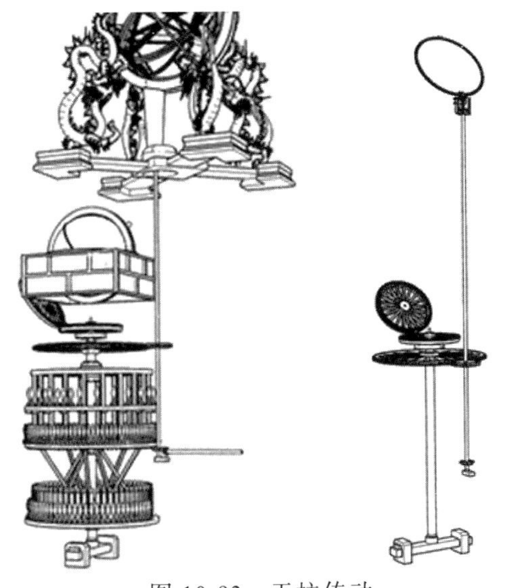

图 10-93　天柱传动

图片来源：河海大学 2017 届毕业生李怡绘制

6. 天柱传动

天柱传动系统中的部件主要以齿轮和传动轴为主。齿轮通过绘制轮廓曲线后“挤出”造型即可。天柱则直接以圆柱体作为部件。天柱系统建模时通过“移动”和“缩放”工具进行调整，待各个部件完成后进行模型的组装（图 10-93）。

7. 木阁

木阁在设计上具有装饰性，是水运仪象台昼夜机轮的“门面”。木阁的主体结构体现了宋代营造法式特点。在建模时以宋代的斗拱结构为参考，先完成一个斗拱结构后，通过复制为二，并以“移动旋转”命令调整角度，将木阁单层的其他结构以同样的方法建模。在完成一层木阁的建模后，使用“阵列工具”

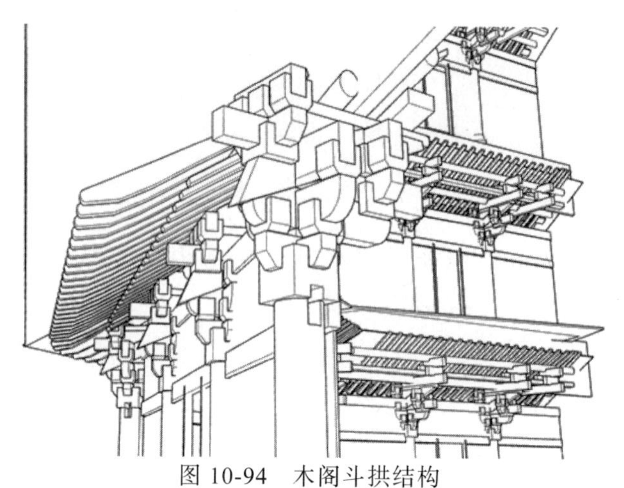

图 10-94　木阁斗拱结构

图片来源：河海大学 2017 届毕业生李怡绘制

最终完成整个木阁 5 层构造（图 10-94）。

8. 水运仪象台外壳

外壳主体骨架是以长方体堆叠而成，方格内的仙鹤造型参考宋徽宗的《瑞鹤图》，通过绘制曲线“挤出”加“倒角”功能以实现。外壳平面以玻璃覆盖。最上层的栏杆和屋顶结构通过“阵列”和“镜像”等功能制作。楼梯在上层的出口是通过“布尔差集”开出缺口。楼梯扶手的弯曲则由“圆管（平头盖）”工具和“单轨 扫掠”工具制作而成。由于扶手两边对称，楼梯台阶样式相同，因此，采用“镜像”和“阵列”即可实现（图 10-95）。

图 10-95　水运仪象台外壳

图片来源：河海大学 2017 届毕业生李怡绘制

10.4.3　水运仪象台设置场景的建模

水运仪象台作为宋代皇帝观测天象、制定历法的工具，受到古代皇权阶层的高度重视。由于中华先民对天地的认知为“天圆地方”，建筑布局讲究对称，北京天坛的设计就体现了这一传统观念。因此，将水运仪象台的基座设计成方形的对称样式，周围四面设有台阶入口，水运仪象台独立于中央，体现出其掌管时间神圣的象征意义。底座宋式栏杆建模，是参考梁思成译注的《营造法式》及横店影视城中宋式建筑，以体现极简的宋代设计美学为准则。

水运仪象台的基座建模采用 3d Max 软件。制作的步骤是，打开 3d Max 软件，在顶视图中建立一个正方形平面，作为“地面”。在地面上先建立台基底座。水运仪象台的底座设计为镜相对称，因此，在制作时只需只建一面，然后通过复制旋转的方式完成后续模型的建造；然后制作四边八组台阶的建模；最后制作各段的栏杆。栏杆由扶手和立杆组成，扶手的建模有镂空结构，建模时采用多边形建模的方法，不同的是，在制作镂空时“挤出”的数值与扶手的厚度相同，然后删除对应的面即可实现。或者使用“符合对象”命令下的“布尔”命令，进行“差集”运算即可快速得到相应的模型。立杆的建立和基座使用了同样的方法（图 10-96）。

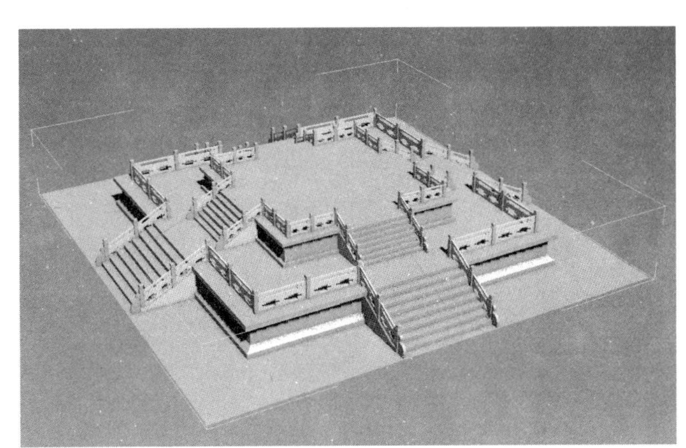

图 10-96　水运仪象台基座素模

图片来源：河海大学 2017 届毕业生李怡绘制

10.4.4　擒纵装置的运行及 3D 复原

擒纵装置（图 10-97）的重要构件“枢轮”上装有 48 个受水壶，水运仪象台的设计思路是设定每个受水壶为一个动力单元，通过这些动力单元的循环往复运动来实现水运仪象台内部的运转。其设计是将枢轮运转一周定为一个周期，一周期中又分为 48 个子周期（对应 48 个受水壶），枢轮子周期的运转由以下 4 个步骤完成。

1）先假设中空无水的受水壶刚好到达预定位置，平水壶通过渴乌开始向受水壶送水。此时受水壶与“格叉”刚好接触，“枢权”通过“枢衡”施加重量限制。

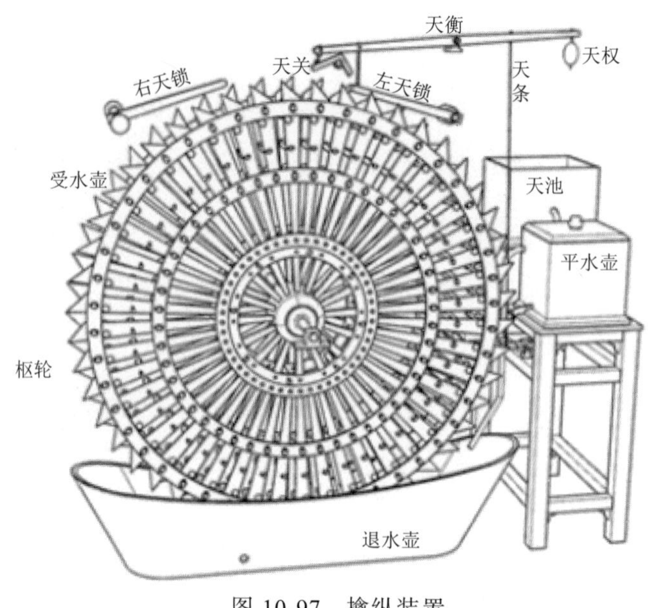

图 10-97　擒纵装置

图片来源：河海大学 2017 届毕业生李怡绘制

2）当持续注水后的受水壶中，水的重量大于“枢权”的重量时，受水壶开始顺时针旋转，受水壶旋转到与“格叉”即将分离且刚好接触到“关舌”的位置。

3）受水壶继续旋转向“关舌”施加压力带动“关舌”向下旋转，同时牵动天条，天条又拉动“天衡”，天衡带动左天锁抬起，解除对枢轮的锁定。

4）受水壶与“关舌”分开的同时，枢轮也跟着旋转一定的角度，左天锁、关舌和格叉回到 1）的位置。同时下一个受水壶刚好到达预定位置。

以上是对水运仪象台擒纵过程的分解说明，整个过程在极短时间内完成。左天锁的作用是防止枢轮逆时针旋转。当右天锁解除锁定后，枢轮开始旋转，下一个子周期开始时，右天锁、左天锁都自动锁定。枢轮每转一圈，就重复 48 次这样的过程，枢轮转动的速度取决于枢权的质量和平水壶向受水壶注水的速度（图 7-16）。

10.4.5　材质贴图的制作

水运仪象台 3D 复原的贴图制作集中于木质结构、大理石的地板砖、花岗岩栏杆等。需要做的材质有漆（主要是红、绿、黄）、水、玻璃、金属类。水运仪象台主体是木质建筑，因此，会大面积地应用到木材贴图，在实际制作中赋予的材质是经过不断地调整才达到理想效果的。

选用木材，此方案考虑到渲染后的视频中需要体现出绚烂华丽的效果，所以也刻意给木材加入一些光亮特性。设置的参数为：漫反射[灰（129,129,129）]，贴图；反射（黑 0,0,0）；高光 0.83。是通过反复试行错误达到最佳的效果，选出最佳方案。为了着重展现水运仪象台的木质特点，选用了以深色木材贴图作为素材。

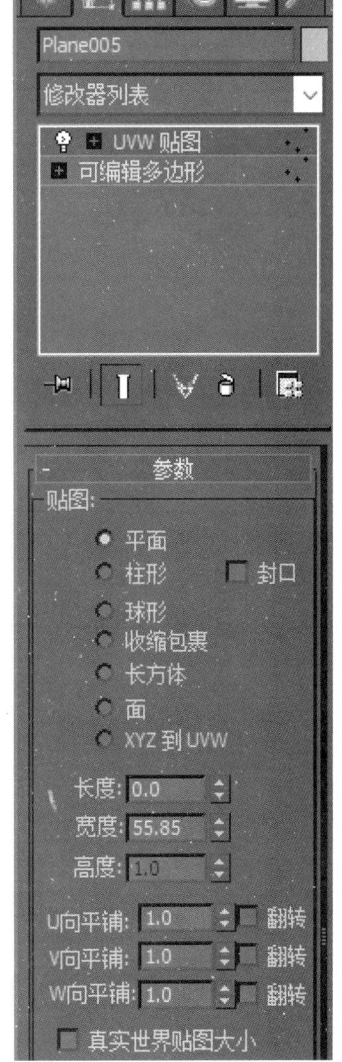

图 10-98　“UVW 贴图”界面

水运仪象台底座材质设定为石材，石材是以贴图的方式来实现预想的效果的。由于模型大多数呈现的是不规则多边形几何体，直接赋予材质往往达不到预期效果，因此，在对每个部件赋予材质时，需利用“UVW 贴图”修改器进行贴图位置的调整，细化材质，以确保渲染输出的质量（图 10-98 和图 10-99）。

漆材质：主色调有红、绿、黄、黑 4 色，其他色彩则是以这 4 种材质进行演变。主要参数：漫反射（34，30，111），反射定为灰色，反射光泽度为 0.9；4 种颜色同样在此基础上进行反光度的调节即可（图 10-100）。

红、绿、黄、黑 4 色在各个朝代有不同的文化内涵和象征意义。中华民族自古以来有“尚红”文化，朱（红）色在建筑艺术上运用丰富，也是体现主人身份和地位的象征。所以，帝王的宫殿都用红色来装饰，以显示至高无上的权力和地位。但是，要注意的是渲染所呈现的中国红不同于洋红、大红的效果。

图 10-99　石材质渲染效果图

图片来源：河海大学 2017 届毕业生李怡绘制

图 10-100　红漆材质效果图

图片来源：河海大学 2017 届毕业生李怡绘制

玻璃材质：宋代建造的水运仪象台所使用的建筑材料依次为木材、石材、金属，当时不可能有大面积的玻璃材质。为了使 3D 复原的水运仪象台体现出更好的观赏性，又便于从外对内的观察，所以，采用玻璃材质的外墙设计。在制作时，使用了 v-ray 材质包裹器。基本材质为 “glass（VRayMtl）”，参数设置为：生成全局照明 0.8，接收全局照明 0.8，反射光泽度 0.98，折射光泽度 1.0。渲染效果如图 10-101 所示。

图 10-101　玻璃材质渲染效果

图片来源：河海大学 2017 届毕业生李怡绘制

金属材质：主要包括如金属轴、浑仪及浑象所用的铜材质、天衡及枢衡所用的铜材质。其中，将浑仪、浑象的材质设定为黄铜材质。具体参数设置为：漫反射（128,128,128）添加“fall off”的反射贴图；反射（0,0,0）添加“fall off”的反射贴图，高光光泽度设定为 0.6，反射光泽度为 0.8。其他参数默认。有些小的金属件设定为铁材质，制作时选择混合材质（图 10-102）。

图 10-102　金属材质渲染效果

图片来源：河海大学 2017 届毕业生李怡绘制

水运仪象台部件造型复杂，数量庞大，在模型赋予贴图的过程中需要在 3d Max 中频繁地添加“UVW 贴图”的命令。材质在调试过程中也利用了网络资源先查询类似材质的相关参数，然后通过修正确定所需的参数。以上列举的材质是水运仪象台 3D 复原使用的主要材质及最终参数的设定。此外，还有许多部件是通过直接使用默认的材质球直接在“反射”中添加“位图”，然后选择所需图片，再通过添加“UVW 贴图”修改器来调整，这样解决了大多数情况的材质贴图的问题。

10.4.6 摄像机漫游与动画渲染（3d Max 中进行）

在制作摄像机的漫游动画之前，首先，将已贴好材质的水运仪象台模型进行重新“组”的操作，并取对应的组名，方便在接下来的动画制作过程中管理（图 10-103）。

图 10-103　“组”操作面板

在完成基础工作之后，可以进行动画制作。先打开“轨迹视图”，调整模式为“摄影表”，选中需要操作的物体，执行“编辑”→“可见性轨迹”→“添加”命令，接着在“可见性”操作界面下设置关键帧，根据实际需要选择帧的数目。其他物体也重复此操作。当所有物体的操作执行完成后，添加摄像机及设定漫游路径，并根据所要展示物件的角度调整摄像机的角度，完成动画初始构图。经过反复播放动画进行推敲，以调节关键帧的位置，使动画视频流畅，且过渡自然。

摄影机动画相对比较容易制作，但是，可见性轨迹动画和水运仪象台的转动动画对于关键帧的节点设置极为重要，需要花费时间去调节关键帧的位置和摄影机的轨迹，力求使摄影机运动轨迹的节点分布均匀，并富有韵律感（图 10-104 和图 10-105）。

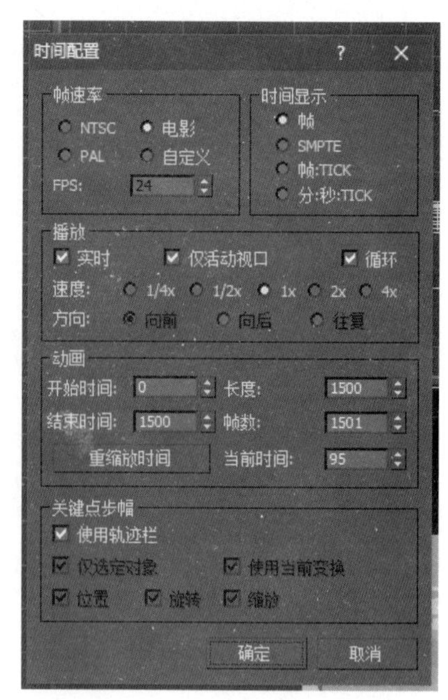

图 10-104　“时间配置”窗口

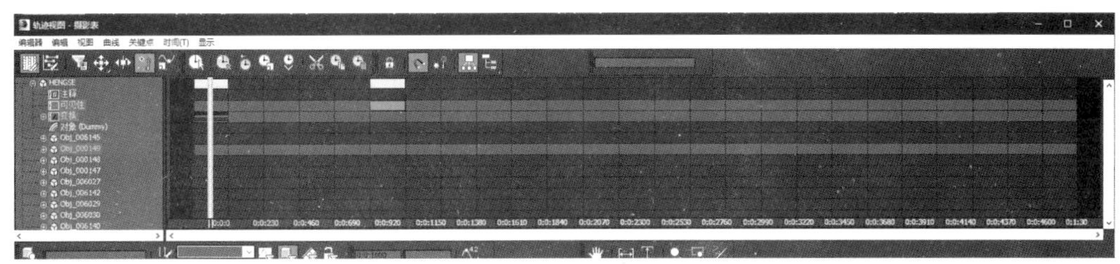

图 10-105　轨迹视图窗口

设置好的水运仪象台漫游动画通过 3d Max 中的 Vray 渲染器渲染输出，Vray 能渲染出真实的光照效果，通过 Vray 渲染器的渲染还原水运仪象台真实的光影状况。参数设置如图 10-106 所示。

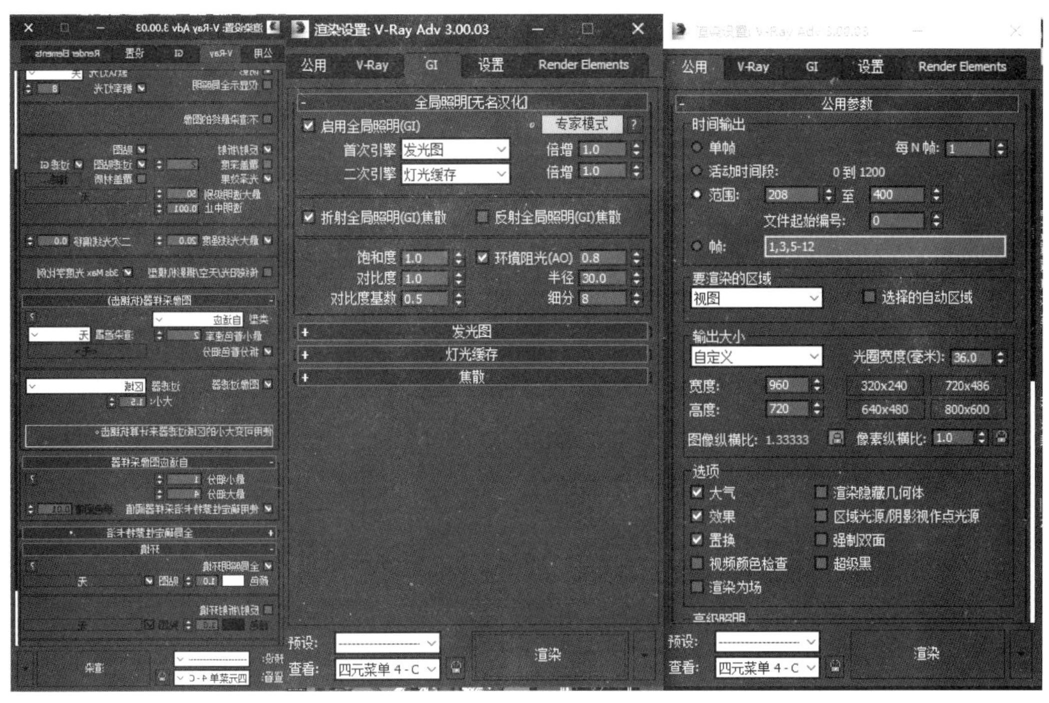

图 10-106　渲染设置

动画制作初期的渲染以测试渲染为主，渲染出的样片用以检查视频有无错误，一般以最终输出尺寸的 1/3 或 1/4 进行参数设置。检查无问题后，渲染最终视频。渲染后的动画以序列帧的形式存在，使用 AE 将后期合成为最终视频，并做相应的处理，如图 10-107 所示。

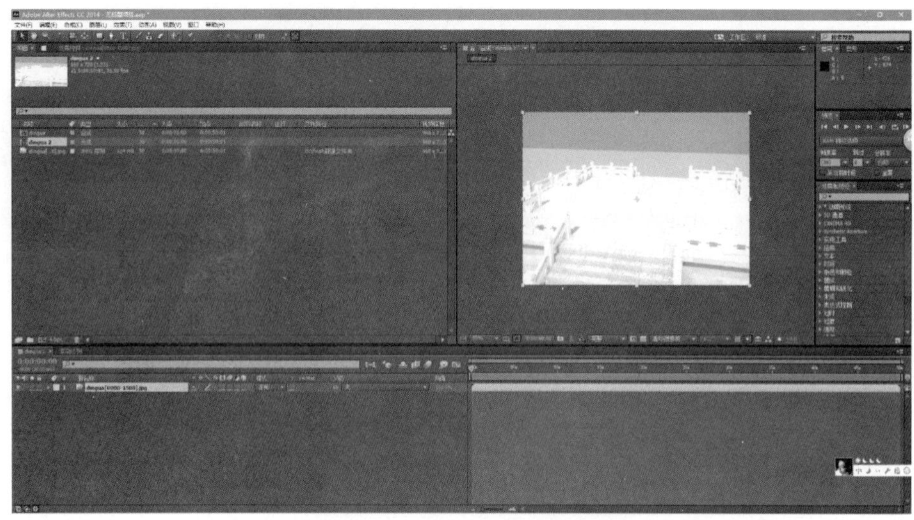

图 10-107　AE 合成界面

AE 后期合成的最终视频使用 MediaConverter 软件将制作好的视频转化为 3D 视频，格式为 mp4 3D（此软件输出的 mp4 格式对手机的兼容性比较好）。可以通过“UtoVR”的 APP 进行视频测试。待测试完成后，将视频传至手机，然后戴上 VR 眼镜即可观看（图 10-108）。

图 10-108　手机测试截图

10.4.7　小结

通过对水运仪象台的历史文献及近现代学者的研究的综合调研，结合现代 3D 技术进行水运仪象台内部构造及场景的三维建模，再经过材质贴图及动画视频渲染，完整地展现水运仪象台 3D 复原效果及空间漫游的视频。图 10-109 ~ 图 10-111 是漫游动画视频的各部分截图。

图 10-109　3D 复原水运仪象台外观展示

图片来源：河海大学 2017 届毕业生李怡绘制

图 10-110　3D 复原水运仪象台内部运转机构展示

图片来源：河海大学 2017 届毕业生李怡绘制

图 10-111　3D 复原水运仪象台内部走廊及通向顶部活动板屋展示

图片来源：河海大学 2017 届毕业生李怡绘制

水运仪象台顶部的外观，例如，宋式木制栏杆、九块活动屋板的设计体现了宋式的极简风格。宋式设计在总体上没有后世，尤其是清代过多的雕梁画栋，只是在体现了必要功能的同时，进行了极简的修饰，如栏杆、扶手等具有抽象美感的曲线，这些修饰及设计工艺都恰到好处。宋代极简的设计美学对于今天的工业产品设计、建筑设计依然有重要的参考价值。

对于水运仪象台外观和内部结构的 3D 复原，基本上是按照水运仪象台的榫卯结构来建造的，并完整地展示了 3D 复原的制作过程，方便今后的不断修改和调整。虽然，受贴图和光照环境设置的影响，渲染结果和真实的环境存在一些差距，但是，水运仪象台 3D 复原的制作，完整且清晰地展示了其外观构造和内部结构及机械运转状态。为展示尘封已久的水运仪象台的千年风貌提供了新的方式。

本次宋代水运仪象台的 3D 复原与制作对于中华文明史上的杰出科技的保持与传播有积极的借鉴意义。今天，挪威艺术家已采用 3D 打印技术复原欧洲中世纪的古剑[①]（图 10-112），水运仪象台的 3D 复杂建模，其模型不仅可以应用于

① http://www.360doc.com/content/16/0824/11/8102575_585538204.shtml.

游戏设计，也为采用 3D 打印的快速成型提供了便利条件。

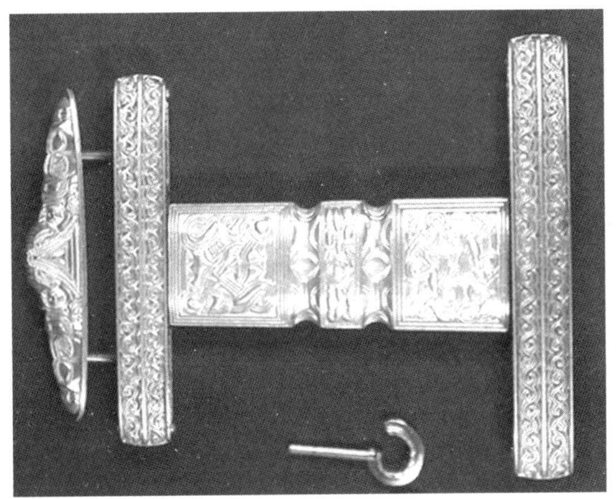

图 10-112　挪威艺术家复原中世纪古剑

图片来源：360 图书馆

虚拟现实技术在当今社会中发展迅速，除了已研发出的一体式头戴设备之外，移动端头显和周边设备都呈现出比较成熟的技术。而且沉浸式交互正不断扩大为大众所喜爱的。今后水运仪象台可以采用虚拟仿真技术以达到沉浸交互式的效果。

10.5　水车之乡——地方创生的生态设计构想

今天，世界各国政府均重视乡村文化的保护。

在我国的乡村景观改造和自然生态修复实验中，周武忠提出了“新乡村主义”（neo-ruralism）的概念。即从城市和乡村的角度来谋划新农村建设、生态农业和乡村旅游业的发展，通过构建现代农业体系和打造现代乡村旅游产品来实现农村生态效益、经济效益和社会效益的和谐统一。然而，新乡村主义不能改变目前乡村文化逐渐消失的状况，对于偏远山村存在着可操作性的问题。

此外，获得普利兹克建筑奖的王澍先生在浙江富阳文村打造了 14 幢民居（2012 年），用灰、黄、白三色基调，采用夯土墙、抹泥墙、杭灰石墙、斩假石的外立面设计，呈现美丽的宜居乡村，这是以乡村的生态建筑设计体现地域的人文风情的案例。

在欧洲，继意大利发起的慢食文化（slow food）之后，慢城运动（citta slow）逐渐兴起乃至影响欧洲全境。近代工业革命的起源地——英国，也在推进乡村慢节奏生活。在英国的乡村，能触摸到历史、传统文化，体会到随意闲适的生活，感受到人和自然的亲近融合。

总之，优质的生态环境、保护地域的历史人文，是今天世界各国乡村维护及发展建设上的主流设计思想。

10.5.1　呼唤乡愁的时代

在中国的社会急速的城镇化建设进程中，出现了环境污染、儿童留守、方言危机等诸多乡村问题①。这种变化既有城镇化的必然，也有过去对古村落价值缺乏认识的原因②。学者冯骥才调研后指出，近 10 年来中国有将近 90 余万个村落消失，平均每天消失 200 多个村落③。“它们悄悄地逝去，没有挽歌、没有诔文、没有祭礼，甚至没有告别和送别，有的只是在它们的废墟上新建文明的奠基、落成仪式和伴随的欢呼。”④

乡土艺术研究者潘鲁生指出，乡村文明是中华民族文明史的主体。乡村文化的传承，影响着文化载体的续存乃至中华民族精神家园的回归与守护。乡村也是历史记忆、文化认同、情感归属的重要载体，蕴藏着丰富的文化资源⑤。今天的人们呼唤乡愁，回忆起童年时的乡愁，是你在水的这头，你的玩伴在水的另一头；乡愁又是一架架悠悠的水车，记忆的翅膀带着父辈们穿越回童年的时光。

---

① 关于我国乡村所面临的一系列问题，请参阅《武汉大学学报（人文科学版）》2016 年第 2 期所刊出的笔谈专栏系列文章“聚焦大变局中的中国乡村（一）”.

② 李培林. 2014-12-17. 随着村落的消失，传统民间文化面临消亡的危险. 南方杂志.

③ 参见陈晞：《与冯骥才对话：古村保护不能只为“旅游”》，载《人民日报（海外版）》2014 年 4 月 1 日第 8 版.

④ 李培林. 2010. 村落的终结.北京:商务印书馆.

⑤ 潘鲁生. 2017-12-10.乡土文化根不能断. 人民日报，(10).

今天，乡愁不仅是中国社会学研究的范畴，也是政策研究、设计艺术学等多学科融合领域所关注的焦点和热点课题。因此，本节以地域资源活性化的视角及“地方创生”的思路，针对南方山村提出“水车之乡”的生态设计构想，寄希望以此构想的完善，能带动我国部分山村的文化复兴与健康发展。

10.5.2　地方创生的思路与山村调研

1. 地方创生的必要性

地方创生（placemaking）原本是日本政府为应对（东京）一极化发展而制定的长期国家战略。今天，在我国的广大乡村，由于年轻人外出务工，老年人和孩子们留守，空寂的山村失去了原有的文化和活力，这种情况与邻国的日本极为相似。

以北京、上海、深圳为中心形成了首都经济圈、长江三角洲经济圈、珠江三角洲经济圈。三大经济圈分别以 3 个特大城市为首对全国的人才、资本、社会资源形成吸附效应。随着中国城镇化步伐的持续，传统田园牧歌式的乡村呈现衰败凋敝的现象乃至于消失。因此，有必要探索中国乡村的地方创生之路。

2. 皖南山村的调研

围绕“地方创生的生态设计构想”及“水车之乡”建设的可行性，笔者对地处皖南山区的源芳乡、涧泉村进行了多次走访和考察（2006～2017 年）。

考察 1：源芳乡地处休宁县的东南方向，全乡绝大部分是郁郁葱葱的林地，境内有源芳大峡谷的漂流景区，茂林修竹，环境优美。农作物有茶叶、竹笋、箬叶、贡菊等。由于没有地方创生的途径，10 年前的源芳乡经济十分贫困，乡民的经济收入很低，仅有村头几家小卖部。近些年，由于村里的年轻人纷纷外出务工及源芳峡谷漂流的开发，乡村经济发生了显著变化。作为传统的山村聚落，如今却多为老年人和小孩留守，导致空村化现象严重。当本乡外出务工的子弟积累了一些收入之后回乡建屋，其建筑样式多为现代平顶洋楼，缺乏徽派建筑特色和文化气息。还有一些家庭全家外出务工已长期定居于城市，长期闲置于乡村的房子宅院，蔓茎荒草丛生，无人整理。源芳村是延山谷地形、历史自然形成的聚落，由于植被繁茂，水资源丰富，小河沟渠的落差明显，都是可以发展绿色小水电开发生态旅游的理想场所。据老一辈人回忆，过去这里是典型的水车之乡。

考察 2：安徽省池州市青阳县杨田镇涧泉村，坐落在杨田水库的尽头。该村由水库边的狭窄山路进去，交通闭塞，外界很少知道它的存在。物产有葛粉、干笋、粉丝，箬叶加工（出口）。涧泉村有良好的自然风景（图 10-113），水资源丰富。经年长的乡民口述，历史上的涧泉村是水车之乡，村民们日常生活中利用水碓碓米、水磨磨面，对传统水利机械极为依赖。今天，该乡的年轻人对本村过去使用水车的历史已闻所未闻。涧泉村的夜晚非常宁静，一年中只有春节期间才开路灯。

图 10-113　云深处——美丽的涧泉村

作为传统聚落的涧泉村空村化现象严重，村里的年轻人大多去城市务工，一些老人和小孩留守，子弟回乡建设的是现代欧式建筑，没有体现地方特色和人文风情。许多改造的民居建筑外观与当地景观并不十分协调。

例如，源芳乡、涧泉村这种全国许多美丽的山村，其本身原有的乡村文化的逐步消失，笔者考虑可以引入“地方创生”的生态设计构想，进行“水车之乡”的改造，希望以此构想的完善有益于乡村文化的重建与健康发展。

3. 地方创生的案例

对于乡村“地方创生”，中外都有很好的案例可以借鉴和参考。例如，著名的日本德岛县的上胜町“装饰树叶”产业，给全日本料理店提供 80%的拼盘装饰用树叶，不仅给地方带来了巨大的经济收益，还建设了美丽的山村；台湾池上稻作之乡通过每年举办艺术节，让年轻人在青山白云和稻海之间舞蹈、游客可以感受自然之美和秋收的喜悦，推动“地方创生”；“当艺术邂逅乡村”是淄博桃花岛探索中国乡村复兴推动“地方创生”新的模式（2017 年），是“用现代艺术实现地方创生”的探索。

“水车之乡”的生态设计构想也是一个希望能引起旅行者寻找到乡愁的、感觉惬意舒适的乡村原风景模板。本书开头的序章即提出了生态水车之乡“原风景”建设，需要以自然（生态）、文化（形态）、人情化（情态）之结构这 3 个层面来探寻现代乡村景观设计之根本，地方创生需体现出自然（生态）、文化（形态）、人情化（情态）的合理管理与营造精神，构建出传统与现代乡村相承接的衍生机制。本节所提出的“水车之乡——地方创生的生态设计构想”与贵州省黔东南苗族侗族自治州施秉县城“水车小镇”的单一旅游文化节目是有区别的，以下面内容进行说明。

10.5.3　“水车之乡”的 5 种生态设计提案

“地方创生”在于建构与培育人与所在环境的相互关系。通过广泛且专注地经营地方品质，打造地方的共享价值、社区能力、跨领域合作，是韧性的地域与活力社区的基础。例如，源芳乡、涧泉村这样的山村可以根据地势的落差和当地丰富的水资源，建设“乡愁的原风景”的水车小屋等系列水车文化。笔者从以下 5 个提案入手提出地方创生的生态设计的具体内容，这 5 个提案可以互相补足（图 10-114）。

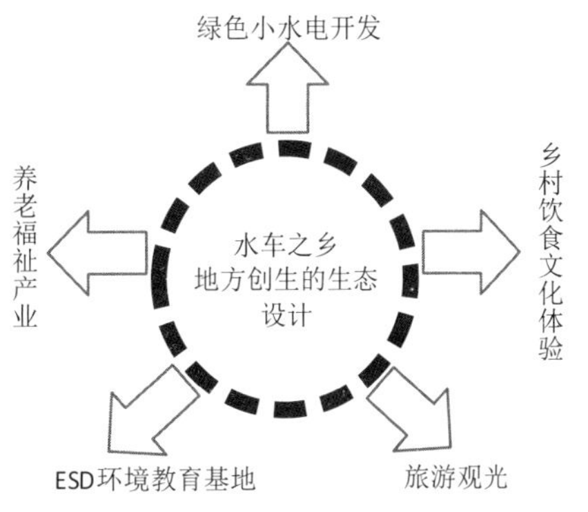

图 10-114　生态设计的提案

1. 水车小屋的绿色小水电开发

各地景观设计中也有不少水车的景观设计，然而，所有这些水车景观，往往是做个并无实际用处的水轮，绿色小水电的开发可以同时兼顾景观与电力的供应。

在日本京都府京丹波町，冬季积雪压倒树木导致停电时常发生，他们当地利用丰富的水资源和传统的水车进行发电以解决乡村居民的用电问题①。

2012 年水利部提出“绿色水电”的口号。2017 年 5 月 5 日，由水利部水电局主持、国际小水电中心主编的《绿色小水电评价标准》发布，于 2017 年 8 月 5 日正式实施。该标准诠释了绿色小水电的内涵，明确规定了绿色小水电评价的基本条件、评价内容和评价方法。其中，景观应采用“景观协调性”和“景观恢复度”指标进行评价，整体布局、外观、色调等与周围环境的协调情况是景观协调性评价的标准②。木质水轮外观的绿色小水电建设有着景观协调性的优势。

在水车景观建设的同时，加入发电机、发电机控制装置等，可以作为乡村的绿色小水电，将电力供给周边用户，或为附近浴室提供热水供应。

2. 水车小屋与乡村食文化体验

中国传统文化的根脉在乡村。故乡山水，乡音乡情的记忆，乡土的气息和家乡菜的味道，不管走到哪里，总是能够触动人们的心弦，唤起人们乡愁的情感。传统的水车小屋不能仅仅做个摆设，可以与当地的食文化有机结合，发挥出意想不到的作用③。

今天，在水车房中建设水碓这样的设备已不现实了，但是可以采用水轮磨米、磨面、筛谷子等劳作。水车的水轮外观采用木质结构，车轴则可以采用现代防腐的金属轴承以增加润滑效果，能充分利用水能。水车小屋内部可采用皮带传动的方式，与磨面机相结合进行磨面制粉或磨豆浆。同时，可以配合当地的食材，如干笋、蕨菜、葛根、菜籽油、石鸡等，让水车小屋为餐饮店提供当地独有的传统的绿色食品，如玉米粿、豆制品、荞麦面等，还可以让游客参与食材制作的体验活动，在劳作体验中找寻到乡愁之感。

弯弯曲曲的小沟渠是设置洗芋水车的场所。村民可以利用山间狭小低洼的

---

① 辻大地，竹尾敬三. 2009.日本古来の水車による発電と地域活性化. 技術リポート, (10): 2-3

② 中华人民共和国水利部. 2017. 绿色小水电评价标准. 北京：中国水利水电出版社.

③ 小坂克信. 2009. 地域の食生活を支えた水車の技術：野川を中心に.とうきょう環境浄化財団.

田地种植芋头，通过洗芋水车刮去芋头外皮，让孩子们的夏令营有与大自然充分接触的机会（图10-115）。①

图 10-115 洗芋水车

3. 乡愁原风景的福祉养老产业

随着高龄化时代的到来，许多老年人并不习惯快节奏的城市生活，向往乡村的田园慢生活，晒晒太阳，做点轻微的劳动，在悠闲中打发时光。水车之乡的一架架水车可以吸引城市的老年人，唤起他们内心深深的乡愁情感。乡愁是一首歌，流淌在父辈们记忆的小河里。水车之乡能让他们回忆起童年和寻找到内心的归属。

由于国家有不能拍卖乡村土地的相关政策规定，因此，不能进行福祉养老产业的房地产开发，但可以采用租赁的方式与当地农民签订契约。由于山村许多农户家的房子长期闲置，可以采用全部租赁或部分租赁的方式，为城市居民提供养老服务。其具体的操作方法在我国南方一些地区已有企业家展开探索。

4. ESD 环境教育基地

可持续发展教育（education of sustainable development，ESD）源于 20 世纪 80 年代的可持续发展运动。环境教育（environmental education）是以人类与环境的关系为核心，以解决环境问题和实现可持续发展为目的，以提高人们的环境意识和有效参与能力、普及环境保护知识与技能、培养环境保护人才为任务，以教育为手段而展开的一种社会实践活动过程。与水车文化相关的 ESD 环境教

① 東京理科大学・小布施町まちづくり研究所. 2011. 芋洗い水車で知る水路の魅力.次世代ワークショップ.

育的开展，对于培养孩子们爱护青山绿水，加深对生态水利、环境保护等理念的理解具有得天独厚的优势。

水车之乡——地方创生的生态设计构想包含以中华传统水利机械的创新设计与实践为切入点展开的ESD环境教育。“可持续设计”是21世纪工学设计发展的方向，水车之乡的建设可以作为ESD环境教育基地，让孩子们在老师的指导下进行简单的各类水车制作，理解和学习水利机械的原理、历史和文化。

笔者在河海大学首先开展了以“筒车制作”为课题的ESD环境教育的试行（2017年）。学生们首先需要完成筒车车轴的制作。在车轴制作之前要制作基准台，对筒车车轴木料进行画线，一切准备就绪后再进行车轴打孔（图10-116）。

图10-116　筒车车轴的制作

在筒车车轴完成后，可以进行筒车水轮的编扎制作。取30根45厘米左右的竹竿，先把竹竿插进转轴的斜孔中；再分别把两根与车轴形成10°夹角的竹竿进行8字交叉，并扎紧固定；用竹篾内外多圈编扎加以牢固（图10-117）；在筒车水轮外圈再用竹篾加以牢固，并在筒车水轮外圈固定好斜排的竹筒；就这样完成了筒车水轮的编扎制作。

筒车的支架是采用两根长77厘米的木料做支撑，通过计算、画线及锯凿等过程，把支架与底座进行榫卯连接。最后，把做好的水车轮轴卡进预先凿好的槽中，就完成了筒车的制作（图10-118）。

图 10-117　编扎筒车

图 10-118　制作的筒车外观

ESD 环境教育同时培养孩子们的生态审美能力。庄子说过“天地有大美而不言”，自然之美需要在有意识的引导下感悟，而这种感悟又来自于孩子们对自然正确认识基础上的热爱。生态审美是建立在“真”（客观规律）与“善”（符合生态道德）的基础上，对生态美的一种价值认识。

通过 ESD 环境教育培养孩子们以感恩之心与自然对话，通过水车的制作去思考人与地域环境、人与大地的联系，以及传统的技术与自然素材的有效利用，在内心埋下一颗爱护环境保护生态的种子，这也是“水车之乡”构想中 ESD 环境教育基地的意义所在。

5. 在旅游观光中的地方创生中发挥价值

福建南靖的“长教村”原本是个默默无名的村落。在 2005 年年底，一部以《寻找》台胞乡愁的剧本改编的电影《云水谣》在此取景拍摄，当年拍摄《云水谣》时建造的水车成为今天人们寻找乡愁的旅游景点；2013 年年底，决定将广西马山县古零镇乔老村小都白综合示范村打造成集休闲度假、美食、观光旅游多位一体的“水车之乡”的新型农村。这些操作对于弘扬中华水车文化有积极意义，但仅仅是以加入水车外观元素为特色的单一的旅游模板，并没有与水车的实用性等多方面相结合进行生态创新设计。

本节内容所选择调研的源芳乡、涧泉村这样的山村，平地面积狭小，大规模游客的涌入会打破山村的宁静。合理地维持少数人的、零星的游客，对山村的旅游观光有正面的促进作用。未来将是个小受众的时代，水车之乡是意气相投的驴友们选择的好去处。

水车之乡的打造可以结合当地的旅游资源，如涧水山泉、瀑布、漂流等进行整体规划。春季可以欣赏到美丽的油菜花；夏季可以推出洗芋水车、萤火虫、漂流等项目；秋季可以欣赏红叶、秋景，以及举办烧烤、钓鱼等活动；冬季可以欣赏山村雪景。对于游客来说，一架架水车就是他们乡愁的情感寄托，承载着先人从何处而来的痕迹。

同时，完善山村的散步道、路灯等基础设施建设，结合水车小屋的人文景观，改造的民宿可以为驴友、钓鱼者、画家等提供温馨舒适的休憩场所。

10.5.4　以“社区”为基础的乡村治理

由于“地方创生”是由当地人们的共同合作重新创造的公共空间。因此，“地方创生”的过程必须以“社区”为基础，以最大化共同价值来合作，经营地方价值。当地乡政府在推进“地方创生”的过程中扮演着提供各类政策咨询和各项支援的角色。乡村居民能够在行政部门的支援（并非管制）下，根据乡村实情自主实施居民自治，从而实现乡村文化的振兴和存续。“水车之乡”的构想包含了“支援型政府行政 + 自律型居民自治”的乡村治理模式，以此推动地方创生。

“水车之乡”的地方创生，未来其成功的关键在于，优质的乡民、共享/经营价值、共创优质的人文环境、加强乡民与土地的连接。2014 年中央一号文件提出，“创新乡贤文化，弘扬善行义举，以乡情乡愁为纽带吸引和凝聚各方人士支持家乡建设，传承乡村文明”。作为优质的乡民，未来“乡贤”等社会精英在乡村治理中扮演着不可或缺的作用；“水车之乡”的地方创生需要吸引部分当地外出务工子弟归乡，进行福祉设施改造、维护山林、建设山间散步林道、垃圾的严格分类处理等各项细节工作；同时，培养优质的工程技术人员负责水车及相关设备的定期维护和修理。

10.5.5　留住乡愁的原风景

地方创生的生态设计奥秘是把人们内心追求的真、善、美以某种方式体现出来。设置于风景中的水车应与当地景观相协调，并重视细节制作。然而，笔者查阅了全国各地有关于水车的景观设计后发现，各地水轮的设计形式较为单一，水车小屋的建设缺乏生态美感，许多水车是仅作为摆设的庸俗设计。

中华民族虽然有丰富的水车文化，但就水车人类学方面的研究积淀颇少。笔者参阅日本学者前田清志的《日本の水車と文化》，书中可以找到 56 种水轮样式。建设我国的生态水车文化，需要挖掘历史上丰富的水车形制的内容，兼顾生态美学进行改良设计。

汉斯·萨克塞（Hans Sachsse）指出“自然生态美即自然美，是由众多的生命与其生存环境所表现出来的协同关系与和谐形式”。“人工自然美”是人类在完全遵循生态规律和美的创造法则的前提下，借助于技术和工艺手段，加工和改造自然，从而产生原生的自然生态美。推动地方创生的生态设计——“水车之乡”，应具有与自然环境融合的“自然生态美”中“人工自然美”的特质（图 10-119）。

图 10-119　乡愁原风景中的水车

“水车之乡”的生态设计包含了“乡愁”的人文情愫，有着“良田美池桑竹之属，阡陌交通，鸡犬相闻”的世外桃源般的意境；具有人与自然和谐相处的慢时光特色；是给人以心灵治愈（healing）的人工自然美环境。

记忆儿时故乡的画面中，有小溪流水，还有一架架悠悠的水车……倘若，你试图回去寻找时，却发现徒有乡愁，乡村已难觅踪影，此时就会有种巨大的惆怅包围着你。因此，留住乡愁的水车之乡原风景的生态设计，就是不让乡愁褪色为在地图上不复存在，只在梦中存在的地名。让乡愁的诗歌继续吟唱，乡愁是你在都市车水马龙的这头，故土枕在水车小溪的另一头，依旧充满着地域创生的活力。

10.5.6　小结

本节所阐述的水车之乡——地方创生的生态设计构想，不是乌托邦（utopia）式的空想，本节内容是基于地域及中外文献的调研后所做的深入思考。笔者除了的整合 5 种提案及引入呼唤乡愁的情感之外，各提案在邻国的日本、欧洲的荷兰等世界各国地方创生实践中都有长期的摸索，积累了丰富的经验。虽然，“水车之乡”的构想借鉴了他国地方创生的经验，但是，中华民族有悠久的水车文化这种得天独厚的优势；有强烈地呼唤乡愁的民意心理基础；在提倡可持续发展的今天，中华传统水利机械还有其重要的生态价值。因此，以源芳村、涧泉村这样的山村地貌和丰富的水资源环境为原型，提出发展水车之乡的地方创生构想，对振兴乡村文化，促进地域经济的健康运转提供了可以借鉴的思路。笔者相信在今后，匠心的“水车之乡”建设必定能推动地方创生事业的发展。

全书总结

本书以记忆“原风景”中的水车开头，从人们乡愁的视角阐述了民具、民艺、匠心、知识科学等概念之间的关系，介绍了中华传统水利机械的相关概念、历史和分类；并从机械学、发明时间、用途等综合因素方面对中华传统水利机械从杠杆、滑轮、曲柄连杆等方面进行了分类和梳理。选取了26种有代表性的中华传统水利机械进行机械原理的、历史的、形制的、设计美学的分析。最后，以留住乡愁的设计实践进行了中华传统水利机械的实物复原、3D展示与仿真等各项探索。

1. 民艺之美、民具之美、生态之美

本书以中华农耕文明进程中作用于农田水利的人工物——传统水利机械为研究对象，对其机械原理、形制、设计之美展开了具体的分析。

中华传统水利机械采用自然的素材（竹木石麻等），其巧妙而直观的设计，传递出充满匠心的民艺（民具）之美、生态之美。中华传统水利机械的设计不突兀，不起眼，带有浑厚的泥土气息（例如，牛车、筒车都是架在水田附近），虽然，其不被文人士大夫所推崇，也不排于显学之列，然而，作为民具的木制机械，其所呈现的构造之美、材料之美、意匠之美、使用之美、生活之美等是未来的中华设计史、设计美学、美术史中必将会弥补的内容。

千百年来，传统水利机械大多是形制固定的“终极设计”，与今天工业设计产品不断地升级换代形成鲜明的反差。以英国的水晶宫建设和19世纪下半叶莫里斯（William Morris）等展开的“工艺美术运动”（The Arts and Crafts Movement）

为开端，发足于工业革命之后欧洲的现代工业设计，也历经了百年以上的风雨历程，今天的人们已经意识到，在绚丽的现代设计外观背后支撑的构造的重要性。中华传统水利机械的一切形式服从于功能，没有多余的设计；由于其是采用自然素材的巧妙设计制作，回答了现代设计所需面临的如产品周期等一系列问题。传统中华水利机械所蕴含的器完不饰、素朴质真、随地所宜、观物取象、崇尚木作等设计思想，在设计多元化的今天，依然有重要的参考价值。

现代工学设计的发展一日千里，然而，中华传统水利机械所蕴含的生态设计思想、生态设计理念对于今天的现代工业设计仍有指导意义和借鉴作用。

2. 回归经验知识依然重要

由中华民族的先民所倡导的“水利”概念，实际上是对过去治水经验的知识总结。无论现代科学看起来是多么独步天下、自主生长，经验知识仍然是人类重要知见的源泉。

“水利”一词，其利用水、防止水患、为人类服务的本质蕴含了生态的观念和极其重要的治水经验，即不能任性、粗暴地对待自然，不能与水为敌。例如，“深淘滩，低作堰”是闻名世界的都江堰水利工程的治水名言，是中华先民在农耕时代的水利治理上积累的朴素经验（图 11-1）。

中华传统水利机械是中华大地上土生土长的，符合传统儒释道生态观念的经验技术。而现代的技术文明是建立在牛顿第一定律与笛卡尔直角坐标系上西方机械论的世界观，是没有任何实验得以证明的先验命题，是现代人观测世界的一个预设。鸦片战争之后的中国，由原本崇尚与自然共生和谐的生态理念，由敬畏自然、谨慎开发自然的有机论世界观，改变为二元论的世界观，把自然作为人的对立而存在，开始了肆无忌惮地开发自然。在河流的许多地段

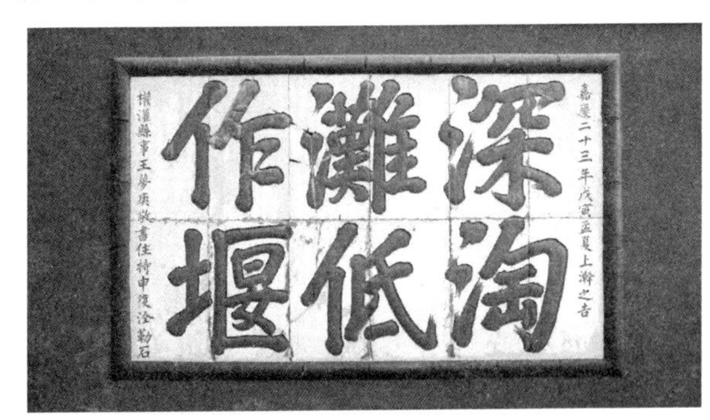

图 11-1　都江堰治理格言

筑起了高高的堤坝，建造巨大的钢筋混凝土水利工程，水是作为人类社会的对立面而被认识的。

今天，由利用现代科技所引发的新问题，人类选择了通过发展更新的技术来解决的循环，自然环境不可避免地遭到急剧破坏。19世纪，在经历了环境破坏带来的阵痛之后，西方学者开始探索和发现生态美的价值，并引起我国学者的共鸣。从今天的生态学视角看来，中华先民对自然的改造是谨慎的、小规模的，是顺应自然、符合生态之美的特质，这与工业革命之后大规模改造自然，改变地球生态是截然不同的。古老的中华儒释道智慧中充满生态美的内涵，例如，儒家的“天地之大德曰生”，道家“天人合一”的观念，都充满了生态美的意识。纵观中华传统的农耕文明，充满了与自然共生的智慧。

中华文化是经验知识的宝库，如果把有价值的经验通过科学实验加以证实，也就是由“术”（technology）变为“学”（science）的过程，可以获得更多对人类有益的创新和发现。今天提倡回归经验的知识，并非是对古人的盲从，而是基于科学实践及生态学视野做出的理性的辨析。

3. 仰望星空，探寻真知

通过对大量中华传统水利机械进行调研发现，传统的水利机械首先是由优秀的工匠凭借直觉和经验形成具有实用性的设计构想。之后，在人们的实践中得以完善，把固化的形制一代代承传下来。然而，后世的典籍中却鲜有探究其原理的记载，也没有不断改良或通过试行错误进行更深入的探索，整个中华传统水利机械发展的过程体现了中华民族实用理性早熟的战术优势，同时也体现着这种早熟的另一面——直接导致了超越理性严重发育不良。

黑格尔曾经说过：“熟知不是真知”。历史上，中华传统水利机械养育了众多人口，解决了人们生产生活中用水的困境。中华民族的先民娴熟地掌握木制水利机械的制作技术，却并未形成科学的逻辑或原理。因此，对于传统水利机械的技术经验算不上真知的事实，需要今天的中国人进行技术哲学的反思。

古希腊的亚里士多德认为，科学是不以用为目的，是追求自由的精神的学问。科学具有仰望星空的无用而高贵的特质；然而，中华文明史上科学探索的先行者们多被讥讽为“君子不器”“奇技淫巧”“屠龙之术”。

从技术史的发展历程来看，中华民族在宋元之前都是充满创新的。然而，在公元 1500 年之后的 500 多年里，中华民族的创新却乏善可陈。

翻开中华传统水利机械的历史，对《泰西水法》中域外传入的水利古机械技术，仅有王徵、戴震、齐彦槐等少数社会精英展开过试制和研究，而整个社会并不予以重视，并有排斥倾向，缺乏新技术的推广与改良。重科举、轻技艺的观念在明清时期达到了巅峰。

在 2000 多年前古希腊的风土上孕育的二希文明，成了科学思想的摇篮。近代科学的各个学科几乎都能在那里找到思想的源头，科学史上称之为“希腊奇迹”。亚里士多德的逻辑学、阿基米德的杠杆原理、浮力定理、欧几里得几何学等都出自那里（图 11-2，雅典学院）。与西方轴心时代相同的中华春秋时期也曾出现了墨子这样在机械、光学等领域具有朴素的物理学贡献的伟大思想家。

图 11-2　雅典学院

然而，自西汉的董仲舒（公元前 179 年～公元前 104 年）提出了“罢黜百家，独尊儒术”之后，经改造后的儒学开始成为中华大地上的主流思想。隋唐之后的历代科举取士都将四书五经作为考试内容，如此一来，中华民族彻底形成了重视社会伦理、轻视自然科学的思维观念。同时，传统“独断论”的教学方式也造成了中华民族在推演式思维方法上的落后。那种诉诸笼统的、直觉的、仅凭情感情绪的（如文学、诗歌等）直接反映的能力得以发扬（图 11-3）。

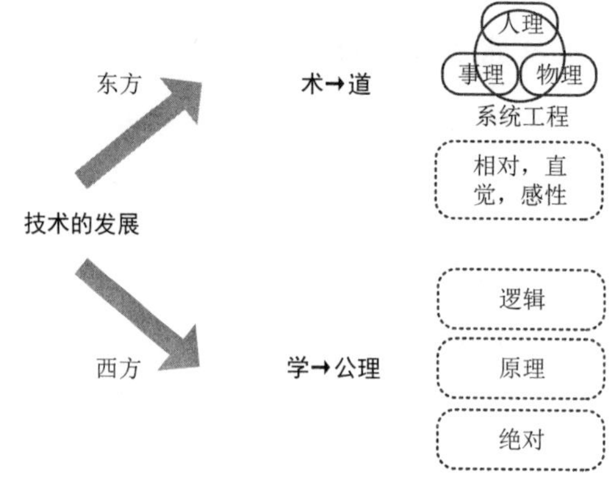

图 11-3　东西方技术发展对比

从中华民族科技发展进程看，由于早熟的实用理性及腐儒（区别于孔孟儒学）思想的主导，也就没有形成人与人相互平等的真理理论的信仰要素；人人自主、自律的真知规律的认知要素；人人自由的真诚逻辑的思维要素。这些要素在几千年中华史上没有得到发展。由此，散落在民间的工匠（古代技术人员）的地位低下，在技术上缺乏创新的动力，也没有进一步去探索中华传统水利机械所运用的自然规律，这里有着极其深刻的思想根源。

仰望星空，科技的发展不是墨子、苏颂这些天才孤独的表演，是无数无名的人们展开的千军万马的接力。中国原创的发明（中国创造），既需要发明者的智慧、机缘，也需要全社会做好接纳发明的准备，需要整个社会系统的支持。今天，要培养有志趣、有探索精神的研发人才；培养立志于解决当今社会各种疑难杂症的人才，皆需要整个社会做好接纳创新成果的准备，为他们创造条件。

4. 知行合一

本书通过对中华传统水利机械的原理、形制、设计之美的考察，有助于如何正确地、合理地进行开发、创造、发明；也有助于宏观地理解人类漫长的造物过程中创新的本质能力。

中华传统水利机械的发明是中华先民在大量的农田水利的治理实践中的伟大创造。穿越回各时期人类文明的创新场景，我们可以看到，达·芬奇手稿中的众多发明完成于佛罗伦萨的工房里；瓦特是在伦敦的工房中与工匠们不断修正中改良了蒸汽机；爱迪生的各项发明造福于全人类；青霉素的发现……一项项人类的重大发明无不是在具体的实践中以汗水浇灌而成的。今天工业文明的迅猛发展，虽然出现了如数字智能化车床这样先进的加工工具，但是，整个社会依然呼唤着“职业操守”，呼唤着“工匠精神”。其实，今天的外科大夫、牙医、画家、车钳铣刨锻、小说家、编剧、导演、国家公务员等从本质上说都是工匠。是他们秉承“工匠精神”在各行各业中的默默坚守与不断创新中引领着现代社会的发展，未来的中国创新正需要在“知行合一”理念下的工匠精神的践行。

至 1949 年之后，中华传统水利机械虽然伴随着短暂的发展，但随即却是技术上的自我否定，全盘向西方农机化的方向发展，重复了西方国家经济发展对生态环境破坏的老路。今后修复自然所需要的成本和代价更为巨大。

21 世纪的现代工学设计（engineering design）正在低碳设计、服务型设计、情感设计等发展趋势中，工匠——今天的工程技术人员，在享受创新生成带来的喜悦的同时，是否能够冷静地察觉到其中暗藏的风险，是今天的工匠（技术人员）所需要具备的工学素养。在当今技术日新月异与环境问题多发的时代，这也是技术工作者追求的“设计能力”最根本的品格。

5. 说不尽的“乡愁”

今天看来，中华传统水利机械其中一部分仍可以通过改良为地域的饮食文化继续发挥作用。与光伏相比，水能可以充分利用至 80%，结合传统水利机械的外观设计，绿色小水电有巨大的发展空间。在良好的市场化的运作下，人们可以更懂得保护青山绿水。今天的地方创生在世界其他国家已经有较为成熟的发展经验，我们可以凭借本国悠久的文化传统中水利机械的经验和知见，建设一些水车之乡，进行地方创生的生态设计，恢复乡村的原风景。

21 世纪的设计已经不能简单地追求效率了，设计若能唤起人们内心潜藏的乡愁的情感，并珍惜这种素朴的感情，也是在呵护我们自己的内心。说不尽的悠悠乡愁是一首清淡的歌，流淌在每个人的生命岁月的小河里。

后　　记

在追求效率的今天，木制的中华传统水利机械真的无用武之地了吗？每每在博物馆中看见这些形制优美的木质构造，脑海里总出现这个问题。

我从小生长在黄山脚下的屯溪，幼年的经历让我对中华传统水利机械有短暂的记忆，在屯溪周边的乡村，如阳湖、隆阜等地见过畜力龙骨水车（牛车）的运转；新安江畔（屯溪长干畔）的巨大水轮让我记忆犹新。在我从小生长的地方——屯溪隆阜，在清代出过一位学者戴震，戴震撰写了《考工记图》《嬴旋车记》等书，积极参与了龙尾车的复原；故乡的徽州在历史上出过无数的能工巧匠，他们推动了中华传统水利机械的利用和发展。

早年笔者在日本留学期间，在日本埼玉县立美术馆举办过“久遠のふるさと（久远的乡土）”的个展；笔者在日本北陆先端科学技术大学院大学（Japan Advanced Institute of Science and Technology）攻读博士期间了解过日本水车小镇的建设。21 世纪的今天，自然环境正在遭受破坏，“水”越来越成为人类生存环境中被关注的焦点，如何建设我们的家园、人们追求着宜居的生态环境等令我深刻意识到，挖掘“中华传统水利机械”的设计之美及其中蕴含的生态智慧是个长远的课题。正是这些隐藏在记忆深处的片段，与当今现实交汇后的激活，汇成了内心撰写此书的情怀，激励着我完成此书。

过去对于中华传统水利机械的研究多集中于技术史领域，在民具、民艺、河工等方向也有少量涉及，但并未将“传统水利机械”作为单独的课题进行专门的挖掘和整理。以设计之美为视点的“中华传统水利机械”研究，需要打破学科间的藩篱，形成跨越文理史哲的综合研究；本课题的主旨也并非提倡复古，而是从对中华传统水利机械的挖掘中汲取有价值的理念，或对科学技术进行反思。在研究过程中，我越发感受到“中华传统水利机械”是个很好的切入点，需要刻不容缓地展开挖掘和整理工作，我也为能有幸从事本书的研究而满心欢喜。

对于今天的复杂机械而言，中华传统水利机械虽然过于简单，但其中蕴含的对人文“原风景”的追寻，是承载乡愁的设计。可以通过让孩子们对中华传统水利机械的了解和制作，展开可持续发展的环境教育，在他们心中埋下热爱自然、注重环境保护的种子。

本书依托河海大学的学术环境吸收了技术史及设计学的最新研究成果，参阅并引用了有关单位及专家的学术成果和图片资料，对中华传统水利机械进行了广泛的、深入的、系统的调研和挖掘。本书参考的论文、书籍等皆是通过严格的筛选，从庞大的资料中选择有价值的观点和可信的内容，选择具有代表意义的图片，本书的研究工作希望对相关领域的研究者有正确的参考价值。笔者相信，中国传统水利机械的研究，在今天提倡低碳环保的时代，具有重要的实践意义，本书围绕中华传统水利机械的专项研究工作，在未来能进一步应用和发展。

本书由河海大学机电工程学院副教授周丰博士撰写，历经了春秋六载。时刻以“匠心创新”的精神激励着自己，带领学生展开了中华传统水利机械的制作，获取实际的制作经验（第 10 章部分内容是周丰博士指导的本科毕业研究的重新整理）；本书从内容安排及书的排版格式上都力求体现中华传统水利机械的文化与特色。本书资料的搜索、整理，以及内容的安排、推敲，工作量巨大，其中的辛苦唯有自己知道。

本书得到河海大学许焕敏博士长期的关心和鼓励以及有益的提示。共同指导了河海大学 2008 级工业设计系国家级大学生创新小组（徐鹏飞、童川、邬同舟、谢宗欢等同学）展开研究工作；许博士指导的 2011 级机械制造及自动化专业的同学提供了水罗、水排的数字仿真图。

本书还得到河海大学田泽教授、郝雁南教授、吴晓莉副教授、周妍黎老师、杨建哲老师的鼓励和支持，在此谨向在本书中给予关心的同仁表示深深的感谢和美好祝愿。本书也有席天阳、易恬安、丛乐、洪壮等同学参与校正，在此谨表谢忱。

在本书写作过程中，我得到了家人的关心与支持。是家人的关心，让我能够沉静下来以巨大的耐心完成此书，感恩之心，时刻不敢忘记。

本书的出版只期抛砖引玉，由于时间仓促，人力、笔者水平和条件所限，书中难免有疏漏和不足之处，敬请专家和读者不吝指正。

周豐

2017 年夏于黄山屯溪隆阜